Zahlentheorie und Arithmetik

Mathematik Primarstufe

Herausgegeben von
Prof. Dr. Friedhelm Padberg
Universität Bielefeld

Bisher erschienene Bände:

F. Padberg: Einführung in die Mathematik I - Arithmetik (GS)
F. Padberg: Zahlentheorie und Arithmetik (HS)
M. Stein: Einführung in die Mathematik II - Geometrie (GS)
M. Stein: Geometrie (HS)
H. Kütting: Elementare Stochastik (HS)

Weitere Bände in Vorbereitung:

Einführung in die Didaktik des Mathematikunterrichts
der Primarstufe (GS)
Didaktik des Sachrechnens (HS)
Didaktik der Geometrie (HS)
Anregungen zur Planung von Mathematikunterricht in
der Primarstufe (HS)

GS = Grundstudium
HS = Hauptstudium

Friedhelm Padberg

Zahlentheorie und Arithmetik

Spektrum Akademischer Verlag Heidelberg · Berlin

Autor:
Prof. Dr. Friedhelm Padberg
Fakultät für Mathematik
Universität Bielefeld

Die Deutsche Bibliothek – CIP-Einheitsaufnahme

Padberg, Friedhelm:
Zahlentheorie und Arithmetik / von Friedhelm Padberg. – Heidelberg ; Berlin :
Spektrum, Akad. Verl., 1999
(Mathematik Primarstufe)
ISBN 3-8274-0080-5

Lektorat: Dr. Georg W. Botz, Martina Mechler (Ass.)
Umschlaggestaltung: Kurt Bitsch, Birkenau
Druck und Verarbeitung: Druckerei und Verlag Bitsch, Birkenau

Inhaltsverzeichnis

Einleitung

Dieser Band *Zahlentheorie und Arithmetik* wendet sich an Studenten des Faches Mathematik für das Lehramt *Primarstufe*. In ihm werden mit der Teilbarkeitsrelation (und ihren Eigenschaften), mit gemeinsamen Teilern, gemeinsamen Vielfachen, *ggT* und *kgV*, mit den Primzahlen (unter vielen verschiedenen Gesichtspunkten) sowie mit den Teilbarkeitsregeln diejenigen Gebiete der *Zahlentheorie/Arithmetik* in den Mittelpunkt gestellt, die im Mathematikunterricht der Klassen 3 bis 6 gerade auch für zukünftige Grundschullehrer als *Hintergrundwissen* bedeutsam sind. Die Analyse der Sicherheit der Numerierungssysteme des Handels (EAN, ISBN) gegenüber Fehlern mit den in den vorhergehenden Kapiteln bereitgestellten Aussagen rundet als *praktische* Anwendung diesen Band ab.

Das vorliegende Buch ist aus häufig von uns durchgeführten Vorlesungen gleichen Titels im Rahmen der Mathematikausbildung für Primarstufenstudenten an der Universität Bielefeld hervorgegangen. Es wendet sich insbesondere an *Nebenfachstudenten*. Nach unseren Erfahrungen kann man durch die hier gewählte Art der Darstellung der Zahlentheorie/Arithmetik den Nebenfachstudenten den Zugang zur Mathematik *erleichtern* und sie so stärker für die Mathematik *motivieren*. Für *Hauptfachstudenten* finden sich in diesem Band einige Hinweise auf Vertiefungsmöglichkeiten, allerdings ist nach unseren Erfahrungen für diese Zielgruppe ein Band wie die schon seit vielen Jahren bewährte *Elementare Zahlentheorie*[1] besser geeignet, der *tiefer* in die Zahlentheorie eindringt.

Als Leser dieses Bandes *Zahlentheorie und Arithmetik* stellen wir uns im *Idealfall* Studenten vor, die im Rahmen ihres Grundstudiums schon *erste* Erfahrungen mit der Arithmetik gesammelt haben[2] – so wie dies in Nordrhein-Westfalen üblich ist – und die jetzt im Rahmen des *Hauptstudiums* diesen Bereich unter stärkerer Betonung der Zahlentheorie vertiefen wollen. Allerdings haben wir diesen Band *so* konzipiert, daß er *unabhängig* von der *Einführung in die Mathematik I, Arithmetik* mit Gewinn benutzt werden kann. Die beiden Kapitel (II, VI), die vom Titel her auf mehr oder weniger große Überschneidungen mit dem vorgenannten Band hindeuten, haben wir hier bewußt *ganz anders* konzipiert, wie wir im folgenden beim genaueren Überblick über die einzelnen Kapitel noch genauer verdeutlichen werden.

---

[1] Vgl. F. Padberg: Elementare Zahlentheorie, Heidelberg 1996.

[2] Vgl. F. Padberg: Einführung in die Mathematik I, Arithmetik, Heidelberg 1997.

Ähnlich wie schon für die *Einführung in die Mathematik I, Arithmetik* sind für die Darstellung der Zahlentheorie/Arithmetik in diesem Band folgende Punkte *charakteristisch*:

- Verschiedene *Begründungsniveaus* (von anschaulichen Beweisstrategien bis zu formalen Beweisen),
- eine ausführliche Darstellung der Beweise unter *heuristischen* Gesichtspunkten,
- eine auf langjähriger Erfahrung beruhende *schrittweise* Behandlung *umfangreicherer* Beweise, um so zu einem besseren Beweisverständnis gerade bei Nebenfachstudenten beizutragen (Zielsetzung: nicht so elegant und knapp, sondern *so verständlich* wie möglich),
- eine sorgfältige Erarbeitung der grundlegenden *Begriffe*,
- der Einsatz anschaulicher Beispiele zur Verdeutlichung von *Aussagen/ Sätzen*,
- eine reiche Auswahl an *Übungsaufgaben* sowohl zur Erarbeitung von direkt schon im Text thematisierter Sachverhalte wie auch zur Vertiefung und Weiterführung – einschließlich von *Lösungshinweisen* bei schwierigen Aufgaben,
- mehrere erprobte *Klausurvorschläge*, und zwar sowohl für Abschlußklausuren zur Vorlesung *Zahlentheorie und Arithmetik* wie auch für Staatsexamensklausuren.

Dieser Band *Zahlentheorie und Arithmetik* hat genauer folgenden *Aufbau*:

Im *ersten* Kapitel untersuchen wir zunächst, wann *genau* natürliche Zahlen als Summe dreier aufeinanderfolgender Zahlen dargestellt werden können, thematisieren wir die Goldbachsche Vermutung sowie eine Folgerung aus dieser Vermutung und bestimmen sämtliche Zahlen, die genau vier Teiler besitzen. Wir beginnen also diesen Band *nicht* schon im ersten Kapitel systematisch mit der Teilbarkeitsrelation, sondern zunächst mit drei kleineren, überschaubaren Problemkreisen, da dieses nach unseren Erfahrungen für die Studenten viel motivierender ist.

Das *zweite* Kapitel ist der *Teilbarkeitsrelation* und – sehr viel knapper – der *Vielfachenrelation* gewidmet. Nach der Definition im ersten Abschnitt untersuchen wir im zweiten Abschnitt *die* Eigenschaften der Teilbarkeitsrelation, die sie als *Ordnungsrelation* charakterisieren. Die Verträglichkeit der Teilbarkeitsrelation mit den *Rechenoperationen* – und damit insbesondere die Summen-, Differenz- und Produktregeln – stehen im dritten Abschnitt im Mittelpunkt unseres Interesses, unter anderem weil wir auf *diese* Regeln wie auch die Transitivität im weiteren Aufbau dieses Bandes häufiger zurückgreifen werden. Von den verschiedenen Begründungsniveaus bevorzugen wir in diesem Kapitel Beweise mit Variablenbenutzung und gehen auf beispielgebundene Beweisstrategien nur in den Aufgaben ein. Dies hängt damit zusammen, daß wir die Teilbarkeitsrelation schon in dem Band *Einführung in die Mathematik I, Arithmetik*[3] gründlich thematisiert haben. Gegenüber der dortigen Behandlung erfolgt hier eine *Vertiefung* in zweierlei Hinsicht, nämlich in Hinblick auf die betrachtete *Zahlenmenge* – neben den natürlichen Zahlen betrachten wir hier auch die *ganzen* Zahlen, da so einige Beweise einfacher werden – sowie in Hinblick auf das *Begründungsniveau.*

Im *dritten* Kapitel lernen wir die *Primzahlen* unter verschiedenen, faszinierenden Aspekten genauer kennen. So betrachten wir im ersten Abschnitt ihre unterschiedlichen „Gesichter". Die genial einfache Beweisidee Euklids bei der Antwort auf die Frage nach der *Anzahl* der Primzahlen beschäftigt uns im zweiten Abschnitt ebenso wie die faszinierende Jagd nach immer *größeren* Primzahlen. Das *Siebverfahren* zur Bestimmung sämtlicher Primzahlen bis zu einer beliebig großen natürlichen Zahl, das Eratosthenes schon vor gut 2200 Jahren erfand, besticht ebenfalls durch seine Einfachheit und gleichzeitige Effizienz (dritter Abschnitt). Die Primzahlen sind innerhalb der Menge der natürlichen Zahlen sehr *unregelmäßig* verteilt. So gibt es – wie wir im vierten Abschnitt erfahren – einerseits sehr eng benachbarte Primzahlen selbst noch bei sehr großen Zahlen, während es daneben primzahlfreie Lücken beliebiger Länge gibt, wie wir zeigen werden. Das dritte Kapitel endet mit einigen Hinweisen und Antworten auf die spannende Frage nach der Existenz von *Formeln*, die uns idealerweise sämtliche Primzahlen in der richtigen Abfolge oder zumindestens doch ausschließlich Primzahlen (wenn auch nicht alle) liefern.

Im *vierten* Kapitel betrachten wir die *Primzahlen* unter einem *speziellen* Blickwinkel: Sind die Primzahlen *Bausteine* der natürlichen Zahlen? Läßt sich also jede natürliche Zahl als Produkt von Primzahlen darstellen? Daß dies bei *allen*

[3]Vgl. F. Padberg: Einführung in die Mathematik I, Arithmetik, Heidelberg 1997, S. 53ff.

von 1 verschiedenen natürlichen Zahlen sogar stets auf nur *genau eine* Art und Weise möglich ist, ist die Aussage des *Hauptsatzes* der elementaren Zahlentheorie, den wir nach Vorarbeiten im ersten Abschnitt schrittweise im zweiten Abschnitt beweisen. Aus diesem Satz ziehen wir im dritten Abschnitt einige wichtige Folgerungen: Wir formulieren und beweisen das Primzahlkriterium, geben aufgrund der Primfaktorzerlegung die Elemente und die Elementanzahl von Teilermengen an und erarbeiten eine einfache Typisierung von Hassediagrammen von Teilermengen. Aber auch die im nächsten Kapitel folgende *ggT*- und *kgV*-Bestimmung mit Hilfe der Primfaktorzerlegung funktioniert so *nur*, weil der Hauptsatz der elementaren Zahlentheorie gilt.

Größter gemeinsamer Teiler (*ggT*) und *kleinstes gemeinsames Vielfaches* (*kgV*) sind die Themen des *fünften* Kapitels. Der *ggT* läßt sich sehr *anschaulich* mittels Teilermengen einführen (erster Abschnitt), das Verfahren über die Primfaktorzerlegung (zweiter Abschnitt) führt jedoch wesentlich *schneller* zum Erfolg. Der schon auf Euklid zurückgehende sogenannte *Euklidische Algorithmus* bringt uns selbst bei großen Zahlen *ohne* Bestimmung der Primfaktorzerlegung oft noch wesentlich *rascher* und *eleganter* zum Ziel. Daher behandeln wir dieses Verfahren in zwei Varianten im dritten Abschnitt. Eine wichtige Grundlage für den Euklidischen Algorithmus ist der Satz von der *Division mit Rest*, den wir ebenfalls im dritten Abschnitt beweisen. Durch Rückgriff auf den Euklidischen Algorithmus zeigen wir im vierten Abschnitt allgemein für das im Grundschulunterricht beliebte Spiel *Mathe-Golf*, ob wir bei gegebener Start- und Zielzahl sowie bei zwei gegebenen Golfschlägern *stets* von der Startzahl zur Zielzahl gelangen können oder ob es Fälle gibt, wo dieses *nicht* funktioniert, egal wie häufig wir auch die Golfschläger benutzen. Wir analysieren das Spiel *zunächst* rein anschaulich mit Diagrammen zur Schlagabfolge und *anschließend* systematisch mit Hilfe von Gleichungen mit zwei Variablen. So können wir abschließend beweisen, wann *genau* eine Schlagabfolge von einer gegebenen Startzahl zu einer Zielzahl existiert und wann nicht. Auch das *kgV* führen wir – analog zum *ggT* – zunächst *anschaulich* mit Vielfachenmengen ein (fünfter Abschnitt), das Verfahren über die Primfaktorzerlegung (sechster Abschnitt) führt jedoch fast immer *rascher* und *systematischer* zum Ziel. Wir beenden dieses Kapitel mit dem Beweis des *Zusammenhanges* zwischen *ggT* und *kgV*.

Im *sechsten* Kapitel beschäftigen wir uns intensiv mit den *Teilbarkeitsregeln*. Im Unterschied zu ihrer Behandlung im Band *Einführung in die Mathematik I, Arithmetik*[4] gehen wir hier von der *Restgleichheit* (Kongruenz) gegebener

[4]Vgl. F. Padberg: Einführung in die Mathematik I, Arithmetik, Heidelberg 1997, S. 81ff.

Zahlen aus. Ein großer *Vorteil* dieses Weges: Wir können *sämtliche* Teilbarkeitsregeln in dezimalen wie auch in nichtdezimalen Stellenwertsystemen aus *einer* einheitlichen Grundidee ableiten, nämlich aus der Idee, die Basispotenzen des gegebenen Stellenwertsystems durch *möglichst kleine*, zu dem jeweiligen Teiler *restgleiche* Zahlen zu ersetzen. Wir begnügen uns sogar in den meisten Fällen nur mit der Untersuchung *dreier* besonders leichter und gut zu behaltener *Sonderfälle*. Ein weiterer *besonderer* Vorzug dieses Zugangsweges in seiner allgemeinen Form ist die Möglichkeit, daß Studenten *selbständig* und *kreativ* Teilbarkeitsregeln für beliebige Teiler in beliebigen Stellenwertsystemen finden und beweisen können – ganz im Gegensatz zu dem sonst üblichen Weg.

Wir beginnen dieses sechste Kapitel mit einigen kurzen Bemerkungen zur Darstellung der natürlichen Zahlen im dezimalen wie in nichtdezimalen Stellenwertsystemen (erster Abschnitt) sowie mit der Definition der *Restgleichheitsrelation* und der Ableitung einiger für die Behandlung der Teilbarkeitsregeln wichtiger Eigenschaften (zweiter Abschnitt). Auf dieser Grundlage können wir dann Teilbarkeitsregeln in *dem* Sonderfall besonders leicht ableiten, daß die Basis des betrachteten Stellenwertsystems (oder aber ihre zweite oder dritte Potenz) restgleich ist zur *Null*. Wir können in diesem Fall die Frage der Teilbarkeit einer gegebenen Zahl allein schon an ihrer Endstelle (bzw. ihren letzten zwei oder drei Endstellen) entscheiden (*Endstellenregeln*, dritter Abschnitt). Ist die Basis (oder ihre zweite oder dritte Potenz) restgleich zur *Eins*, so können wir die Teilbarkeit in diesem Fall mit Hilfe der Quersumme untersuchen und gewinnen so die *Quersummenregeln* in dezimalen wie auch in nichtdezimalen Stellenwertsystemen (vierter Abschnitt). Ein dritter leichter Sonderfall liegt vor, wenn die Basis (oder ihre zweite oder dritte Potenz) restgleich ist zur Zahl -1. Bei der Bildung der Quersummen müssen wir jetzt abwechselnd (alternierend) addieren und subtrahieren und gewinnen so in diesem fünften Abschnitt die *alternierenden Quersummenregeln*. Wir beenden dieses Kapitel mit einem zusammenfassenden *Überblick* über Teilbarkeitsregeln im Dezimalsystem und in nichtdezimalen Stellenwertsystemen sowie mit einer knappen Zusammenfassung der *Vorteile* dieses Zugangsweges über die Restgleichheit gegenüber anderen Wegen.

Im *siebten* Kapitel interessieren wir uns für *praktische Anwendungen* der Zahlentheorie/Arithmetik. Die in den Supermärkten an allen Artikeln vorfindbaren Europäischen Artikelnummern EAN (erster Abschnitt) sowie die bei Büchern benutzten Internationalen Standardbuchnummern ISBN (zweiter Abschnitt) bewirken im Handel eine starke Rationalisierung. Wir beweisen in diesem Kapitel, daß häufige Ablese- oder insbesondere Eingabefehler bei diesen beiden – und analog auch bei vielen anderen, in unserem Umfeld befindlichen – Numerierungssystemen durch relativ einfache Prüfziffernverfahren *oft* aufgedeckt werden. Allerdings gibt es deutliche *Unterschiede* bezüglich der *Sicherheit* dieser beiden Verfahren. So erweist sich das ISBN-Verfahren – das mittlerweile in ähnlicher Form auch bei vielen Banken eingesetzt wird – als wesentlich *sicherer* als das EAN-Verfahren. Beim Beweis der Aussagen über die Sicherheit dieser beiden Verfahren greifen wir *ausschließlich* auf einfache, in den vorhergehenden Kapiteln abgeleitete Sätze zurück. Dieses siebte Kapitel verdeutlicht daher sehr gut, daß selbst mathematische Gebiete wie die Zahlentheorie/Arithmetik, die auf den ersten Blick recht anwendungsfern wirken, durchaus handfeste Beiträge zu wirtschaftlich sehr relevanten Fragestellungen leisten können – auch wenn dies bei der Entwicklung dieses mathematischen Gebietes so sicher nicht vorhergesehen werden konnte.

Im *achten* und letzten Kapitel dieses Bandes stellen wir drei erprobte Vorschläge für *Abschlußklausuren* zur Vorlesung Zahlentheorie und Arithmetik sowie drei Vorschläge für *Examensklausuren* zu diesem Gebiet vor.

Für die sorgfältige Durchsicht des Manuskriptes und für eine Reihe von Hinweisen bin ich meinen Kollegen Günter Graumann (Bielefeld), Herbert Kütting (Münster), Rainer Neumann (Bielefeld), Martin Stein (Münster) und Heinz Trauerstein (Bielefeld), für die mit großem Engagement und guter Sachkenntnis durchgeführte sorgfältige Erstellung dieses Bandes Frau Anita Campbell zu großem Dank verpflichtet.

Bielefeld, Februar 1999 — Friedhelm Padberg

I Drei kleinere Probleme zum Einstieg

Als Einstieg in die Zahlentheorie/Arithmetik betrachten wir in diesem ersten Kapitel drei kleinere, überschaubare Probleme, und zwar

- spezielle Summendarstellungen natürlicher Zahlen,
- die Goldbachsche Vermutung und eine Folgerung hieraus sowie
- natürliche Zahlen mit einer vorgegebenen Anzahl von Teilern.

1 Erstes Problem

Die Zahlen 51 und 96 können wir als Summe dreier *aufeinanderfolgender* natürlicher Zahlen darstellen. Es gilt:

$$51 = 16 + 17 + 18$$

$$96 = 31 + 32 + 33$$

Versuchen wir dagegen beispielsweise 7 oder 8 entsprechend darzustellen, so haben wir hierbei *keinen* Erfolg; denn die Summe $1 + 2 + 3$ ist in beiden Fällen zu klein, dagegen die Summe $2 + 3 + 4$ in beiden Fällen schon zu groß. Wir können jedoch noch *weitere* Zahlen finden, bei denen die Darstellung als Summe dreier aufeinanderfolgender Zahlen funktioniert, so zum Beispiel die Zahlen 39, 63 oder 72:

$$39 = 12 + 13 + 14$$

$$63 = 20 + 21 + 22$$

$$72 = 23 + 24 + 25$$

Nach der Untersuchung weiterer Beispiele gelangen wir zu der

Vermutung
Jede natürliche Zahl, die ein Vielfaches von 3 ist, läßt sich darstellen als Summe dreier *aufeinanderfolgender* natürlicher Zahlen.

Beweis I (**beispielgebundene Beweisstrategie**)
Am Beispiel von $51 = 16 + 17 + 18$ erarbeiten wir eine *Beweisstrategie*, die sich auf *jede* natürliche Zahl, die ein Vielfaches von 3 ist, übertragen läßt.

Da 51 ein *Vielfaches* von 3 ist, können wir 51 in der Form $51 = 17 \cdot 3$ notieren bzw. – wegen des Kommutativgesetzes – auch in der Form $51 = 3 \cdot 17$. Das Produkt $3 \cdot 17$ kann erklärt werden durch dreimalige Addition von 17, also $3 \cdot 17 = 17 + 17 + 17$. Insgesamt gilt also $51 = 3 \cdot 17 = 17 + 17 + 17$. Die Summe $17 + 17 + 17$ bleibt *unverändert*, wenn wir den *ersten* Summanden um 1 verkleinern und *gleichzeitig* den *dritten* Summanden um 1 vergrößern:

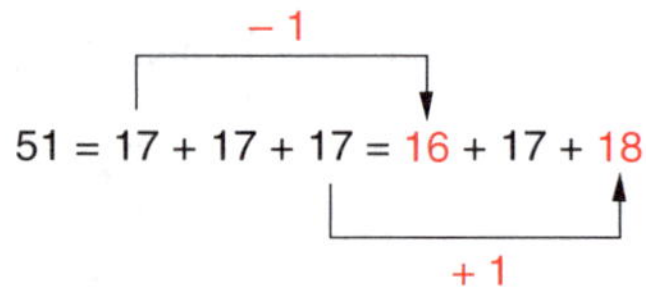

Daher können wir 51 als Summe der drei *aufeinanderfolgenden* natürlichen Zahlen 16, 17 und 18 darstellen.

Entsprechend können wir bei *jedem* Vielfachen von 3 vorgehen. Wir können nämlich *jede* derartige Zahl als Produkt mit 3 als erstem Faktor darstellen und können daher diese Zahl auch stets durch dreifache Addition des zweiten Faktors erhalten. Verkleinern wir in der so erhaltenen Summe den ersten Summanden um 1 und vergrößern wir gleichzeitig den dritten Summanden um 1, so gewinnen wir direkt eine Darstellung der betreffenden Zahl als Summe dreier aufeinanderfolgender natürlicher Zahlen[1].

So gewinnen wir hier die *Einsicht*, daß die Vorgehensweise in diesem konkreten Beispiel unmittelbar auf *alle* entsprechenden Fälle übertragbar ist. Das Beispiel liefert uns also eine Strategie, wie wir *stets* vorgehen können, es liefert uns eine *Beweisstrategie*.

Bemerkung

Stellen wir natürliche Zahlen durch Punktbilder dar (wobei wir durch „...“ andeuten, daß wir nicht nur *eine* feste Zahl vor Augen haben), und beachten wir, daß jedes Vielfache von 3 durch *drei gleichlange* „Reihen“ dargestellt werden kann, so enthält die folgende Bildfolge sehr anschaulich die vorstehende *Beweisidee*:

---

[1] Vgl. auch die Fußnote 4 in I.1.

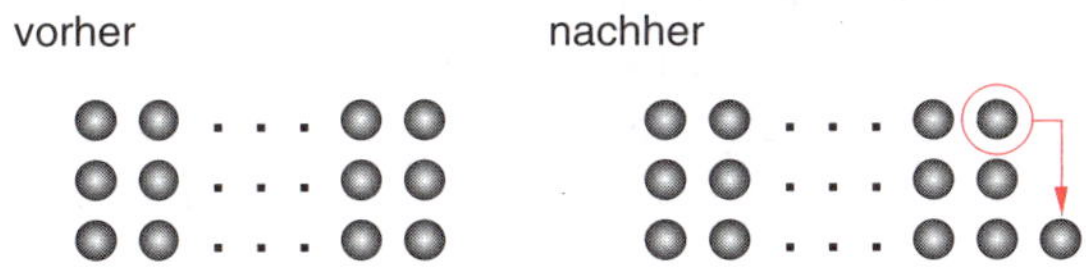

Beweis II (**Beweis mit Variablen**)
Von der beispielgebundenen Beweisstrategie zu einem Beweis mit Variablenbenutzung[2] ist es formal nur ein kleiner Schritt, der aber dennoch Studenten insbesondere mit Mathematik als Nebenfach Schwierigkeiten bereiten kann, wie unsere Erfahrungen zeigen. Die parallele Erarbeitung eines Beweises mittels einer beispielgebundenen Beweisstrategie *und* mittels eines Beweises mit Variablenbenutzung hilft jedoch erfahrungsgemäß häufig, diese Schwierigkeiten zu reduzieren.

Für jede natürliche Zahl a, die ein Vielfaches von 3 ist, gibt es eine natürliche Zahl n mit $a = n \cdot 3$ bzw. – wegen des Kommutativgesetzes – $a = 3 \cdot n$ mit $n \in \mathbb{N}$.[3] Das Produkt $3 \cdot n$ kann stets erklärt werden durch die dreimalige Addition der natürlichen Zahl n, also $3 \cdot n = n + n + n$. Insgesamt gilt also: $a = 3 \cdot n = n + n + n$. Die Summe $n + n + n$ bleibt *unverändert*, wenn wir den *ersten* Summanden um 1 verkleinern und den *dritten* Summanden um 1 vergrößern:

$$\overset{-1}{}\qquad a = n + n + n = (n - 1) + n + (n + 1)\qquad \underset{+1}{}$$

Daher können wir *jede* natürliche Zahl a, die ein Vielfaches von 3 ist, darstellen als Summe dreier aufeinanderfolgender Zahlen, nämlich jeweils der Zahlen $n - 1, n$ und $n + 1$.

Gilt auch die *Umkehrung* obiger Vermutung? Gilt auch: Ist eine natürliche Zahl

[2]Für eine genauere Darstellung verschiedener Begründungsniveaus vgl. F. Padberg: Einführung in die Mathematik I, Arithmetik, Heidelberg 1997, S. 58 ff.
[3]$\mathbb{N} = \{1, 2, 3, 4, \ldots\}$.

als Summe dreier aufeinanderfolgender natürlicher Zahlen darstellbar, dann ist sie ein Vielfaches von 3? Die Antwort auf diese Frage ist *ja*. Sei nämlich eine gegebene natürliche Zahl a als Summe dreier aufeinanderfolgender natürlicher Zahlen darstellbar, dann gilt $a = (n-1) + n + (n+1)$. Diese Summe bleibt unverändert, wenn wir den ersten Summanden um 1 vergrößern und gleichzeitig den dritten Summanden um 1 verkleinern. Wir erhalten so:

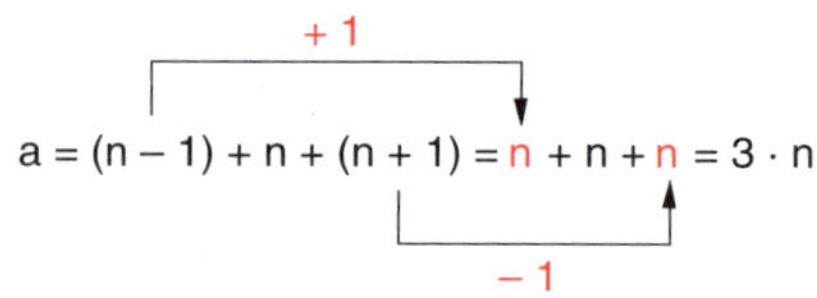

Also gilt auch die Umkehrung und damit insgesamt folgender **Satz**:
Eine natürliche Zahl ist genau dann als Summe *dreier* aufeinanderfolgender natürlicher Zahlen darstellbar, wenn sie ein Vielfaches von 3 ist[4].

Es gibt auch Zahlen, die als Summe von *fünf* aufeinanderfolgenden natürlichen Zahlen darstellbar sind. So gilt beispielsweise

$$45 = 7 + 8 + 9 + 10 + 11$$

$$30 = 4 + 5 + 6 + 7 + 8$$

Grundlage für diese Summendarstellung sind offenbar die Produkte $45 = 5 \cdot 9$ und $30 = 5 \cdot 6$. Völlig analog wie beim vorstehenden Beweis können wir auch hier folgenden **Satz** beweisen (vgl. Aufgaben 1 und 2):
Eine natürliche Zahl ist genau dann als Summe von *fünf* aufeinanderfolgenden natürlichen Zahlen darstellbar, wenn sie ein Vielfaches von 5 (größer als 5) ist.

Wir können sogar Zahlen angeben, die als Summe von 7, 9, 11, ... aufeinanderfolgenden Zahlen darstellbar sind (vgl. die Aufgaben 3, 4, 5, 6, 7, 8). So gilt beispielsweise:

$$56 = 5 + 6 + 7 + 8 + 9 + 10 + 11$$
$$77 = 8 + 9 + 10 + 11 + 12 + 13 + 14$$

oder

$$45 = 1 + 2 + 3 + 4 + 5 + 6 + 7 + 8 + 9$$
$$108 = 8 + 9 + 10 + 11 + 12 + 13 + 14 + 15 + 16$$

---

[4]Wir lassen hier auch *Null* als (ersten) Summanden zu. Wollen wir dies ausschließen, müssen wir in der Satzformulierung fordern, daß die Vielfachen von 3 *größer* als 3 sind.

oder

$$66 = 1 + 2 + 3 + 4 + 5 + 6 + 7 + 8 + 9 + 10 + 11$$
$$99 = 4 + 5 + 6 + 7 + 8 + 9 + 10 + 11 + 12 + 13 + 14$$

2 Zweites Problem

Offenkundig gibt es jeweils *mehrere* verschiedene Möglichkeiten beispielsweise die Zahlen von 4 bis 10 als Summe zweier natürlicher Zahlen darzustellen. So gilt etwa für die Zahl 10:

$$10 = 1 + 9 = 2 + 8 = 3 + 7 = 4 + 6 = 5 + 5 = 6 + 4 = 7 + 3 = 8 + 2 = 9 + 1$$

Wir können 10 *speziell* auch als Summe zweier *Primzahlen*[5] darstellen, nämlich als $10 = 3 + 7$. Verzichten wir darauf zu fordern, daß in der Summe beide Primzahlen *verschieden* sind, so gibt es mit $10 = 5 + 5$ sogar noch eine zweite derartige Summendarstellung von 10. Können wir *sämtliche* Zahlen von 4 bis 10 so als Summe zweier – nicht notwendig verschiedener – Primzahlen darstellen? Offenkundig ja; denn es gilt:

$$\begin{aligned} 4 &= 2 + 2 \\ 5 &= 2 + 3 \\ 6 &= 3 + 3 \\ 7 &= 2 + 5 \\ 8 &= 3 + 5 \\ 9 &= 2 + 7 \\ 10 &= 3 + 7 = 5 + 5. \end{aligned}$$

Wir können also alle Zahlen von 4 bis 10 als Summe zweier (nicht notwendig verschiedener) Primzahlen darstellen. Gilt diese Aussage so für *alle* natürlichen Zahlen? Für die Zahlen von 1 bis 3 kann sie offensichtlich *nicht* gelten, da 2 die *kleinste* Primzahl ist (1 zählt nicht zu den Primzahlen; vgl. III.1.). Gilt sie für alle natürlichen Zahlen ab 4? Bei der Zahl 11 stoßen wir schon erstmalig auf Schwierigkeiten. 11 läßt sich *nicht* als Summe zweier (nicht notwendig verschiedener) Primzahlen darstellen; denn gehen wir der Reihe nach alle Primzahlen kleiner als 11 durch, so finden wir, daß immer zu der jeweiligen Primzahl eine Nichtprimzahl addiert werden muß, um 11 zu erhalten:

[5]Primzahlen sind natürliche Zahlen *größer* als 1, die nur durch 1 und sich selbst teilbar sind.

$11 = 2 + 9 = 3 + 8 = 5 + 6 = 7 + 4$

Es gibt also für 11 *keine* Darstellung als Summe *zweier* (nicht notwendig verschiedener) *Primzahlen.* Gehen wir die natürlichen Zahlen bis 20 durch, so stoßen wir bei 17 auf eine zweite Ausnahme (vgl. Aufgabe 9). Beide Ausnahmen sind *ungerade* Zahlen. Untersucht man beliebig große *gerade* Zahlen, so hat man bisher *keine* Zahl gefunden, die nicht darstellbar ist als Summe zweier (nicht notwendig verschiedener) Primzahlen. Schon auf Christian von *Goldbach* (1690 - 1764) geht die Vermutung zurück, daß *jede* gerade Zahl (ab 4) darstellbar ist als Summe zweier (nicht notwendig verschiedener) Primzahlen.[6] Diese Aussage ist bis heute noch ein *ungelöstes*, offenes Problem, sie ist allerdings sehr wahrscheinlich richtig. Nach ihrem Entdecker wird diese Aussage als **Goldbachsche Vermutung** bezeichnet.

Ausgehend von der Goldbachschen Vermutung können wir auch eine Aussage über die Darstellbarkeit *ungerader* Zahlen als Summe von Primzahlen machen. Es gilt folgender **Satz**, der den Fall *ungerader* Zahlen umfaßt:
Falls die Goldbachsche Vermutung wahr ist, können wir *jede* natürliche Zahl (größer als 1) darstellen als Summe von *höchstens drei* Primzahlen.

Beim **Beweis** dieser Aussage unterscheiden wir zwei Fälle:

Fall 1 Die betrachtete Zahl ist *gerade*
Falls die Goldbachsche Vermutung gilt, können wir *jede* gerade Zahl ab 4 als Summe von *zwei* (nicht notwendig verschiedenen) Primzahlen darstellen. Also trifft für diese geraden Zahlen die Behauptung zu, daß sie als Summe von *höchstens drei* Primzahlen darstellbar sind. Nennen wir – um in obiger Aussage keine Ausnahmen formulieren zu müssen – die Darstellung $2 = 2$ eine „Summe“ mit *einem* Summanden, so trifft auch für 2 die Behauptung zu.

Fall 2 Die betrachtete Zahl ist *ungerade* und größer als 1.
Ist die betrachtete ungerade Zahl eine *Primzahl* p, so nennen wir – entsprechend wie bei der Zahl 2 im ersten Fall – die Darstellung $p = p$ eine „Summe“ mit *einem* Summanden, also trifft für alle *ungeraden Primzahlen* die Behauptung zu. Die *kleinste ungerade* Zahl größer als 1, die *keine* Primzahl ist, ist die Zahl 9. Von 9 wie von allen größeren ungeraden Zahlen können wir eine ungerade Primzahl abziehen, beispielsweise die Primzahl 3. Die Differenz ist

[6] Diese Vermutung teilte er – in etwas modifizierter Form – Euler in einem Brief vom 7. 6. 1742 mit.

dann zwangsläufig jeweils eine *gerade* Zahl (vgl. Aufgabe 11), und zwar größer oder gleich 4, wenn wir beispielsweise die Primzahl 3 abziehen. Wenden wir auf diese gerade Zahl die Goldbachsche Vermutung an, so können wir sie als Summe zweier (nicht notwendig verschiedener) Primzahlen darstellen. Wir haben hiermit insgesamt gezeigt, daß sich auch jede *ungerade* Zahl größer als 1 als Summe von *höchstens drei* Primzahlen darstellen läßt (Beispiel 9: $9 - 3 = 6$, $6 = 3 + 3$ (Goldbach!), also: $9 = 3 + 3 + 3$, Beispiel 15: $15 - 3 = 12$, $12 = 5 + 7$ (Goldbach!), also $15 = 3 + 5 + 7$).

3 Drittes Problem

Im dritten Problem beschäftigen wir uns mit der Bestimmung *sämtlicher* natürlicher Zahlen mit einer vorgegebenen Anzahl von Teilern. Wir untersuchen hier speziell Zahlen mit *genau vier* Teilern. So besitzt beispielsweise die Zahl 8 die *Teiler* 1, 2, 4 und 8; denn wir können 8 durch diese Zahlen *ohne* Rest dividieren. Dagegen sind die Zahlen 3, 5, 6 und 7 keine Teiler von 8, da bei der Division jeweils ein von Null verschiedener Rest bleibt, so ist beispielsweise 5 kein Teiler von 8, da 8 bei der Division durch 5 den Rest 3 läßt.[7] Die Zahl 8 besitzt also *genau vier* Teiler.

Gibt es weitere Zahlen mit *genau vier* Teilern? Untersuchen wir hierzu die natürlichen Zahlen beispielsweise bis 30, so erhalten wir folgendes Ergebnis: Genau vier Teiler besitzen die Zahlen $6, 8, 10, 14, 15, 21, 22, 26$ und 27. Es ist allerdings recht mühsam, jeweils durch explizites Aufzählen der Teiler einer Zahl festzustellen, ob diese Zahl genau vier Teiler besitzt. Gibt es einen *effizienteren* Weg? Hierzu listen wir im folgenden die Zahlen bis 30 auf, die genau vier Teiler besitzen, sowie jeweils die zugehörigen Teiler und versuchen so, Zusammenhänge zu erkennen.

---

[7] Auf die Teilbarkeitsrelation gehen wir im nächsten Kapitel systematisch ein.

Zahl	Teiler			
6	1	2	3	6
8	1	2	4	8
10	1	2	5	10
14	1	2	7	14
15	1	3	5	15
21	1	3	7	21
22	1	2	11	22
26	1	2	13	26
27	1	3	9	27

Mit Ausnahme der Zahlen 8 und 27 ist die Struktur der Teilermenge bei allen übrigen Zahlen gleich: Die Teilermengen bestehen jeweils aus 1 und der Zahl selbst (dies gilt auch für die beiden Zahlen 8 und 27) sowie aus zwei verschiedenen *Primzahlen*, wobei das Produkt dieser beiden Primzahlen die Ausgangszahl ergibt. Für diese Zahlen ist also charakteristisch, daß wir sie als *Produkt zweier verschiedener Primzahlen* schreiben können. Offensichtlich gilt für alle derartigen Zahlen, daß sie genau vier Teiler besitzen. Bezeichnen wir nämlich allgemein die beiden verschiedenen Primzahlen mit p und q ($p \neq q$), so besitzt jede Zahl der Form $p \cdot q$ die vier Teiler $1, p, q$ und $p \cdot q$, aber auch keine weiteren Teiler[8], also *genau vier* Teiler. Wir halten als *erstes Zwischenergebnis* fest:
Jede natürliche Zahl a der Form $p \cdot q$ (p, q Primzahlen; $p \neq q$) besitzt *genau vier* Teiler.

Ist hierbei die Forderung wichtig, daß beide Faktoren p und q *verschiedene* Primzahlen sind? Betrachten wir als Beispiel den einfachsten Fall, daß nämlich gilt $p = q = 2$. Wir erhalten in diesem Fall die Zahl 4, und diese besitzt nur die *drei* Teiler 1, 2 und 4. Entsprechendes gilt offensichtlich für jede Primzahl p (vgl. Aufgabe 12).

Ist zusätzlich auch die Forderung wichtig, daß *beide* Zahlen p und q (verschiedene) *Primzahlen* sind? Betrachten wir die beiden Zahlen 8 und 27 mit $8 = 2 \cdot 4$ und $27 = 3 \cdot 9$, so könnten wir vermuten, daß *diese* Forderung nicht erheblich ist, solange nur *mindestens ein* Faktor eine Primzahl ist. Sind nämlich *beide*

[8]Wir setzen hier (und auch im folgenden) insbesondere voraus, daß jede natürliche Zahl $a > 1$ nur auf *genau eine* Art und Weise als Produkt von Primzahlen dargestellt werden kann – eine Voraussetzung, die keineswegs selbstverständlich ist, die aber dennoch stets zutrifft, wie wir im Kapitel IV erarbeiten werden.

Faktoren zusammengesetzte Zahlen – also keine Primzahlen und von 1 verschieden –, so haben die entsprechenden Zahlen (viel!) mehr als vier Teiler, wie schon das Beispiel $24 = 4 \cdot 6$ gut verdeutlicht; denn 24 hat insgesamt 8 Teiler. Aber auch wenn *genau ein* Faktor eine Primzahl ist, haben die betreffenden Zahlen zwar in den Fällen der Zahlen 8 und 27 genau vier Teiler, jedoch in fast allen anderen entsprechenden Fällen *mehr* als 4 Teiler, wie die Beispiele $12 = 2 \cdot 6$ mit 6 Teilern und $24 = 3 \cdot 8$ mit 8 Teilern schon belegen (vgl. Aufgabe 13).

Betrachten wir die beiden mittleren Teiler von 8 und 27 genauer, so fällt uns folgender Zusammenhang auf: bei 8 ist der erste mittlere Teiler 2, der zweite $4 = 2^2$, ihr Produkt ergibt also $8 = 2^3$ und entsprechendes gilt auch für 27: der erste mittlere Teiler ist 3, der zweite $9 = 3^2$, ihr Produkt ergibt also $27 = 3^3$. Die beiden Zahlen 8 und 27 sind also speziell dritte Potenzen einer Primzahl p, sind also speziell von der Form p^3 (mit p Primzahl). Jede natürliche Zahl a der Form p^3 besitzt die vier verschiedenen Teiler $1, p, p^2$ und p^3, aber auch keine weiteren[9], besitzt also *genau vier* Teiler. Wir halten daher als *zweites Zwischenergebnis* fest:
Jede natürliche Zahl a der Form p^3 (p Primzahl) besitzt *genau vier* Teiler.

Wir haben hiermit insgesamt folgenden **Satz** bewiesen:

Jede natürliche Zahl der Form p^3 oder $p \cdot q$ (p, q Primzahlen, $p \neq q$) besitzt genau vier Teiler.

Wir können hiermit jetzt sehr leicht natürliche Zahlen mit *genau vier* Teilern angeben. Die Frage liegt nahe, ob wir so schon *sämtliche* natürliche Zahlen mit genau vier Teilern erhalten. Hierzu müssen wir die Aussage „Jede natürliche Zahl mit genau vier Teilern ist von der Form p^3 oder von der Form $p \cdot q$ (p, q Primzahlen, $p \neq q$)" beweisen oder durch ein Gegenbeispiel widerlegen. Die vorstehende Aussage können wir auch in der folgenden Form formulieren: „Wenn a eine natürliche Zahl mit genau vier Teilern ist, dann ist a von der Form p^3 oder von der Form $p \cdot q$ (p, q Primzahlen, $p \neq q$)". Leichter zu beweisen ist der logisch gleichwertige[10] **Satz**:
„Wenn die natürliche Zahl a *nicht* von der Form p^3 und auch *nicht* von der Form $p \cdot q$ (p, q Primzahlen, $p \neq q$) ist, dann besitzt sie *nicht* genau vier Teiler".

---

[9] Vgl. die Fußnote 8 in I.3.

[10] Vgl. F. Padberg: Einführung in die Mathematik I, Arithmetik, Heidelberg 1997, S. 100 ff.

Beim **Beweis** dieser Aussage unterscheiden wir *drei verschiedene Fälle*:

Fall 1 Die gegebene Zahl ist eine Primzahl p oder eine Primzahlpotenz.

Ist die gegebene Zahl von der Form p oder p^2, besitzt sie *weniger* als 4 Teiler, ist sie von der Form $p^4, p^5, p^6, \ldots$ besitzt sie *mehr* als 4 Teiler; denn schon Zahlen der Form p^4 besitzen die 5 Teiler $1, p, p^2, p^3$ und p^4.

Fall 2 Die gegebene Zahl ist darstellbar als Produkt zweier verschiedener Primzahlen p und q, wobei mindestens ein Exponent größer als 1 ist.

Ist die gegebene Zahl von dieser Form, so besitzt sie stets *mehr* als 4 Teiler; denn schon die einfachste Zahl dieser Form, nämlich $p^2 \cdot q$, besitzt mehr als 4 Teiler, nämlich die 6 Teiler $1, p, p^2, q, p \cdot q$ und $p^2 \cdot q$.

Fall 3 Die gegebene Zahl ist darstellbar als Produkt von drei (oder mehr) verschiedenen Primzahlen.

Zahlen dieser Form besitzen stets *mehr* als vier Teiler; denn schon die einfachste Zahl dieser Form, nämlich $p \cdot q \cdot r$ (p, q, r Primzahlen, paarweise verschieden), besitzt 8 Teiler, nämlich die Teiler $1, p, q, r, p \cdot q, p \cdot r, q \cdot r, p \cdot q \cdot r$. Wir haben hiermit insgesamt folgenden **Satz** bewiesen:

Eine natürliche Zahl besitzt genau dann *genau vier* Teiler, wenn sie von der Form p^3 oder $p \cdot q$ (p, q Primzahlen, $p \neq q$) ist.

4 Aufgaben

(1) Beweisen Sie mit einer beispielgebundenen Beweisstrategie:

Eine natürliche Zahl ist genau dann als Summe von fünf aufeinanderfolgenden natürlichen Zahlen darstellbar, wenn sie ein Vielfaches von 5 (größer als 5) ist.

(2) Beweisen Sie (mit Variablen):

Eine natürliche Zahl ist genau dann als Summe von fünf aufeinanderfolgenden natürlichen Zahlen darstellbar, wenn sie ein Vielfaches von 5 (größer als 5) ist.

(3) Beweisen Sie mit einer beispielgebundenen Beweisstrategie:

Eine natürliche Zahl ist genau dann als Summe von sieben aufeinanderfolgenden natürlichen Zahlen darstellbar, wenn sie ein Vielfaches von 7 (größer als 14) ist.

(4) Beweisen Sie (mit Variablen):

Eine natürliche Zahl ist genau dann als Summe von sieben aufeinanderfolgenden natürlichen Zahlen darstellbar, wenn sie ein Vielfaches von 7 (größer als 14) ist.

(5) Beweisen Sie mit einer beispielgebundenen Beweisstrategie:

Eine natürliche Zahl ist genau dann als Summe von neun aufeinanderfolgenden natürlichen Zahlen darstellbar, wenn sie ein Vielfaches von 9 (größer als 27) ist.

(6) Beweisen Sie (mit Variablen):

Eine natürliche Zahl ist genau dann als Summe von neun aufeinanderfolgenden natürlichen Zahlen darstellbar, wenn sie ein Vielfaches von 9 (größer als 27) ist.

(7) Beweisen Sie mit einer beispielgebundenen Beweisstrategie:

Eine natürliche Zahl ist genau dann als Summe von elf aufeinanderfolgenden natürlichen Zahlen darstellbar, wenn sie ein Vielfaches von 11 (größer als 44) ist.

(8) Beweisen Sie (mit Variablen):

Eine natürliche Zahl ist genau dann als Summe von elf aufeinanderfolgenden natürlichen Zahlen darstellbar, wenn sie ein Vielfaches von 11 (größer als 44) ist.

(9) Stellen Sie die Zahlen zwischen 11 und 20 als Summe zweier (nicht notwendig verschiedener) Primzahlen dar. Begründen Sie, daß 17 so nicht dargestellt werden kann.

(10) Stellen Sie alle geraden Zahlen zwischen 80 und 100 als Summe zweier (nicht notwendig verschiedener) Primzahlen dar. Notieren Sie jeweils *alle* entsprechenden Summendarstellungen.

(11) Begründen Sie, daß die Differenz zweier ungerader Zahlen stets eine gerade Zahl ist.

(12) Begründen Sie, daß jede natürliche Zahl a der Form $a = p^2$ (mit p Primzahl) genau *drei* Teiler besitzt. Gilt diese Aussage auch noch, wenn p eine beliebige natürliche Zahl ist?

(13) Begründen Sie, daß Zahlen, die als Produkt aus einer Primzahl und einer zusammengesetzten Zahl geschrieben werden können, sehr oft *mehr* als vier Teiler besitzen. Wann besitzen sie dennoch genau vier Teiler?

(14) Geben Sie zunächst vier natürliche Zahlen mit genau drei Teilern an, und beschreiben Sie anschließend ein allgemeines Bildungsgesetz für alle natürlichen Zahlen mit genau drei Teilern.

(15) Nennen Sie zunächst vier natürliche Zahlen mit genau fünf Teilern, und beschreiben Sie anschließend ein allgemeines Bildungsgesetz für alle natürlichen Zahlen mit genau fünf Teilern.

(16) Geben Sie zunächst vier natürliche Zahlen mit genau sechs Teilern an, und beschreiben Sie anschließend ein allgemeines Bildungsgesetz für alle natürlichen Zahlen mit genau sechs Teilern.

II Die Teilbarkeitsrelation

Ausgehend von der anschaulichen Grundvorstellung des Aufteilens definieren wir im *ersten* Abschnitt die *Teilbarkeitsrelation* zunächst in der Menge $\mathbb{N}$ der natürlichen Zahlen und danach auch in der umfassenderen Menge $\mathbb{Z}$ der ganzen Zahlen. Anschließend gehen wir auf die hiermit eng zusammenhängende *Vielfachenrelation* ein. Wir greifen an *einigen* Stellen dieses Bandes auf die Teilbarkeitsrelation in $\mathbb{Z}$ zurück, da so die entsprechenden Beweise leichter werden, weil *keine* Fallunterscheidungen notwendig sind. An den meisten Stellen arbeiten wir jedoch mit der Teilbarkeitsrelation in der Menge der natürlichen Zahlen.

Im *zweiten* Abschnitt thematisieren wir ausgehend von der Untersuchung von Pfeildiagrammen *die* Eigenschaften der Teilbarkeitsrelation, die sie als *Ordnungsrelation* charakterisieren. Diese Eigenschaften gestatten eine starke Vereinfachung der Pfeildiagramme zu sogenannten Hassediagrammen. Vor allem benötigen wir diese Eigenschaften, insbesondere die Transitivität, jedoch an verschiedenen Stellen dieses Bandes, so etwa in den folgenden Kapiteln III, IV und V.

Im *dritten* Abschnitt untersuchen wir die Verträglichkeit der Teilbarkeitsrelation mit der Addition, Subtraktion und Multiplikation und leiten die *Summen-*, *Differenz-* und *Produktregeln* ab – Regeln, auf die wir ebenfalls im weiteren Aufbau dieses Bandes häufiger zurückgreifen, so etwa in den Kapiteln III, V und VII.

Die im zweiten und dritten Abschnitt abgeleiteten Sätze lassen sich auf *verschiedenen Begründungsniveaus* beweisen. Da wir dies im Band *Einführung in die Mathematik I, Arithmetik*[1] schon gründlich thematisiert haben, fassen wir uns hier kürzer und beweisen die Sätze in diesem Kapitel stets auf dem höchsten Begründungsniveau, nämlich als Beweise mit Variablenbenutzung, während wir auf beispielgebundene Beweisstrategien auf der ikonischen Repräsentationsebene nur in den Aufgaben eingehen. Daher erfolgt hier gegenüber dem entsprechenden Kapitel im Band *Einführung in die Mathematik I, Arithmetik* eine *Vertiefung* der Behandlung der Teilbarkeitsrelation in *zweierlei* Hinsicht, nämlich in Hinblick auf die zugrundeliegende *Zahlenmenge* (nicht ausschließlich $\mathbb{N}$ bzw. $\mathbb{N}_0$, sondern auch $\mathbb{Z}$) sowie in Hinblick auf das *Begründungsniveau*.

---

[1] Vgl. F. Padberg: Einführung in die Mathematik I, Arithmetik, Heidelberg 1997, S. 58 ff.

1 Definition

Zur Einführung der Teilbarkeitsrelation gehen wir von folgender *Sachsituation* aus:
Vor Bernd liegen 18 Walnüsse auf dem Tisch. Diese will er *gleichmäßig* in Netze verpacken. Welche verschiedenen Möglichkeiten gibt es, wenn stets alle Nüsse *restlos* verpackt werden sollen?
Bernd kann 2 Netze mit jeweils 9, 3 Netze mit jeweils 6, 6 Netze mit jeweils 3 oder 9 Netze mit jeweils 2 Nüssen füllen. Ferner kann er 18 Netze mit jeweils einer Nuß oder ein einziges Netz mit allen 18 Nüssen füllen. Dagegen kann Bernd beispielsweise nicht jeweils 5 Walnüsse gleichmäßig und restlos in Netze verpacken. Hierbei bleiben vielmehr 3 Nüsse übrig.

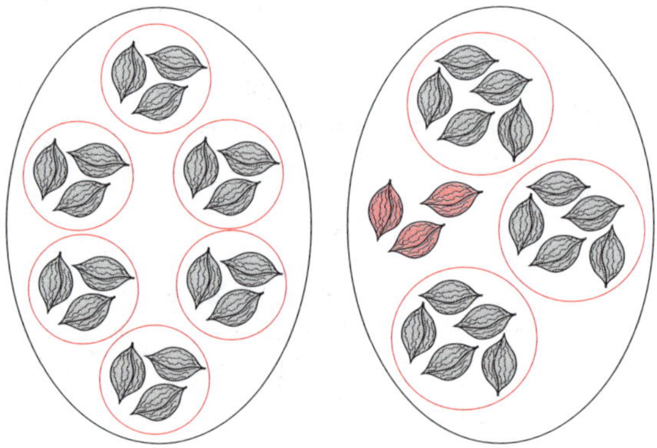

Wir können die verschiedenen Möglichkeiten *enaktiv* mit Nüssen und Netzen oder *ikonisch* – wie beispielsweise in der vorstehenden Abbildung geschehen – gewinnen. Wesentlich schneller lassen sich die verschiedenen Möglichkeiten jedoch rein auf der *Zahlenebene* bestimmen. Wir können nämlich offensichtlich 18 Walnüsse genau dann jeweils restlos zu dritt in Netze füllen, wenn die Division 18 : 3 ohne Rest aufgeht. Das Ergebnis 6 gibt uns die Anzahl der Netze an. Dagegen können wir die 18 Walnüsse *nicht* restlos zu fünft in Netze packen, da bei der Division 18 : 5 der Rest 3 bleibt. Anschaulicher Hintergrund dieses rechnerischen Weges ist nämlich die Grundvorstellung des *Aufteilens*, mit deren Hilfe die *Division* in der Primarstufe eingeführt wird[2].

[2]Genauer wird bei der Einführung der Division in der Primarstufe auf die anschaulichen Grundvorstellungen des Aufteilens *und* Verteilens zurückgegriffen. Für Details vgl. F. Padberg: Didaktik der Arithmetik, Heidelberg 1996, S. 133 ff.

Statt durch Rückgriff auf die Division können wir die verschiedenen Möglichkeiten aber auch gleichwertig mit Hilfe der *Multiplikation* bestimmen. Wir können nämlich die 18 Nüsse genau dann restlos und gleichmäßig zu dritt in Netze packen, wenn es eine natürliche Zahl n gibt mit $n \cdot 3 = 18$. Hierbei gibt uns die natürliche Zahl n – in diesem Beispiel die Zahl 6 – die Anzahl der Netze an. Dagegen können wir die 18 Walnüsse *nicht* restlos und gleichmäßig in Netze zu fünft verpacken, da es keine natürliche Zahl n gibt mit $n \cdot 5 = 18$; denn die Zahl 3 ist wegen $3 \cdot 5 = 15$ zu klein, der Nachfolger 4 wegen $4 \cdot 5 = 20$ aber schon zu groß. Besteht zwischen zwei natürlichen Zahlen a und b eine entsprechende Beziehung wie in unserem Beispiel zwischen 3 und 18, also die Beziehung $n \cdot a = b$, so sagen wir knapp *a ist Teiler von b*, besteht dagegen zwischen zwei natürlichen Zahlen a und b eine entsprechende Beziehung wie zwischen 5 und 18, so sagen wir hierzu kurz *a ist kein Teiler von b*. Wir halten dies fest als:

Definition 1 (Teiler)
Die natürliche Zahl a ist genau dann ein *Teiler* der natürlichen Zahl b, wenn (mindestens) eine natürliche Zahl n existiert mit $n \cdot a = b$ (Symbol: $a \mid b$, Sprechweisen: a ist Teiler von b, a teilt b oder b ist durch a teilbar.)
Anderenfalls gilt: a ist *nicht* Teiler von b (Symbol: $a \nmid b$, Sprechweisen: a ist nicht Teiler von b, a teilt nicht b oder b ist nicht durch a teilbar).

Bemerkungen

(1) Bei der Benutzung der Teilbarkeitsrelation legen wir in diesem Band fast immer die Menge $\mathbb{N} = \{1, 2, 3, \ldots\}$ der natürlichen Zahlen oder die Menge $\mathbb{N}_0$ der natürlichen Zahlen einschließlich der Null zugrunde. Beim Übergang zu $\mathbb{N}_0$ kommen nur folgende Teilbarkeitsaussagen hinzu: $0 \nmid n$ für alle $n \in \mathbb{N}$, $n \mid 0$ für alle $n \in \mathbb{N}$ sowie $0 \mid 0$ (vgl. Aufgaben 1 und 2). Daher betrachten wir im folgenden die Teilbarkeitsrelation *fast immer* in der Menge $\mathbb{N}$ der natürlichen Zahlen.

(2) Wir definieren die Teilbarkeitsrelation in Definition 1 durch Rückgriff auf die *Multiplikation* und nicht durch Rückgriff auf die Division, da dieser Ansatz beim Beweisen von Eigenschaften der Teilbarkeitsrelation vorteilhafter ist und da so auch der direkte Zusammenhang zwischen Teilern und Vielfachen (vgl. Definition 2) besser sichtbar wird.

(3) Beim Dividieren zweier Zahlen können von Null verschiedene Reste auftreten, beim Teilen im Sinne von Definition 1 dagegen nicht. In diesem

Sinne ist also das Teilen ein *Spezialfall* des Dividierens. Ferner ist beim Teilen und Dividieren die gesuchte Information unterschiedlich: Beim Teilen wollen wir nur wissen, *ob* eine Zahl in einer zweiten Zahl enthalten ist, beim Dividieren dagegen zusätzlich, *wie oft* der Divisor im Dividenden enthalten ist.

(4) Die Menge aller Teiler einer natürlichen Zahl a bezeichnen wir als *Teilermenge $T(a)$*. So gilt beispielsweise $T(18) = \{1, 2, 3, 6, 9, 18\}$. Ist a ein Teiler von b, gilt also $n \cdot a = b$, so ist wegen der Gültigkeit des Kommutativgesetzes bezüglich der Multiplikation auch n ein Teiler von b. Wir nennen a und n *komplementäre Teiler* (bezüglich b). Wir können Teilermengen $T(a)$ mit Hilfe dieser komplementären Teiler oder – noch wesentlich effektiver – mit Hilfe der Primfaktorzerlegung von a bestimmen (vgl. IV.3.2)

Gelegentlich betrachten wir in diesem Band auch die Teilbarkeitsrelation in der umfassenderen Menge $\mathbb{Z} = \{ \ldots, -3, -2, -1, 0, 1, 2, 3, \ldots \}$ der *ganzen Zahlen*, um so Beweise – durch den so möglichen Verzicht auf sonst notwendige Fallunterscheidungen bei ausschließlicher Benutzung von $\mathbb{N}$ – *einfacher* durchführen zu können. Völlig analog zur Definition 1 können wir definieren:

Definition 1 a (Teiler)
Die ganze Zahl a ist genau dann ein *Teiler* der ganzen Zahl b, wenn (mindestens) eine ganze Zahl z existiert mit $z \cdot a = b$. Anderenfalls gilt: a ist *nicht* Teiler von b. (Die Kurzschreibweisen $a \mid b$ bzw. $a \nmid b$ sowie die Sprechweisen bleiben gegenüber $\mathbb{N}$ unverändert).

Bemerkung
Wir beziehen uns im folgenden nur dann auf die Definition 1a, wenn wir dies ausdrücklich erwähnen, ansonsten beziehen wir uns immer auf die Definition 1.

In sehr engem Zusammenhang mit dem Begriff des Teilers steht der Begriff des Vielfachen.

Definition 2 (Vielfaches)
Die natürliche Zahl b ist genau dann ein *Vielfaches* der natürlichen Zahl a, wenn (mindestens) eine natürliche Zahl n existiert mit $n \cdot a = b$ (Symbol: $a \mid b$, gelesen: b ist ein Vielfaches von a). Anderenfalls ist b *kein* Vielfaches von a (Symbol: $a \nmid b$, gelesen: b ist kein Vielfaches von a).

Bemerkungen

(1) Zum Teil findet man in der Literatur *unterschiedliche Symbole* für die Teilbarkeits- und Vielfachenrelation, so beispielsweise $a \top b$ für „a ist Teiler von b" und $a \bigvee b$ für „a ist ein Vielfaches von b". Wegen des engen Zusammenhanges dieser beiden Relationen halten wir dagegen *ein* Symbol $a \mid b$ mit unterschiedlicher Leserichtung (im Falle der Teilbarkeitsrelation von links nach rechts „a ist Teiler von b" sowie im Falle der Vielfachenrelation von rechts nach links „b ist Vielfaches von a") für sinnvoller.

(2) Zwischen der Teilbarkeits- und der Vielfachenrelation besteht folgender *enger Zusammenhang*: Ist a ein *Teiler* von b, so gibt es ein $n \in \mathbb{N}$ mit $n \cdot a = b$. Daher ist gleichzeitig auch b ein *Vielfaches* von a. Ist umgekehrt b ein *Vielfaches* von a, so gibt es ein $n \in \mathbb{N}$ mit $n \cdot a = b$. Daher ist dann stets auch gleichzeitig a ein *Teiler* von b. Insgesamt gilt also: a ist ein Teiler von b genau dann, wenn b ein Vielfaches von a ist.

(3) Die Menge aller *positiven* Vielfachen von $a \in \mathbb{N}$ bezeichnen wir als *Vielfachenmenge $V(a)$*. So gilt beispielsweise $V(2) = \{2, 4, 6, 8, \dots\}$ oder $V(3) = \{3, 6, 9, 12, \dots\}$. Im Zusammenhang mit der Bestimmung des kleinsten gemeinsamen Vielfachen *kgV* gehen wir in Kapitel V noch genauer auf Vielfachenmengen ein. Daneben betrachten wir dort auch die *ganzzahligen* Vielfachen einer natürlichen Zahl a und kürzen diese durch $M(a)$ ab. So gilt beispielsweise $M(2) = \{\dots, -6, -4, -2, 0, 2, 4, 6, \dots\}$.

2 Die Teilbarkeitsrelation als Ordnungsrelation

Betrachten wir die Teilbarkeitsrelation nicht nur zwischen *zwei* gegebenen Zahlen, sondern in einer *umfangreicheren* Zahlenmenge, so können wir sie durch *Pfeildiagramme* veranschaulichen. Hierzu ordnen wir jeder Zahl der Menge eindeutig einen Punkt der Zeichenebene zu. Gilt für zwei Zahlen a und b unserer Menge *a teilt b*, so zeichnen wir einen Pfeil von a nach b. Offensichtlich können wir so zu einer gegebenen Menge M viele - äußerlich verschiedene - Pfeildiagramme zeichnen. Zweckmäßigerweise ordnen wir die Zahlen in der Ebene so an, daß das Pfeildiagramm möglichst übersichtlich bleibt. So erhalten wir für die Menge $M = \{3, 4, 6, 8, 9, 12\}$ beispielsweise folgendes Pfeildiagramm:

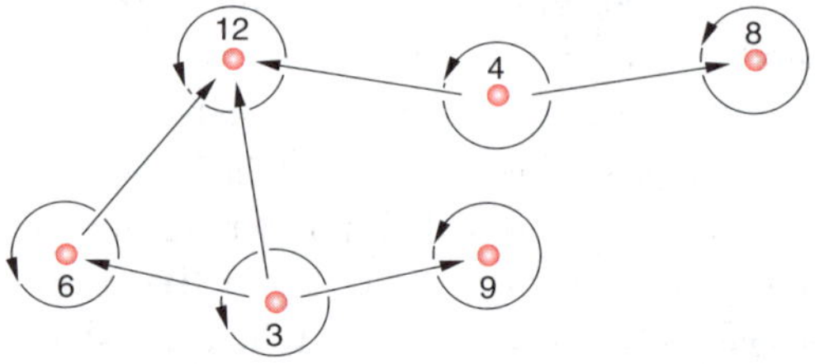

Selbst bei geschickter Anordnung der Zahlen werden die Pfeildiagramme mit zunehmender Elementanzahl jedoch sehr bald recht *unübersichtlich*. Da jedoch die Teilbarkeitsrelation spezielle Eigenschaften besitzt, die wir in diesem Abschnitt ableiten, können wir die Pfeildiagramme zu sogenannten *Hassediagrammen* stark vereinfachen und so das Problem der Unübersichtlichkeit lösen. Wir gehen hierauf am Ende dieses Abschnitts kurz ein.

Analysieren wir nämlich verschiedene Pfeildiagramme, so können wir u. a. folgende Beobachtungen machen:

- *Jede* Zahl besitzt jeweils einen „Ringpfeil".
- Es gibt in den Pfeildiagrammen *nie* „Doppelpfeile", also Pfeile, die zwei verschiedene Zahlen a und b in *beiden* Richtungen miteinander verbinden.

In algebraischer Formulierung bedeuten diese Eigenschaften:

- Für alle $a \in \mathbb{N}$ gilt $a \mid a$. Wir sagen hierzu: Die Teilbarkeitsrelation ist *reflexiv*.
- Für $a \neq b$ kann nie gleichzeitig gelten $a \mid b$ und $b \mid a$. Wir können dies logisch gleichwertig umformulieren in: Aus $a \mid b$ und $b \mid a$ folgt $a = b$. Wir sagen: Die Teilbarkeitsrelation ist *identitiv* oder *antisymmetrisch*.

Wir halten diese Aussagen fest als

Satz 1
Für alle $a, b \in \mathbb{N}$ gilt:

(1) $a \mid a$ (reflexiv)

(2) Aus $a \mid b$ und $b \mid a$ folgt $a = b$ (identitiv oder antisymmetrisch)

Beweis

(1) Wegen $1 \cdot a = a$ für alle $a \in \mathbb{N}$ ergibt sich die Reflexivität direkt durch Rückgriff auf die Definition 1.

(2) Aus $a \mid b$ und $b \mid a$ folgt nach Definition 1: Es gibt natürliche Zahlen n und m mit $n \cdot a = b$ und $m \cdot b = a$. Durch Einsetzen der ersten Gleichung in die zweite Gleichung erhalten wir

$$\begin{array}{lrl} & m \cdot (n \cdot a) = a & \\ \Longrightarrow & (m \cdot n) \cdot a = a & \text{(Assoziativgesetz)} \\ \Longrightarrow & m \cdot n = 1 & \text{(Streichungsregel in } \mathbb{N}) \\ \Longrightarrow & m = 1 \text{ und } n = 1 & (m > 1 \vee n > 1 \Rightarrow m \cdot n > 1) \\ \Longrightarrow & a = b & \text{(Einsetzen)} \end{array}$$

Bemerkung

Während die Reflexivität auch bei dem Studium der Teilbarkeitsrelation in der Menge $\mathbb{Z}$ der *ganzen* Zahlen gültig bleibt, gilt dies *nicht* für die Identitivität (vgl. Aufgabe 6).

Durch die Analyse verschiedener Pfeildiagramme können wir auch zu folgender weiterer Vermutung gelangen: Gibt es einen Pfeil von einer Zahl a zu einer Zahl b und gleichzeitig auch einen Pfeil von dieser Zahl b zu einer dritten Zahl c, dann gibt es stets auch einen *direkten* Pfeil von a nach c („Überbrückungspfeil"). Algebraisch formuliert lautet diese Vermutung: Für alle $a, b, c \in \mathbb{N}$ gilt: Aus $a \mid b$ und $b \mid c$ folgt $a \mid c$. Wir nennen diese Eigenschaft Transitivität und formulieren:

Satz 2 (Transitivität)
Für alle natürlichen Zahlen a, b, c gilt:
Aus $a \mid b$ und $b \mid c$ folgt $a \mid c$.

Beweis
Aus $a \mid b$ und $b \mid c$ folgt: Es gibt natürliche Zahlen m und n mit der Eigenschaft $m \cdot a = b$ und $n \cdot b = c$. Setzen wir die erste Gleichung in die zweite ein, so erhalten wir:

$$
\begin{aligned}
& n \cdot (m \cdot a) = c & \\
\Longrightarrow\quad & \underbrace{(n \cdot m)}_{q} \cdot a = c & \text{(Assoziativgesetz)} \\
\Longrightarrow\quad & q \cdot a = c & (q = n \cdot m, q \in \mathbb{N}) \\
\Longrightarrow\quad & a \mid c & \text{(Definition 1)}
\end{aligned}
$$

Bemerkungen

(1) Wir können viele Eigenschaften der Teilbarkeitsrelation – so auch die Transitivität – gut auf *verschiedenen* Begründungsniveaus[3] beweisen. Neben dem hier durchgeführten Beweis mit Variablenbenutzung als höchstem Begründungsniveau können wir die Transitivität beispielsweise auch durch Rückgriff auf die anschauliche Vorstellung des Aufteilens mit einer *beispielgebundenen Beweisstrategie* auf der *ikonischen Repräsentationsebene* begründen (vgl. Aufgabe 8).

(2) Untersuchen wir die Teilbarkeitsrelation statt in der Menge $\mathbb{N}$ der natürlichen Zahlen in der Menge $\mathbb{Z}$ der *ganzen* Zahlen, so gilt auch dort die Transitivität (vgl. Aufgabe 9).

Die in den Sätzen 1 und 2 formulierten Eigenschaften der Teilbarkeitsrelation gestatten eine *starke Vereinfachung* der entsprechenden Pfeildiagramme. Interessieren wir uns nämlich für eine *Typisierung* von Pfeildiagrammen, so betrachten wir in erster Linie Eigenschaften, in denen sich verschiedene Pfeildiagramme *unterscheiden*, und nicht Eigenschaften, die ohnehin *sämtliche* Pfeildiagramme *gemeinsam* haben. In diesem Sinne können wir also unter dem Blickwinkel der Typisierung *ohne* Informationsverlust bei den Pfeildiagrammen auf sämtliche Ring- und Überbrückungspfeile verzichten, da diese ja ohnehin *alle* Pfeildiagramme *einheitlich* aufweisen. Wir können in den Pfeildiagrammen auch auf die Pfeilspitzen verzichten, wenn wir bei der Anordnung der Zahlen in der Zeichenebene darauf achten, daß alle Pfeile jeweils nach oben zeigen; denn wegen der Identitivität gibt es in Pfeildiagrammen der Teilbarkeitsrelation nie Doppelpfeile. Nach diesen Vereinfachungen erhalten wir folgendes – *Hassediagramm* genanntes – Diagramm der Teilbarkeitsrelation in der Menge $\{3, 4, 6, 8, 9, 12\}$.

[3] Vgl. F. Padberg: Einführung in die Mathematik I, Arithmetik, Heidelberg 1997, S. 58 ff, S. 65 ff. In diesem Band gehen wir gründlich auf verschiedene Begründungsniveaus ein und beweisen dort insbesondere auch die Transitivität beispielsweise auf drei verschiedenen Begründungsniveaus.

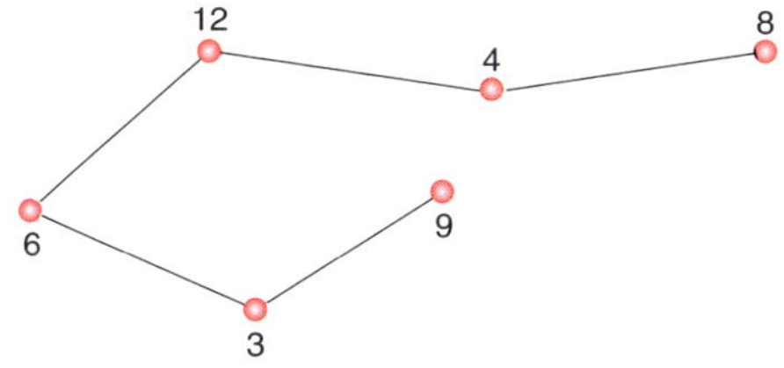

Auf diese Hassediagramme – speziell für den Fall von *Teilermengen* – gehen wir gründlich im Kapitel IV.3.3 ein und erarbeiten dort auch eine Typisierung verschiedener Hassediagramme.

Die Teilbarkeitsrelation ist also reflexiv, identitiv und transitiv. Relationen mit diesen Eigenschaften bezeichnen wir bekanntlich als *identitive Ordnungsrelationen* [4]. Wir nennen reflexive und transitive Relationen Ordnungsrelationen, weil sie die Elemente einer gegebenen Menge nach bestimmten Gesichtspunkten *ordnen*. So bewirkt die Transitivität, daß die Elemente einer gegebenen Menge in „Ketten" aufeinanderfolgender Elemente angeordnet werden können. Wegen der Identitivität kann hierbei die Reihenfolge zweier Elemente nicht vertauscht werden. Weitere identitive Ordnungsrelationen sind die $\leq$-Relation in $\mathbb{N}$ (oder in Teilmengen von $\mathbb{N}$) sowie die $\subseteq$-Relation in Mengen von Mengen.

3 Die Teilbarkeitsrelation und Rechenoperationen

Zwei gegebene wahre Gleichheitsaussagen – beispielsweise $a = b$ und $c = d$ – dürfen wir stets seitenweise addieren und erhalten so mit $a+c = b+d$ wiederum eine wahre Gleichheitsaussage. Gilt entsprechendes wie bei der Gleichheitsrelation auch bei der *Teilbarkeits*relation? Betrachten wir als Beispiel $2 \mid 6$ und $4 \mid 12$. Die Addition der linken Seiten ergibt $2+4 = 6$, die Addition der rechten Seiten ergibt $6 + 12 = 18$, und es gilt $(2 + 4) \mid (6 + 12)$; denn $6 \mid 18$. Entsprechendes gilt auch für das Beispiel $3 \mid 18$ und $2 \mid 12$; denn $(3+2) \mid (18+12)$, da $5 \mid 30$. Die Untersuchung weiterer Beispiele zeigt jedoch, daß wir *keineswegs* zwei Teilbarkeitsaussagen *stets* seitenweise addieren dürfen (Beispiel: $3 \mid 9$ und $6 \mid 12$, aber $9 \nmid 21$), sondern daß dies in dieser Form nur in *wenigen* Sonderfällen funktioniert.

[4] Vgl. F. Padberg: Einführung in die Mathematik I - Arithmetik, Heidelberg 1997, S. 151 ff.

Dennoch ist die Teilbarkeitsrelation mit der Addition in gewisser Weise *verträglich*, nur nicht in dieser allgemeinen Form. Folgendes Beispiel weist uns in die richtige Richtung: Gilt $7 \mid 140\,217$? Wir haben zwei verschiedene Möglichkeiten, die Richtigkeit dieser Teilbarkeitsaussage zu beurteilen. *Ein* (hier aufwendiger) Weg, der jedoch immer beschritten werden kann, ist die schriftliche Division von 140 217 durch 7. Die Zahl 140 217 können wir aber auch sehr leicht in zwei Summanden zerlegen, nämlich in 140 000 und 217, bei denen wir *ohne* (schriftliche) Rechnung direkt sehen, daß sie durch 7 teilbar sind. *Falls* wir aus der Teilbarkeit zweier Zahlen durch 7 auf die Teilbarkeit ihrer *Summe* durch 7 schließen können, verfügen wir über einen zweiten, wesentlich eleganteren Weg zur Entscheidung der Frage, ob $7 \mid 140\,217$ gilt. *Daß* dieser Schluß stets erlaubt ist, sagt aus:

Satz 3 (Summenregel)
Für alle natürlichen Zahlen a, b, c gilt:
Aus $a \mid b$ und $a \mid c$ folgt $a \mid (b + c)$.

Beweis
Aus $a \mid b$ und $a \mid c$ folgt: Es gibt natürliche Zahlen m und n mit der Eigenschaft $m \cdot a = b$ und $n \cdot a = c$. Seitenweise Addition dieser beiden Gleichungen ergibt:

$$\begin{array}{lrl} & m \cdot a + n \cdot a = b + c & \\ \Longrightarrow & \underbrace{(m+n)}_{q} \cdot a = b + c & \text{(Distributivgesetz)} \\ \Longrightarrow & q \cdot a = b + c & (q = m + n, q \in \mathbb{N}) \\ \Longrightarrow & a \mid (b + c) & \text{(Definition 1)} \end{array}$$

Bemerkungen

(1) Die Summenregel können wir auf *verschiedenen* Begründungsniveaus beweisen[5], so beispielsweise neben diesem Beweis mit Variablenbenutzung auch – durch Rückgriff auf die anschauliche Vorstellung des Aufteilens – mittels einer beispielgebundenen Beweisstrategie (vgl. Aufgabe 10).

(2) Ersetzen wir im Beweisgang von Satz 3 jeweils das Wort *natürliche Zahl* durch das Wort *ganze Zahl*, so bleibt der Beweis gültig. Damit gilt Satz 3 nicht nur für natürliche Zahlen, sondern sogar für die umfassendere Menge $\mathbb{Z}$ der *ganzen* Zahlen.

[5] Vgl. F. Padberg: Einführung in die Mathematik I, Arithmetik, Heidelberg 1997, S. 58 ff.

Satz 3a (Summenregel)
Für alle *ganzen* Zahlen a, b, c gilt:
Aus $a \mid b$ und $a \mid c$ folgt $a \mid (b + c)$.

Gilt in Satz 3 bzw. 3a nur *eine* der beiden Voraussetzungen, gilt also beispielsweise $a \mid b$ und $a \nmid c$ (vgl. auch Aufgabe 11), so gilt auch der dortige Schluß *nicht* mehr. Vielmehr gilt dann:

Satz 4 (Variante der Summenregel)
Für alle natürlichen Zahlen a, b, c gilt:
Aus $a \mid b$ und $a \nmid c$ folgt $a \nmid (b + c)$.

Beweis
Wegen $a \mid b$ gibt es eine natürliche Zahl m mit $m \cdot a = b$. Wegen $a \nmid c$ gibt es *keine* natürliche Zahl n mit $n \cdot a = c$. Vielmehr bleibt in *diesem* Fall ein von Null verschiedener *Rest* r übrig mit $0 < r < a$, und es gilt:
$n \cdot a + r = c$ mit $0 < r < a$.

Insgesamt gilt also:

$$\begin{array}{rll}
 & m \cdot a = b \text{ und } n \cdot a + r = c & \text{mit } 0 < r < a \\
\Longrightarrow & m \cdot a + n \cdot a + r = b + c & \text{(seitenweise Addition)} \\
\Longrightarrow & \underbrace{(m+n)} \cdot a + r = b + c & \text{(Distributivgesetz)} \\
\Longrightarrow & q \quad \cdot a + r = b + c & (q = m + n, q \in \mathbb{N}) \\
\Longrightarrow & a \nmid (b + c) & \text{(Definition 1)}
\end{array}$$

Besteht ein Satz 3/3a entsprechender Zusammenhang auch zwischen der Teilbarkeitsrelation und der *Subtraktion*? Während wir bei der Addition zweier natürlicher Zahlen *stets* wieder eine natürliche Zahl als Summe erhalten, trifft dies für die Subtraktion *nicht* uneingeschränkt zu. Die Differenz $b - c$ zweier natürlicher Zahlen b und c ist nämlich nur genau dann wieder eine natürliche Zahl, wenn $b > c$ gilt. Bei der Formulierung der Differenzregel in $\mathbb{N}$ müssen wir also voraussetzen, daß $b > c$ gilt. Wir erhalten (vgl. Aufgabe 13):

Satz 5 (Differenzregel)
Für alle natürlichen Zahlen a, b, c mit $b > c$ gilt:
Aus $a \mid b$ und $a \mid c$ folgt $a \mid (b - c)$.

Formulieren wir hingegen diese Differenzregel für die umfassendere Menge $\mathbb{Z}$

der *ganzen* Zahlen, so ist keinerlei Fallunterscheidung nötig. Vielmehr gilt:

Satz 5a (Differenzregel)
Für alle *ganzen* Zahlen a, b, c gilt:
Aus $a \mid b$ und $a \mid c$ folgt $a \mid (b - c)$.

Beweis
Aus $a \mid b$ und $a \mid c$ folgt: Es gibt ganze Zahlen u und v mit $u \cdot a = b$ und $v \cdot a = c$. Seitenweise Subtraktion dieser beiden Gleichungen ergibt

$$\begin{aligned} & u \cdot a - v \cdot a = b - c & \\ \Longrightarrow \quad & \underbrace{(u - v)}_{z} \cdot a = b - c & \text{(Distributivgesetz)} \\ \Longrightarrow \quad & z \cdot a = b - c & (z = u - v, z \in \mathbb{Z}) \\ \Longrightarrow \quad & a \mid (b - c) & \text{(Definition 1a)} \end{aligned}$$

Bemerkungen

(1) Satz 5/5a gestattet es, Teilbarkeitsuntersuchungen in speziellen Fällen zu *vereinfachen*, wie folgendes Beispiel zeigt: Gilt $8 \mid 7992$?

Offensichtlich gilt $8 \mid 8$ und $8 \mid 8000$, also wegen Satz 5 gilt damit auch $8 \mid (8000 - 8)$, also $8 \mid 7992$.

(2) Ist in Satz 5/5a *genau eine* der beiden Voraussetzungen *nicht* erfüllt, gilt also beispielsweise $a \nmid b$ und $a \mid c$, so folgt $a \nmid (b - c)$ (vgl. Aufgabe 15).

Die Teilbarkeitsrelation ist mit der Addition und Subtraktion in gewissem Umfang verträglich. Gilt entsprechendes auch für die Teilbarkeitsrelation und die *Multiplikation*? Gehen wir hier völlig analog vor wie bei der Addition und Subtraktion, so müssen wir überprüfen, ob aus $a \mid b$ und $a \mid c$ auch folgt $a \mid (b \cdot c)$. Dies trifft zu (vgl. Aufgabe 16). Bei der Addition und Subtraktion gilt zusätzlich: Ist *genau eine* der beiden Voraussetzungen *nicht* erfüllt, so teilt a nicht mehr die Summe und auch nicht mehr die Differenz. Gilt entsprechendes auch bei der Multiplikation? Die Antwort ist *nein*; denn wir werden im folgenden zeigen, daß aus $a \mid b$ stets folgt $a \mid n \cdot b$ – unabhängig davon, ob gilt $a \mid n$ oder $a \nmid n$. Es gilt nämlich:

Satz 6 (Produktregel)
Für alle natürlichen Zahlen a, b, n gilt:
Aus $a \mid b$ folgt $a \mid (n \cdot b)$.
Mit anderen Worten: Teilt a eine Zahl b, so teilt a auch alle Vielfachen von b.

Beweis
Wegen $a \mid b$ gibt es ein $m \in \mathbb{N}$ mit

$$\begin{array}{lll} & m \cdot a = b & \\ \Longrightarrow & n \cdot (m \cdot a) = n \cdot b & \text{(Multiplizieren mit } n\text{)} \\ \Longrightarrow & \underbrace{(n \cdot m)} \cdot a = n \cdot b & \text{(Assoziativgesetz)} \\ \Longrightarrow & q \quad \cdot a = n \cdot b & (q = n \cdot m, q \in \mathbb{N}) \\ \Longrightarrow & a \mid (n \cdot b) & \text{(Definition 1)} \end{array}$$

Ersetzen wir im Beweisgang von Satz 6 jeweils $\mathbb{N}$ durch $\mathbb{Z}$, so haben wir bewiesen:

Satz 6a (Produktregel)
Für alle ganzen Zahlen a, b, n gilt:
Aus $a \mid b$ folgt $a \mid (n \cdot b)$.

Satz 6 ist ein Spezialfall folgender allgemeiner Produktregel:

Satz 7 (Allgemeine Produktregel)
Für alle natürlichen Zahlen a, b, c, d gilt:
Aus $a \mid b$ und $c \mid d$ folgt $(a \cdot c) \mid (b \cdot d)$.

Beweis
Aus $a \mid b$ und $c \mid d$ folgt: Es gibt natürliche Zahlen m, n mit

$$\begin{array}{lll} & m \cdot a = b \text{ und } n \cdot c = d & \\ \Longrightarrow & (m \cdot a) \cdot (n \cdot c) = b \cdot d & \text{(seitenweise Multiplikation)} \\ \Longrightarrow & \underbrace{(m \cdot n)} \cdot (a \cdot c) = b \cdot d & \text{(Assoziativgesetz und Kommutativgesetz,} \\ & & \text{vgl. Aufgabe 19)} \\ \Longrightarrow & q \quad \cdot (a \cdot c) = b \cdot d & (q = m \cdot n, q \in \mathbb{N}) \\ \Longrightarrow & (a \cdot c) \mid (b \cdot d) & \text{(Definition 1)} \end{array}$$

Bemerkungen

(1) Im Zusammenhang mit der Summenregel haben wir gesehen, daß eine *entsprechende* Aussage für die Addition *nicht* gilt.

(2) Wir können Satz 6 auch als Spezialfall von Satz 7 für $c = 1$ auffassen; denn da für *alle* $d \in \mathbb{N}$ gilt $1 \mid d$, umfaßt Satz 7 insbesondere auch die Aussage von Satz 6.

(3) Setzen wir in Satz 7 speziell $c = d$, so erhalten wir:

Aus $a \mid b$ folgt stets $(a \cdot d) \mid (b \cdot d)$.

Ersetzen wir im Beweisgang von Satz 7 stets $\mathbb{N}$ durch $\mathbb{Z}$, so haben wir hiermit auch bewiesen:

Satz 7a (Allgemeine Produktregel)
Für alle *ganzen* Zahlen a, b, c, d gilt:
Aus $a \mid b$ und $c \mid d$ folgt $(a \cdot c) \mid (b \cdot d)$.

Die Teilbarkeitsrelation sowie die Addition und Multiplikation sind nicht nur jeweils *getrennt* in gewissem Umfang miteinander verträglich, sondern es gilt auch folgende *kombinierte* Summen- und Produktregel:

Satz 8 (Kombinierte Summen- und Produktregel)
Für alle ganzen Zahlen a, b, c, r und s gilt:
Aus $a \mid b$ und $a \mid c$ folgt $a \mid (r \cdot b + s \cdot c)$.

Beweis
Wegen der Produktregel (Satz 6a) gilt für alle ganzen Zahlen a, b, c, r und s:
Aus $a \mid b$ folgt $a \mid (r \cdot b)$.
Aus $a \mid c$ folgt $a \mid (s \cdot c)$.
Durch Anwendung der Summenregel (Satz 3a) folgt hieraus $a \mid (r \cdot b + s \cdot c)$.

Bemerkung

Statt durch Rückgriff auf die Summen- und Produktregel können wir Satz 8 auch *direkt* beweisen (vgl. Aufgabe 23). In diesem Fall ergibt sich die *Summenregel* (Satz 3a) als *Spezialfall* von Satz 8 für $r = 1$ und $s = 1$, ergibt sich die *Differenzregel* (Satz 5a) als *Spezialfall* von Satz 8 für $r = 1$ und $s = -1$.

4 Aufgaben

(1) Beweisen Sie:

Für alle $n \in \mathbb{N}$ gilt:

a) $n \mid 0$, b) $0 \nmid n$.

(2) Begründen Sie, daß $0 \mid 0$ gilt. Erläutern Sie den Unterschied zwischen dieser Teilbarkeitsaussage und allen übrigen Teilbarkeitsaussagen. Begründen Sie, warum zwar $0 \mid 0$ gilt, jedoch $0 : 0$ nicht definiert ist.

(3) Welche der folgenden Aussagen sind wahr, welche falsch?

a) $13 \mid 104$ b) $-17 \mid 119$ c) $-18 \nmid -126$ d) $19 \mid -77$

(4) Bestimmen Sie folgende Teilermengen

a) $T(24)$ b) $T(0)$ c) $T(72)$ d) $T(100)$

(5) Bestimmen Sie folgende Vielfachenmengen. Geben Sie jeweils die ersten fünf Elemente an.

a) $V(4)$ b) $V(15)$ c) $V(18)$

(6) Beweisen oder widerlegen sie:

a) Für alle $a \in \mathbb{Z}$ gilt: $a \mid a$.

b) Für alle $a, b \in \mathbb{Z}$ gilt:
Aus $a \mid b$ und $b \mid a$ folgt $a = b$.

(7) Zeichnen Sie jeweils ein Pfeildiagramm zu der Menge

a) $\{3, 4, 5, 8, 10, 16\}$,   b) $\{1, 2, 4, 5, 6, 10, 12\}$

(8) Begründen Sie die Transitivität der Teilbarkeitsrelation durch Rückgriff auf die anschauliche Vorstellung des Aufteilens mit Hilfe einer beispielgebundenen Beweisstrategie auf der ikonischen Repräsentationsebene.

(9) Beweisen Sie:

Für alle $a, b, c \in \mathbb{Z}$ gilt:

Aus $a \mid b$ und $b \mid c$ folgt $a \mid c$.

(10) Beweisen Sie die Summenregel (Satz 3) durch Rückgriff auf die anschauliche Vorstellung des Aufteilens mit Hilfe einer beispielgebundenen Beweisstrategie.

(11) Beweisen Sie:

Für alle natürlichen Zahlen a, b, c gilt:

Aus $a \nmid b$ und $a \mid c$ folgt $a \nmid (b + c)$.

(12) Beweisen oder widerlegen Sie:

Aus $a \nmid b$ und $a \nmid c$ folgt $a \nmid (b + c)$.

(13) Beweisen Sie Satz 5.

(14) Beweisen Sie Satz 5 durch Rückgriff auf die Grundvorstellung des Aufteilens mit Hilfe einer beispielgebundenen Beweisstrategie.

(15) Beweisen Sie:

Für alle natürlichen Zahlen a, b, c mit $b > c$ gilt:

Aus $a \nmid b$ und $a \mid c$ folgt $a \nmid (b - c)$.

(16) Beweisen Sie:

Für alle natürlichen Zahlen a, b, c gilt:

Aus $a \mid b$ und $a \mid c$ folgt $a \mid (b \cdot c)$.

(17) Beweisen oder widerlegen Sie:

Für alle natürlichen Zahlen a, b, c gilt:

Aus $a \mid b$ und $a \mid c$ folgt $a^2 \mid (b \cdot c)$.

(18) Beweisen Sie:

Für alle ganzen Zahlen a, b, z gilt:

Aus $a \mid b$ folgt $a \mid (z \cdot b)$.

(19) Beim Beweis von Satz 7 wenden wir beim Übergang von $(m \cdot a) \cdot (n \cdot c) = b \cdot d$ zu $(m \cdot n) \cdot (a \cdot c) = b \cdot d$ mehrfach das Assoziativ– und Kommutativgesetz an. Schreiben Sie den Übergang *Schritt für Schritt* auf.

(20) Begründen Sie durch die Angabe von Gegenbeispielen:

Die Sätze 3, 4, 5, 6 und 7 sind *nicht* umkehrbar.

(21) Begründen Sie die Produktregel in $\mathbb{N}$ mit Hilfe einer beispielgebundenen Beweisstrategie. Greifen Sie hierbei auf die Grundvorstellung des Aufteilens zurück.

(22) Begründen Sie die Produktregel in $\mathbb{N}$ (Satz 6) durch Rückgriff auf die Summenregel.

(23) Beweisen Sie Satz 8 direkt, also *ohne* Rückgriff auf die Summen- und Produktregel.

(24) Verdeutlichen Sie zunächst durch zwei Beispiele, und beweisen Sie dann:

Aus $a \mid b$ folgt $T(a) \subseteq T(b)$.

(25) Verdeutlichen Sie zunächst durch zwei Beispiele, und beweisen Sie dann:

Aus $T(a) \subseteq T(b)$ folgt $a \mid b$.

(26) Beweisen Sie:

Für alle $a \in \mathbb{Z}$ gilt $1 \mid a$.

(27) Beweisen oder widerlegen Sie:

Für alle $a, b, t \in \mathbb{N}$ gilt:

Aus $t \mid (a \cdot b)$ folgt $t \mid a$ oder $t \mid b$.

III Primzahlen

Primzahlen besitzen *verschiedene „Gesichter“*. Diese lernen wir im *ersten* Abschnitt anhand unterschiedlicher, anschaulicher Einführungswege kennen.

Die Frage, ob es *endlich viele* oder unendlich viele Primzahlen gibt, beantwortete Euklid mittels einer genial einfachen Idee schon vor rund 2300 Jahren. Wir beweisen diesen sogenannten *Satz von Euklid* im *zweiten* Abschnitt. Gleichzeitig werfen wir in diesem Abschnitt einen kurzen Blick auf die faszinierende Jagd nach immer *größeren* Primzahlen.

Schon vor gut 2200 Jahren erfand Eratosthenes ein schnelles und effektives Verfahren zur Bestimmung *sämtlicher* Primzahlen bis zu einer beliebig großen natürlichen Zahl n. Dieses sogenannte *Sieb des Eratosthenes* behandeln wir im *dritten* Abschnitt dieses Kapitels.

Bei der Betrachtung der *Verteilung der Primzahlen* innerhalb der Menge der natürlichen Zahlen stellen wir im *vierten* Abschnitt *starke Unregelmäßigkeiten* fest. So gibt es einerseits eng benachbarte Primzahlen (Primzahlzwillinge, Primzahldrillinge, ...) selbst noch bei sehr großen Zahlen, während es andererseits schon bei relativ kleinen Zahlen längere Primzahllücken gibt. Durch einen konstruktiven Beweis können wir sogar leicht zeigen, daß es Primzahllücken beliebiger Länge gibt.

Wir beenden dieses Kapitel mit einigen Hinweisen und Antworten auf die spannende Frage nach der Existenz von *Formeln*, die uns idealerweise *sämtliche* Primzahlen (in der richtigen Abfolge) bzw. die uns wenigstens *ausschließlich* Primzahlen (wenn auch nicht alle) produzieren können.

1 Was sind Primzahlen?

Es gibt verschiedene Möglichkeiten, *Primzahlen* anschaulich einzuführen. Wir stellen im folgenden fünf Wege vor, von denen vier sogar schon im Unterricht der Primarstufe eingesetzt werden können.

Weg 1 (Rechtecke aus Plättchen)
Vor uns liegen 8 gleich große, quadratische Plättchen. Wieviel verschiedene Rechtecke können wir mit diesen Plättchen legen? Durch Probieren finden wir

folgende Möglichkeiten:

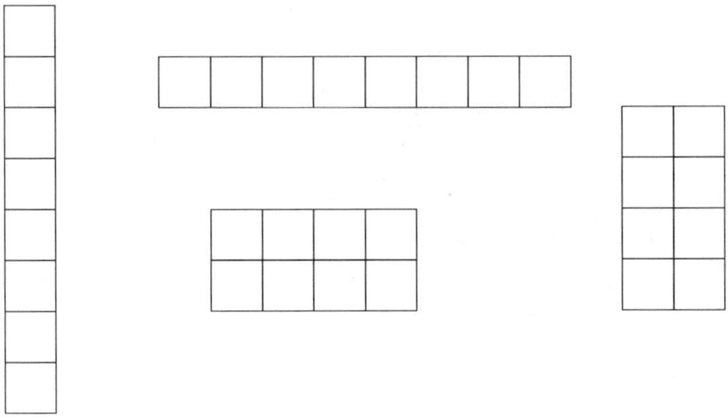

Hierbei hängen offensichtlich jeweils zwei Rechtecke eng miteinander zusammen. Wir können sie durch eine Drehung ineinander überführen. Werten wir daher diese Rechtecke als *nicht* wesentlich verschieden, so können wir aus den 8 Plättchen zwei (wesentlich) verschiedene Rechtecke bauen.

Nehmen wir von den 8 Plättchen ein Plättchen weg, so verfügen wir noch über 7 Plättchen. Wieviel verschiedene Möglichkeiten gibt es jetzt? Durch Probieren sehen wir, daß wir jetzt nur *ein* Rechteck hiermit legen können, und zwar das folgende:

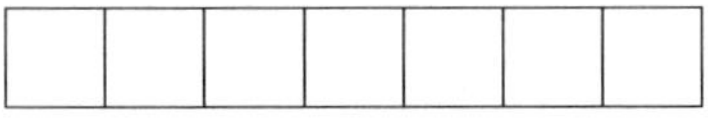

Mit 12 Plättchen können wir dagegen wiederum *mehrere*, voneinander wesentlich verschiedene Rechtecke legen:

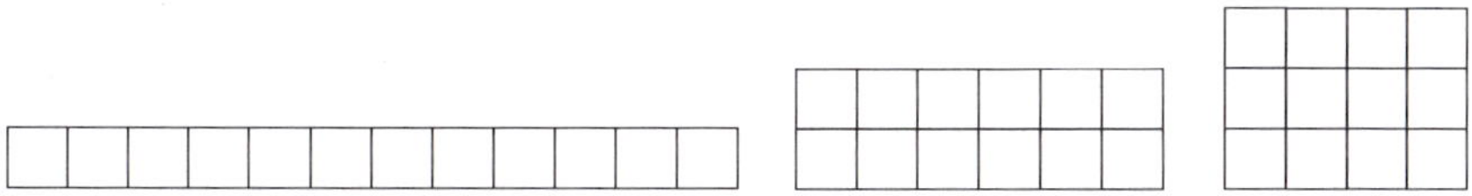

Fügen wir zu den 12 Plättchen ein Plättchen hinzu, so können wir mit diesen 13 Plättchen wiederum nur *ein* Rechteck bauen:

Unsere Beispiele zeigen, daß selbst schon bei direkt benachbarten Anzahlen von Plättchen wie 7 und 8 oder – noch deutlicher – 12 und 13 die Gesamtzahl der hieraus zu bauenden Rechtecke durchaus sehr unterschiedlich sein kann.

Kann es auch Anzahlen von Plättchen geben, aus denen wir *kein* Rechteck legen können? Die Antwort ist offensichtlich nein; denn liegen vor uns n Plättchen (mit $n \in \mathbb{N}$), so können wir hieraus *mindestens ein* Rechteck legen, indem wir alle n Plättchen nebeneinander in eine Reihe legen. Die *minimale* Anzahl an Rechtecken, die wir aus n gleich großen quadratischen Plättchen legen können, ist also 1.

Weg 2 (Vervielfachungsmaschinen)

Andreas besitzt viele Vervielfachungsmaschinen, und zwar die Rechner $\boxed{\cdot 2}$, $\boxed{\cdot 3}$, $\boxed{\cdot 4}$, $\boxed{\cdot 5}$, $\boxed{\cdot 6}$, $\boxed{\cdot 7}$, ... Diese Maschinen können jeweils verdoppeln, verdreifachen, vervierfachen usw. Heute erhält Andreas einen Großauftrag. Er soll 100 große Zahlen versechsfachen. Als er gerade den Auftrag ausführen will, bemerkt er, daß ausgerechnet heute die Maschine $\boxed{\cdot 6}$ nicht funktioniert. Sein Freund Bernd hat allerdings eine rettende Idee: „Du hast doch noch die Rechner $\boxed{\cdot 2}$ und $\boxed{\cdot 3}$. Benutze doch einfach diese statt des Rechners $\boxed{\cdot 6}$.“ Nachdem so der Auftrag ausgeführt worden ist, bemerkt Bernd: „Du kannst deinen Betrieb aber noch stark rationalisieren. Du hast viele überflüssige Rechner. Verkauf diese doch und behalte nur die Rechner, die *unentbehrlich* sind.“

Weg 3 (Multiplikative Zerlegungen)

Multiplizieren wir zwei beliebige natürliche Zahlen, so erhalten wir stets eindeutig eine natürliche Zahl als Ergebnis. Können wir auch umgekehrt jede natürliche Zahl in ein Produkt von zwei Faktoren zerlegen? Lassen wir 1 als Faktor zu, so ist dies wegen $n = 1 \cdot n$ stets möglich. Wie sieht es aus, wenn wir verlangen, daß kein Faktor 1 ist? Greifen wir beispielsweise 39, 63 oder 75 heraus, so gilt $39 = 3 \cdot 13$, $63 = 3 \cdot 21 = 7 \cdot 9$ oder $75 = 3 \cdot 25 = 5 \cdot 15$. Dagegen gibt es beispielsweise für 11, 17 oder 23 *keine* derartigen multiplikativen Zerlegungen, diese Zahlen sind *unzerlegbar*.

Weg 4 (Vielfache und Teiler)

Ein Tyrann besitzt ein großes Gefängnis mit 1000 Einzelzellen. Außerdem gibt es in diesem Gefängnis 1000 Wärter. Einmal im Jahr läßt der Tyrann einige Gefangene nach folgender, merkwürdiger Methode frei: Die 1000 Wärter gehen an allen 1000 Zellen vorbei. Der erste Wärter macht an jeder Tür ein Kreuz, der zweite an jeder zweiten, der dritte an jeder dritten Tür usw. Es werden all die Gefangenen freigelassen, an deren Tür *genau zwei* Kreuze sind. Welche Zellennummern sind günstig?

Veranschaulichen wir diese Situation durch die folgende Tabelle, so erkennt man direkt,

WÄRTER \ ZELLEN	1	2	3	4	5	6	7	8	9	...
1	×	×	×	×	×	×	×	×	×	
2		×		×		×		×		
3			×			×			×	
4				×				×		
5					×					
6						×				
7							×			
8								×		
9									×	
⋮										

daß *waagrecht* durch die Kreuze der Wärter die *Vielfachen* von 1, 2, 3 usw. angekreuzt werden. Da eine natürliche Zahl a genau dann ein Teiler einer natürlichen Zahl b ist, wenn b ein Vielfaches von a ist (vgl. II.1, Definition 2), können wir *senkrecht* aus dieser Tabelle direkt die Teiler von 1, 2, 3 usw. ablesen. Günstig sind also die Zellennummern, deren Zahlen *genau zwei* Teiler besitzen, in diesem kurzen Abschnitt also die Zellennummern 2, 3, 5 und 7.

Weg 5 (Sprünge auf dem Zahlenstrahl)
Betrachten wir auf dem Zahlenstrahl die Zahl 12. Durch welche, jeweils gleichlangen Sprünge können wir die Zahl 12 zielgenau erreichen?

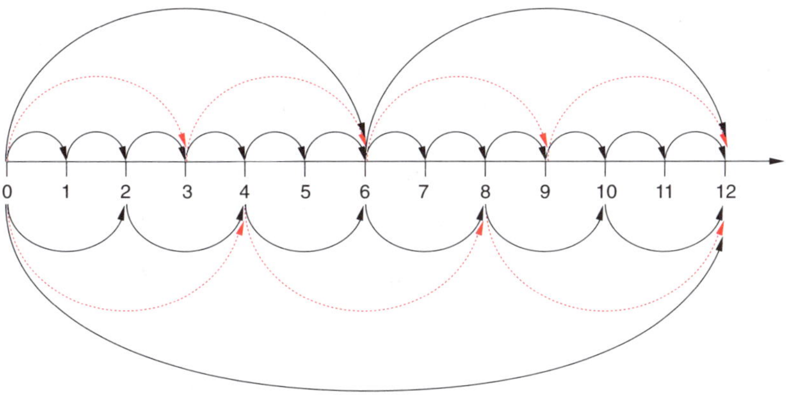

Lassen wir nur Sprunglängen mit natürlichen Zahlen als Maßzahlen zu, so können wir die 12 erreichen durch

- 12 Sprünge der Länge 1,
- 6 Sprünge der Länge 2,
- 4 Sprünge der Länge 3,
- 3 Sprünge der Länge 4,
- 2 Sprünge der Länge 6 und
- 1 Sprung der Länge 12.

Betrachten wir die direkt vor 12 stehende Zahl 11. Durch welche jeweils gleichlangen Sprünge können wir sie erreichen? Trotz der direkten Nähe zu 12 können wir 11 nur durch zwei verschiedene Sprunglängen erreichen, nämlich durch 11 Sprünge der Länge 1 und durch einen großen Sprung der Länge 11. Auch für die andere, direkte Nachbarzahl von 12, nämlich die Zahl 13, gilt entsprechendes. Wir können sie nur durch zwei verschiedene Sprunglängen erreichen, nämlich durch 13 Sprünge der Länge 1 und durch einen großen Sprung der Länge 13. Dagegen können wir die Zahlen 10 und 14 durch wesentlich mehr verschiedene Sprunglängen erreichen.

Diese Beispiele zeigen schon: Selbst bei eng benachbarten Zahlen ist die Anzahl verschiedener Sprunglängen bis zur Zielzahl sehr unterschiedlich. Zu jeder Zahl $n > 1$ gibt es allerdings *mindestens zwei* verschiedene Sprunglängen, nämlich n Sprünge der Länge 1 (da $1 + 1 + \ldots + 1 = n$ bei n Summanden) und einen großen Sprung der Länge n. Nur die Zahl 1 fällt etwas aus dem Rahmen: Hier gibt es nur *einen* Sprung der Länge 1. Die oben betrachteten Zahlen 11 und 13 besitzen also die *Minimalanzahl* von verschiedenen Sprunglängen für Zahlen $a > 1$. Gleiches gilt auch – wie wir dem vorstehenden Bild gut entnehmen können – beispielsweise für die Zahlen 2 und 3.

Vergleichen wir die fünf vorgestellten Wege, so können wir folgende *Unterschiede und Gemeinsamkeiten* feststellen:

Die Wege 1 und 3 hängen sehr eng miteinander zusammen. Bei Weg 1 kann man die Primzahlen enaktiv oder ikonisch einführen, während bei Weg 3 derselbe Grundgedanke rein auf der Zahlenebene verfolgt wird. Beide Wege basieren auf der Zerlegung natürlicher Zahlen in Produkte zweier Faktoren. Für manche Zahlen gibt es *nur* die trivialen Produktdarstellungen $n = n \cdot 1 (= 1 \cdot n)$, für andere Zahlen gibt es daneben noch weitere Produktdarstellungen. Auf der enaktiven oder ikonischen Ebene hat dies zur Folge, daß wir bei manchen Anzahlen von Plättchen im wesentlichen (bis auf Drehung) nur *ein* Rechteck bilden können, bei anderen Anzahlen dagegen mehrere. Hierbei fällt die Zahl Eins etwas aus dem Rahmen, da hier *insgesamt* überhaupt nur *ein* Rechteck gebildet werden kann. Zahlen (größer als 1), die ausschließlich nur die trivialen Zerlegungen $n = n \cdot 1 (= 1 \cdot n)$ besitzen und daher multiplikativ *unzerlegbar* sind, bezeichnet man als *Primzahlen.*

Der Weg 5 hängt mit den Wegen 1 und 3 ebenfalls eng zusammen. Die Primzahlen können hier enaktiv, ikonisch oder rein auf der Zahlenebene erarbeitet werden als Zahlen n auf dem Zahlenstrahl, die ausschließlich durch *einen* langen Sprung der Länge n oder durch n kurze Sprünge der Länge 1 erreicht werden können. Wegen des bekannten Zusammenhanges zwischen Multiplikation und Addition, nämlich wegen der Deutung der Multiplikation als wiederholter Addition desselben Summanden, können wir Primzahlen auch hier charakterisieren als Zahlen, die ausschließlich nur in die Produkte $1 \cdot n$ und $n \cdot 1$ zerlegt werden können, die also *unzerlegbar* sind. Die Sonderrolle der Eins wird auch bei diesem Einführungsweg gut sichtbar.

Der Weg 2 betont einen *anderen* Aspekt der Primzahlen. Die Primzahlen können hier definiert werden als die *unentbehrlichen* Rechner. Die Sonderrolle der Eins wird auch hier gut deutlich. Im Vordergrund steht hier der Gesichtspunkt, daß die Primzahlen *Bausteine der natürlichen Zahlen* sind, d. h. daß jede natürliche Zahl $n > 1$ als Produkt von Primzahlen darstellbar ist oder selbst eine Primzahl ist. Daneben kann beim Weg 2 auch gut die *Unzerlegbarkeit* von Primzahlen thematisiert werden.

Der Weg 4 stellt die *Anzahl der Teiler* natürlicher Zahlen in den Vordergrund. Charakteristisch für Primzahlen ist, daß sie *genau zwei* Teiler besitzen. Die Sonderrolle der Eins wird auch bei diesem Zugangsweg gut sichtbar.

Die vorgestellten Wege verdeutlichen, daß die Primzahlen durchaus unterschiedliche „Gesichter" besitzen. Folgende verschiedene Aspekte werden hierbei sichtbar:

- Primzahlen sind *unzerlegbar*.
- Primzahlen sind *Bausteine der natürlichen Zahlen*.
- Primzahlen besitzen *genau zwei Teiler*.

Für ein volles Verständnis der Primzahlen sind *alle* genannten Aspekte wichtig. Für eine praktikable Definition ist der letztgenannte Gesichtspunkt am besten zu gebrauchen. Wir definieren daher:

Definition 1 (Primzahl)
Natürliche Zahlen, die genau zwei Teiler besitzen, nennen wir *Primzahlen.*

Dagegen ist eine in Schulbüchern häufiger anzutreffende Definition von Primzahlen als Zahlen, die nur 1 und sich selbst als Teiler haben, abzulehnen, da hiernach auch die 1 eine Primzahl ist. Aus Zweckmäßigkeitsgründen rechnet man jedoch die 1 *nicht* zu den Primzahlen. Anderenfalls würden nämlich alle natürlichen Zahlen viele verschiedene Primfaktorzerlegungen besitzen (vgl.

IV.2), so z. B. 4 unter anderem die „Primfaktorzerlegungen“ $4 = 2^2 = 1 \cdot 2^2 = 1^2 \cdot 2^2 = 1^3 \cdot 2^2 = \ldots$. Ferner ließen sich in diesem Fall *alle* natürlichen Zahlen als Produkte von „Primzahlen“ darstellen, wären also alle Zahlen „zusammengesetzt“.

Vergleichen wir zum Abschluß dieses Abschnittes die natürlichen Zahlen hinsichtlich ihrer *Unzerlegbarkeit* bezüglich der Addition und Multiplikation, so stellen wir deutliche Unterschiede fest: Bei der *Addition* gibt es in $\mathbb{N}$ nur *ein* unzerlegbares Element, nämlich die Zahl 1, und hieraus können wir sämtliche natürlichen Zahlen additiv erhalten. Bei der *Multiplikation* gibt es dagegen in $\mathbb{N}$ *unendlich viele* unzerlegbare Elemente, nämlich die Primzahlen (vgl. III.2), und nur hieraus können wir sämtliche natürliche Zahlen multiplikativ erhalten (vgl. IV.2).

2 Wie viele Primzahlen gibt es?

Um diese Frage später überraschend einfach beantworten zu können, untersuchen wir zunächst die *kleinsten* Teiler gegebener natürlicher Zahlen. Da 1 Teiler jeder natürlichen Zahl ist, untersuchen wir nur die kleinsten Teiler $t \neq 1$. Wir betrachten beispielsweise die Zahlen zwischen 60 und 70. Wir erhalten:
Die Zahlen 60, 62, 64, 66, 68 und 70 haben 2, die Zahlen 63 und 69 haben 3, die Zahl 65 hat 5, die Zahl 61 hat 61 und die Zahl 67 hat 67 als kleinsten Teiler $t \neq 1$. Diese Beispiele lassen uns schon vermuten:

Satz 1
Der *kleinste*, von 1 verschiedene Teiler einer natürlichen Zahl $a > 1$ ist stets eine *Primzahl.*

Bemerkung

Die natürliche Zahl 1 besitzt nur 1 als Teiler. Daher müssen wir in Satz 1 fordern, daß $a > 1$ gilt.

Beweis
Beim Beweis unterscheiden wir die beiden Fälle, daß a entweder eine Primzahl oder keine Primzahl ist.

Fall 1
Wenn a eine *Primzahl* ist, so besitzt a nach Definition genau zwei Teiler, nämlich 1 und a. Also ist der kleinste, von 1 verschiedene Teiler von a die Zahl a, also eine *Primzahl.*

Fall 2
Ist die von 1 verschiedene Zahl a *keine Primzahl*, so besitzt a *mindestens* drei Teiler, nämlich die Teiler 1 und a sowie mindestens einen oder auch mehrere weitere („nichttriviale") Teiler. Da für alle nichttrivialen Teiler von a gilt, daß sie zwischen 1 und a liegen, gibt es auf jeden Fall nur *endlich* viele nichttriviale Teiler von a. Also besitzt diese Menge einen *kleinsten* Teiler[1], den wir mit t bezeichnen und für den gilt $t \neq 1$. Wir behaupten: Dieser kleinste Teiler $t \neq 1$ von a ist eine Primzahl. Wir beweisen diese Behauptung *indirekt* und nehmen daher an:
Dieser kleinste Teiler $t \neq 1$ ist *keine* Primzahl. Dann besitzt dieser kleinste Teiler $t \neq 1$ von a *mindestens* drei Teiler 1, t_1 und t mit $1 < t_1 < t$. Dann gilt $t_1 \mid t$ (da t_1 laut Voraussetzung ein Teiler von t ist) und $t \mid a$ (da t laut Voraussetzung ein Teiler von a ist), also gilt wegen der Transitivität der Teilbarkeitsrelation (II, Satz 2) $t_1 \mid a$ mit $1 < t_1 < t$.
Durch unsere Annahme sind wir also zu einem *Widerspruch* gelangt; denn laut Voraussetzung sollte t der *kleinste* Teiler von a sein. Aufgrund unserer Annahme ergibt sich jedoch, daß die noch *kleinere* Zahl $t_1 \neq 1$ ebenfalls ein Teiler von a ist. Also war unsere Annahme *falsch.*
Daher gilt auch im Fall 2: Der kleinste Teiler $t \neq 1$ von a ist eine *Primzahl.*
Hiermit haben wir Satz 1 vollständig bewiesen.

Bemerkung

Wir analysieren kurz den vorstehenden indirekten Beweis:
Für den kleinsten Teiler $t \neq 1$ jeder natürlichen Zahl $a > 1$ gilt *entweder* t ist eine Primzahl *oder* t ist keine Primzahl. Wir nehmen beim vorstehenden Beweis zunächst an, daß t keine Primzahl ist, daß also der zweite Teil der vorstehenden Alternative[2] wahr ist. Wir gelangen jedoch hierbei unmittelbar zu einem Widerspruch. Daher ist der zweite Teil obiger Alternative falsch und

---

[1] Es besitzt sogar *jede* nichtleere Teilmenge der natürlichen Zahlen wegen des Wohlordnungsprinzips ein kleinstes Element. Diese Eigenschaft gilt z. B. nicht mehr in der Menge aller Bruchzahlen (vgl. auch Aufgabe 6), wie die Menge der Stammbrüche $\frac{1}{1}, \frac{1}{2}, \frac{1}{3}, \frac{1}{4}, \ldots$, die zwischen den Zahlen 1 und liegen, belegt. Vgl. F. Padberg/R. Danckwerts/M. Stein: Zahlbereiche – Eine elementare Einführung, Heidelberg 1995, S. 18 ff.

[2] Vgl. F. Padberg: Einführung in die Mathematik I, Arithmetik, Heidelberg 1997, S. 76.

daher der erste Teil wahr. Also ist t eine Primzahl.

Wir wenden uns jetzt der Frage nach der *Anzahl der Primzahlen* zu. Betrachten wir die natürlichen Zahlen bis 10, so sind die vier Zahlen 2, 3, 5 und 7 Primzahlen – also sind 40 % dieser Zahlen Primzahlen. Unter den Zahlen bis 100 gibt es 25 Primzahlen – 25 % dieser Zahlen sind also Primzahlen. Mit zunehmender Intervallänge fallen die Primzahlanteile weiter deutlich ab:

Natürliche Zahlen	1-10	1-100	1-1000	1-10.000	1-100.000	1-1.000.000
Primzahlanteil (in %)	40	25	16,8	12,3	9,6	7,8

Hören die Primzahlen schließlich ganz auf?

Auch die folgende Überlegung läßt es plausibel erscheinen, daß mit zunehmender Zahlengröße die Primzahlen immer seltener werden und daher möglicherweise schließlich ganz aufhören: Je größer eine Zahl nämlich ist, desto mehr *kleinere* Zahlen gibt es, die alle Teiler dieser Zahl sein können.

Mit einem genial einfachen Beweis zeigte jedoch Euklid schon vor rund 2300 Jahren, daß die Primzahlen *nie* aufhören, daß es also unendlich viele Primzahlen gibt. Wir erarbeiten die **Beweisidee** zunächst sehr ausführlich Schritt für Schritt, bevor wir die entsprechende Aussage anschließend beweisen.

Wir beginnen mit den *beiden ersten* Primzahlen 2 und 3 und bilden das Produkt $2 \cdot 3$. Dieses ist sowohl durch 2 als auch durch 3 teilbar. Vergrößern wir dieses Produkt um 1, so erhalten wir die Zahl $2 \cdot 3 + 1$. Diese Zahl läßt sowohl bei Division durch 2 als auch durch 3 den Rest 1 – ist also weder durch 2 noch durch 3 teilbar. Die so erhaltene Zahl 7 ist eine neue Primzahl.
Gehen wir bei den *ersten drei* Primzahlen 2, 3 und 5 entsprechend vor, so erhalten wir $2 \cdot 3 \cdot 5 + 1$ und damit eine Zahl, die weder durch 2 noch durch 3 noch durch 5 teilbar ist, da jeweils der Rest 1 bleibt. Die so erhaltene Zahl 31 ist eine neue Primzahl.
Können wir bei entsprechender Vorgehensweise zu vorgegebenen Primzahlen stets eine neue, größere Primzahl gewinnen?

$2 \cdot 3 + 1 = 7$	Wir erhalten die neue Primzahl 7.
$2 \cdot 3 \cdot 5 + 1 = 31$	Wir erhalten die neue Primzahl 31.
$2 \cdot 3 \cdot 5 \cdot 7 + 1 = 211$	Wir erhalten die neue Primzahl 211.
$2 \cdot 3 \cdot 5 \cdot 7 \cdot 11 + 1 = 2311$	Wir erhalten die neue Primzahl 2311.

Die Multiplikation der *ersten* n Primzahlen mit anschließender Addition von 1 hat uns in den bisher betrachteten Fällen $n = 2, 3, 4$ und 5 stets eine neue Primzahl geliefert. Die Zahlen werden allerdings allmählich ziemlich groß; die Überprüfung, ob es sich um eine Primzahl handelt, wird ziemlich mühsam. Können wir aufhören? Erhalten wir so *stets* eine neue Primzahl?

Betrachten wir zum Abschluß noch den Fall $n = 6$:
$2 \cdot 3 \cdot 5 \cdot 7 \cdot 11 \cdot 13 + 1 = 30\,031$
Wegen $30\,031 = 59 \cdot 509$ erhalten wir hier erstmalig *keine* Primzahl, sondern eine zusammengesetzte Zahl. Das bisher benutzte Verfahren liefert also in diesem Fall keine neue Primzahl. Können wir dennoch auch in diesem Fall eine *neue* Primzahl gewinnen? Ja; denn der Faktor 59 ist als kleinster Teiler $t \neq 1$ von 30 031 nach Satz 1 eine *Primzahl.* Also gewinnen wir auch in diesem Fall, bei dem die so gebildete Zahl eine zusammengesetzte Zahl ist, eine neue Primzahl hinzu. Wir gewinnen also bislang in *beiden* Fällen eine neue Primzahl.

Ist diese Primzahl *immer verschieden* von den ersten n Primzahlen $2, 3, 5, \ldots p_n$? Falls die Zahl $2 \cdot 3 \cdot 5 \cdot \ldots \cdot p_n + 1$ eine *Primzahl* ist, ist dies unmittelbar klar. Aber auch falls die Zahl $2 \cdot 3 \cdot 5 \cdot \ldots \cdot p_n + 1$ eine *zusammengesetzte Zahl* ist, trifft dies zu; denn die Primzahlen $2, 3, 5, \ldots, p_n$ sind *keine* Teiler von $2 \cdot 3 \cdot 5 \cdot \ldots \cdot p_n + 1$, da jeweils der Rest 1 bleibt. Dagegen teilt der kleinste Teiler $t \neq 1$ diese Zahl. Die Primzahl t ist also *verschieden* von den Primzahlen $2, 3, 5, \ldots, p_n$ und damit eine weitere, *neue* Primzahl. Wir gewinnen also in *beiden* Fällen eine weitere, neue Primzahl hinzu. Offenbar läßt sich dieses Verfahren mit den so erhaltenen $n + 1$ Primzahlen entsprechend beliebig lange weiter fortsetzen. So sehen wir ein, daß es – wie es Euklid formulierte – mehr Primzahlen gibt als jede vorgelegte Anzahl von Primzahlen. Wir formulieren daher:

Satz 2 (**Satz von Euklid**)
Es gibt unendlich viele Primzahlen.

Beweis
Wir zeigen: Zu *jeder endlichen* Menge $p_1, p_2, \ldots, p_n$ von Primzahlen können wir eine weitere, hiervon verschiedene Primzahl p_{n+1} auf folgende Art und Weise gewinnen: Wir bilden das Produkt $p_1 \cdot p_2 \cdot \ldots \cdot p_n$ und addieren hierzu 1.

Wir nennen diese Zahl im folgenden kurz a, also $a := p_1 \cdot p_2 \cdot \ldots \cdot p_n + 1$. Die n Primzahlen $p_1, p_2, \ldots, p_n$ sind *keine* Teiler von a, da sie bei Division stets den Rest 1 lassen. Wegen Satz 1 ist jedoch der kleinste, von 1 verschiedene Teiler von a stets eine *Primzahl.* Diese Primzahl ist als Teiler von a von den n Primzahlen $p_1, p_2, \ldots, p_n$ verschieden, da diese a *nicht* teilen. Wir erhalten so also eine *weitere*, von $p_1, p_2, \ldots, p_n$ verschiedene Primzahl, die wir p_{n+1} nennen. Durch analoge Argumentation können wir ausgehend von den $n+1$ Primzahlen $p_1, p_2, \ldots, p_n, p_{n+1}$ eine weitere, hiervon verschiedene Primzahl p_{n+2} gewinnen. Mit diesen $n+2$ Primzahlen können wir wiederum völlig analog argumentieren. Ausgehend von einer beliebigen endlichen Menge $p_1, p_2, \ldots, p_n$ von Primzahlen gewinnen wir so also sukzessive $n+1, n+2, n+3, \ldots$ Primzahlen. Also gibt es unendlich viele Primzahlen.

Aus Satz 2 können wir unmittelbar folgern:
Zu jeder noch so großen Primzahl gibt es stets eine weitere Primzahl, die größer ist. Daher gibt es *keine* größte Primzahl.

Das Faszinierende am Beweis von Satz 2 ist, daß er genial einfach ist und zugleich exemplarisch sehr gut die Stärken mathematischer Argumentation aufzeigt. Selbst im gegenwärtigen Computerzeitalter können wir nämlich diesen Satz durch noch so systematisches Ausprobieren mit den leistungsstärksten Computern *nicht* beweisen. Wir können so zwar immer wieder im Laufe der Zeit – nach unseren bisherigen Erfahrungen – vermutlich eine größere Primzahl finden, wir können aber so nicht begründen, daß es keine größte Primzahl gibt.

Wegen Satz 2 wird auch die für viele faszinierende Jagd nach *immer größeren* Primzahlen nie enden. Noch Anfang 1951 war die schon 1876 entdeckte Zahl 170.141.183.460.469.231.731.687.303.715.884.105.727 mit „nur" 39 Ziffern die größte bekannte Primzahl, die man auch einfacher in der Form $2^{127} - 1$ notieren kann, 1961 schon die Zahl $2^{4423} - 1$ mit 1332 Ziffern. Seitdem ist die Größe der größten bekannten Primzahl infolge der gewaltigen Steigerung der Leistungsfähigkeit der Computer[3] steil nach oben geschnellt – so beispielsweise 1971 auf die Primzahl $2^{19.937}$ mit 6002 Ziffern, 1982 auf die Primzahl $2^{86.243}$ mit 25.962 Ziffern, 1992 auf die Primzahl $2^{756.839}$ mit 227.832 Ziffern oder 1996 auf

[3] Ein Beispiel zur Verdeutlichung: Zur Überprüfung, ob $2^{8191} - 1$ eine Primzahl ist (Ergebnis: nein) fiel die benötigte Rechenzeit von 100 Rechenstunden im Jahre 1959 über 49 Minuten im Jahre 1963, über 3 Minuten im Jahre 1971 auf nur noch 10 Sekunden im Jahre 1980, obwohl jeweils im wesentlichen mit denselben Primzahltests gearbeitet wurde. Seither ist die Schnelligkeit noch extrem weiter nach oben geschnellt.

die Primzahl $2^{1.398.269} - 1$ mit 420.921 Ziffern. Hierbei konzentriert man sich bei der Jagd nach immer größeren Primzahlen auf ganz spezielle natürliche Zahlen der Form $2^p - 1$ mit p Primzahl – sogenannte *Mersennesche Zahlen* –, da die Jagd hier besonders erfolgversprechend ist.

3 Sieb des Eratosthenes

Wenn wir durch Rückgriff auf die Primzahldefinition sämtliche Primzahlen beispielsweise bis 100 oder gar 1000 bestimmen wollen, so ist dies ein sehr mühsames Unterfangen. Erfreulicherweise hat der griechische Mathematiker Eratosthenes schon vor gut 2200 Jahren ein recht einfaches, mechanisch anzuwendendes Verfahren gefunden, wie man sämtliche Primzahlen bis zu einer gegebenen natürlichen Zahl n schnell und effektiv bestimmen kann. Dieses nach ihm benannte Verfahren heißt *Sieb des Eratosthenes*.

Bei dem Sieb des Eratosthenes kann man die natürlichen Zahlen bis n grundsätzlich beliebig angeordnet notieren. Häufig findet man in der Literatur eine Anordnung in *zehn* Spalten vor – entsprechend der Basis zehn unseres dezimalen Stellenwertsystems. Die von uns im folgenden gewählte Anordnung in *sechs* Spalten (zuzüglich der 1 in einer Extraspalte) bietet jedoch den Vorteil, daß wir so die Primzahlen besonders effektiv aussieben und gleichzeitig eine überraschende Aussage über die Form aller Primzahlen (größer als 3) ganz nebenbei mitbeweisen können. Wir bestimmen im folgenden exemplarisch die Primzahlen bis 31 und notieren hierzu zunächst sämtliche natürliche Zahlen bis 31:

1	2	3	4	5	6	7
	8	9	10	11	12	13
	14	15	16	17	18	19
	20	21	22	23	24	25
	26	27	28	29	30	31

Folgendermaßen sieben wir jetzt die Primzahlen aus den Zahlen von 1 bis 31 aus:

1. Wir streichen die Zahl 1, da sie keine Primzahl ist.

2. Die nächste Zahl 2 ist eine Primzahl. Alle Vielfachen von 2 (mit Ausnahme von 2 selbst) sind zusammengesetzte Zahlen und werden daher gestrichen. Zwei verschiedene Möglichkeiten stehen uns hierfür zur Verfügung:

Möglichkeit 1: Wir streichen jede zweite Zahl (von 2 aus).
Möglichkeit 2 (unter Ausnutzung der speziellen Anordnung):
Wir streichen die Spalte unter 2 (mit Ausnahme von 2) sowie die kompletten Spalten mit 4 und 6; denn die Zahlen in diesen drei Spalten sind von der Form $2 + 6n, 4 + 6n$ und $6 + 6n$ $(= 6 \cdot (n + 1))$ mit $n \in \mathbb{N}_o$ und daher – bis auf 2 – nach der Summen- und Produktregel zusammengesetzte Zahlen, da sie neben 1 und sich selbst mindestens noch 2 als Teiler besitzen.

3. Die erste Zahl nach der Zahl 2, die nicht von diesen Streichungen betroffen worden ist, ist die Zahl 3. Sie ist *daher* eine Primzahl (vgl. auch Frage (2) auf der folgenden Seite). Alle Vielfachen von 3 (mit Ausnahme von 3 selbst) sind zusammengesetzte Zahlen und werden daher gestrichen.
Möglichkeit 1: Jede dritte Zahl (von 3 aus) wird gestrichen.
Möglichkeit 2 (unter Ausnutzung der speziellen Anordnung):
Wir streichen die Spalte unter 3 (mit Ausnahme von 3). Die Spalte unter 6, die wir auch streichen müßten, ist schon komplett im zweiten Schritt gestrichen worden. Die Zahlen in diesen Spalten sind von der Form $3+6n$ und $6+6n$ $(= 6 \cdot (n+1))$ mit $n \in \mathbb{N}_o$ und sind daher nach der Summen- und Produktregel – bis auf die Zahl 3 – zusammengesetzte Zahlen.

4. Die erste Zahl nach der Zahl 3, die noch nicht gestrichen worden ist, ist die Zahl 5. Sie ist *daher* eine Primzahl. Alle Vielfachen von 5 (mit Ausnahme von 5 selbst) sind zusammengesetzte Zahlen und werden daher gestrichen.
Möglichkeit 1: Wir streichen von 5 ausgehend jede fünfte Zahl.
Möglichkeit 2 (unter Ausnutzung der speziellen Anordnung):
Wir streichen die Zahlen auf den zueinander parallelen Geraden durch 5 und 25 (vgl. Aufgabe 8)
Im Rahmen der Zahlen bis 31 wird hierbei nur noch *eine* Zahl gestrichen, nämlich die 25.

5. Gehen wir jetzt die Tabelle insgesamt durch, so sehen wir, daß überraschenderweise schon *sämtliche* Primzahlen bis 31 ausgesiebt sind. Das Untersuchen der Vielfachen von 7, 11, 13 usw. liefert keine weiteren Streichungen von zusammengesetzten Zahlen mehr. Das Siebverfahren hat also zu folgendem Ergebnis geführt:

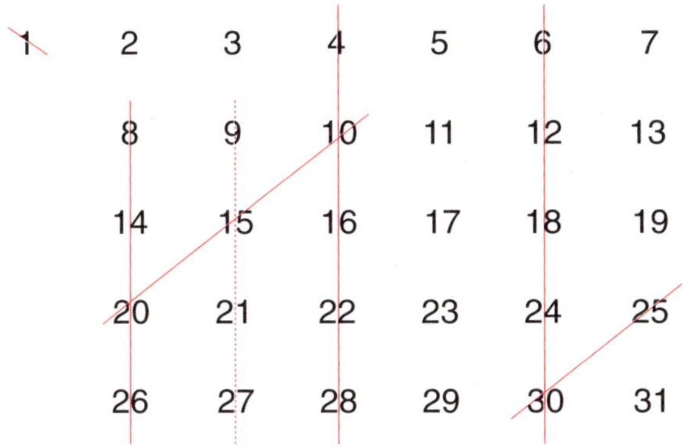

Für ein gründliches Verständnis des Siebverfahrens ist die Beantwortung folgender drei Fragen wichtig:

(1) Warum müssen wir beim Siebverfahren nicht die Vielfachen von 4, 6, allgemein von *zusammengesetzten* Zahlen streichen? Warum reicht es aus, die echten Vielfachen von *Primzahlen* zu streichen?

(2) Warum ist stets, wenn man im Rahmen des Siebverfahrens die echten Vielfachen einer Primzahl p gestrichen hat, die *nächste*, auf p folgende ungestrichene Zahl eine *Primzahl*?

(3) Warum genügt es, alle echten Vielfachen von 2, 3 und 5 zu streichen, um schon *sämtliche* Primzahlen zwischen 2 und 31 zu erhalten? Wie weit müssen wir im Fall $n = 50, 100, \ldots$ gehen?

Die drei Fragen können wir folgendermaßen beantworten:

(1) Die Vielfachen von *zusammengesetzten Zahlen* werden stets schon vorher „automatisch" gestrichen. Ihr kleinster, von 1 verschiedener Teiler ist nach Satz 1 nämlich immer eine (kleinere) Primzahl. Also sind sie als Vielfache dieser kleineren Primzahl schon vorher gestrichenen worden. Dies gilt jeweils für die zusammengesetzte Zahl wie auch für alle ihre Vielfachen (Aufgabe 10).

(2) *Wäre* die nächste, auf p folgende, ungestrichene Zahl *keine* Primzahl, so würde sie als zusammengesetzte Zahl nach Satz 1 eine (kleinere!) Primzahl als Teiler besitzen. Sie wäre also schon als Vielfaches dieser kleineren

Primzahl gestrichen worden. Daher ist die nächste, auf p folgende, ungestrichene Zahl stets eine Primzahl.

(3) a) *Beispiel* $n = 31$

Es genügt, die echten Vielfachen von 2, 3 und 5 zu streichen, um so schon *alle* Primzahlen bis 31 auszusieben; denn die echten Vielfachen von 7 (und erst recht die Vielfachen von den größeren Primzahlen 11, 13 usw.) sind in diesem Zahlenraum schon restlos gestrichen worden:

$2 \cdot 7$ ist wegen $2 \cdot 7 = 7 \cdot 2$ schon als Vielfaches von 2,
$3 \cdot 7$ ist wegen $3 \cdot 7 = 7 \cdot 3$ schon als Vielfaches von 3,
$4 \cdot 7$ ist wegen $4 \cdot 7 = 7 \cdot 4$ schon als Vielfaches von 2 gestrichen worden und

$5 \cdot 7 = 35$ liegt schon außerhalb des Bereichs von 1 bis 31.

Entsprechendes gilt erst recht für die *größeren* Primzahlen $11, 13, \ldots$.

b) *Beispiel* $n = 50$

Es genügt hier, die echten Vielfachen von den nur *vier* Primzahlen 2, 3, 5 und 7 zu streichen, um so schon *sämtliche* Primzahlen bis 50 auszusieben; denn hierdurch sind auch schon die echten Vielfachen von 11 (und erst recht von den größeren Primzahlen $13, 17, \ldots$) in diesem Zahlenraum restlos gestrichen worden:

$2 \cdot 11$ ist wegen $2 \cdot 11 = 11 \cdot 2$ schon als Vielfaches von 2,
$3 \cdot 11$ ist wegen $3 \cdot 11 = 11 \cdot 3$ schon als Vielfaches von 3,
$4 \cdot 11$ ist wegen $4 \cdot 11 = 11 \cdot 4$ schon als Vielfaches von 2 gestrichen worden und

$5 \cdot 11 = 55$ liegt schon außerhalb des Bereichs von 1 bis 50.

c) *Beispiel* $n = 100$

Es genügt auch hier, die echten Vielfachen von den nur *vier* Primzahlen 2, 3, 5 und 7 zu streichen, um so schon *sämtliche* Primzahlen bis 100 auszusieben; denn hierdurch sind auch schon die echten Vielfachen von 11 (und erst recht von den *größeren* Primzahlen $13, 17, \ldots$) in diesem Zahlenraum bis 100 restlos gestrichen worden:

$2 \cdot 11$ ist wegen	$2 \cdot 11$	$=$	$11 \cdot 2$	schon als Vielfaches von 2,
$3 \cdot 11$ ist wegen	$3 \cdot 11$	$=$	$11 \cdot 3$	schon als Vielfaches von 3,
$4 \cdot 11$ ist wegen	$4 \cdot 11$	$=$	$11 \cdot 4$	schon als Vielfaches von 2,
$5 \cdot 11$ ist wegen	$5 \cdot 11$	$=$	$11 \cdot 5$	schon als Vielfaches von 5,
$6 \cdot 11$ ist wegen	$6 \cdot 11$	$=$	$11 \cdot 6$	schon als Vielfaches von 2,
$7 \cdot 11$ ist wegen	$7 \cdot 11$	$=$	$11 \cdot 7$	schon als Vielfaches von 7,
$8 \cdot 11$ ist wegen	$8 \cdot 11$	$=$	$11 \cdot 8$	schon als Vielfaches von 2,
$9 \cdot 11$ ist wegen	$9 \cdot 11$	$=$	$11 \cdot 9$	schon als Vielfaches von 3 gestrichen worden und

$10 \cdot 11 = 110$ liegt schon außerhalb des Zahlenraums bis 100.

d) *Allgemeiner Zusammenhang*
Gegeben seien die natürlichen Zahlen $1, 2, \ldots, n$. Um sämtliche Primzahlen bis n auszusieben, müssen wir nur die echten Vielfachen *der* Primzahlen p streichen, für die gilt $p^2 \leq n$ (d. h. $p \leq \sqrt{n}$). Kommen wir nämlich beim Siebverfahren bei einer *neuen Primzahl* p an, so ist die *nächste* Zahl, die gestrichen wird, erst das p-fache von p, also $p \cdot p = p^2$. Alle *kleineren* Vielfachen von p, also $2 \cdot p, 3 \cdot p, \ldots$ sind nämlich wegen $2 \cdot p = p \cdot 2, 3 \cdot p = p \cdot 3$ usw. schon als Vielfache des *kleineren ersten* Faktors gestrichen worden. Entsprechendes gilt erst recht für die Vielfachen von Primzahlen, die *größer* sind als diese neue Primzahl p.

Bei *unserer* Anordnung des Siebes des Eratosthenes werden die Spalten unter den Zahlen 2 (mit Ausnahme von 2), 3 (mit Ausnahme von 3), 4 und 6 jeweils *vollständig* gestrichen. Primzahlen größer als 3 können daher nur noch in den beiden Spalten liegen, die direkt *vor* bzw. direkt *nach* den Vielfachen von 6 liegen. Daher können wir unmittelbar aus dem Sieb des Eratosthenes folgern:

Satz 3
Alle Primzahlen größer als 3 sind Vorgänger oder Nachfolger der Vielfachen von 6, sind also darstellbar in der Form $6n - 1$ oder $6n + 1$ mit $n \in \mathbb{N}$.

Bemerkungen

(1) Die *Umkehrung* dieses Satzes gilt nicht, wie wir z. B. an der zusammengesetzten Zahl $25 = 6 \cdot 4 + 1$ erkennen können.

(2) Mit Hilfe des Satzes 3 können wir uns beispielsweise die Primzahlen bis 100 leicht merken. Wir müssen nur die (wenigen) Vorgänger und Nachfolger der Vielfachen von 6 im Zahlenraum bis 100 daraufhin untersuchen,

ob sie Primzahlen sind. Die zusammengesetzten Zahlen der Form $6n+1$ oder $6n-1$ (wie z. B. 25, 35, 49) sind leicht zu erkennen, die einzige etwas schwieriger als zusammengesetzte Zahl zu erkennende Zahl ist die Zahl $91 (= 7 \cdot 13)$.

4 Verteilung der Primzahlen

Betrachten wir die Verteilung der Primzahlen in der Menge der natürlichen Zahlen[4], so fällt ihre starke Unregelmäßigkeit auf. Einerseits finden wir viele *eng benachbarte* Primzahlen wie z. B. 2 und 3, 11 und 13, 17 und 19, 29 und 31, 521 und 523 oder 881 und 883, daneben aber auch längere *Primzahllücken*. So liegen beispielsweise zwischen 89 und 97, 113 und 127, 293 und 307, 523 und 541 oder zwischen 887 und 907 keine Primzahlen.

Es ist sofort einleuchtend, daß die Primzahlen 2 und 3 die einzigen *unmittelbar benachbarten* Primzahlen sind; denn von zwei unmittelbar benachbarten Zahlen ist stets *eine* gerade und daher – wenn sie größer als 2 ist – eine *zusammengesetzte* Zahl. Aus diesem Grund ist auch 2 die einzige gerade Primzahl. Zwischen allen übrigen Primzahlen liegt mindestens eine Zwischenzahl. Daher nennen wir zwei aufeinanderfolgende Primzahlen p_n und p_{n+1} mit $p_{n+1} - p_n = 2$ *Primzahlzwillinge*. So sind die schon genannten Primzahlpaare 11 und 13, 17 und 19, 29 und 31, 521 und 523 oder 881 und 883 Primzahlzwillinge, aber beispielsweise auch 9929 und 9931 oder die Primzahlen $156 \cdot 5^{202} + 1$ und $156 \cdot 5^{202} - 1$ mit 144 Ziffern. Durch den Einsatz sehr leistungsfähiger Computer ist der Rekord bei den Primzahlzwillingen in den letzten Jahren stark nach oben getrieben worden, so beispielsweise von dem Zwillingspaar $217.695 \cdot 10^{1404} + 1$ und $217.695 \cdot 10^{1404} - 1$ mit 1410 Ziffern im Jahre 1984 über das Zwillingspaar $1.706.595 \cdot 2^{11.235} + 1$ und $1.706.595 \cdot 2^{11.235} - 1$ mit 3389 Ziffern im Jahre 1989 zu dem Zwillingspaar $697.053.813 \cdot 2^{216.352} + 1$ und $697.053.813 \cdot 2^{216.352} - 1$ mit 4932 Ziffern im Jahre 1995. Das letztere Zwillingspaar wurde übrigens in Deutschland – an der Universität Paderborn – bestimmt. Während wir jedoch schon seit über 2000 Jahren wissen, daß es unendlich viele Primzahlen gibt, ist es bis heute noch eine *offene* Frage, ob es endlich viele oder aber unendlich viele Primzahlzwillinge gibt – und dies trotz eines lange Zeit (bis März 1989) ausgesetzten Preises von 25 000 Dollar für denjenigen, der diese Frage zuerst beantworten konnte. Dagegen weiß man schon seit einigen Jahren, daß die Summe der Kehrwerte aller Primzahlzwillinge endlich ist und einen Wert

[4]Für eine Primzahltabelle bis 1000 vgl. F. Padberg: Elementare Zahlentheorie, Heidelberg 1996

von ungefähr 2 hat. Nur ist eben unbekannt, ob diese Summe aus endlich oder unendlich vielen Summanden besteht.
Als leichte Folgerung aus Satz 3 kann man zeigen, daß die Summe von Primzahlzwillingen mit Ausnahme des Paares 3 und 5 stets durch 6 und auch durch 12 teilbar ist und daß die Zwischenzahl bei Primzahlzwillingen (bis auf die genannte Ausnahme) stets ein Vielfaches von 6 ist (Aufgabe 12).

Unter *Primzahldrillingen* verstehen wir drei möglichst dicht aufeinanderfolgende Primzahlen. Die naheliegende Idee, drei Primzahlen der Form $p, p+2$ und $p+4$ als Primzahldrillinge zu bezeichnen, ist allerdings nicht sehr sinnvoll; denn in diesem Fall wären die Zahlen 3, 5 und 7 die *einzigen* Primzahldrillinge, da für $p > 3$ stets eine der drei Zahlen $p, p+2$ oder $p+4$ durch 3 teilbar und daher keine Primzahl ist (vgl. Aufgabe 14). Daher nennen wir drei Primzahlen der Form $p, p+2$ und $p+6$ *Primzahldrillinge.* So sind beispielsweise die Zahlen 41, 43 und 47 oder 107, 109 und 113 oder auch 10.014.491, 10.014.493 und 10.014.497 Primzahldrillinge. Als *Primzahlvierlinge* definieren wir entsprechend vier Primzahlen der Form $p, p+2, p+6$ und $p+8$. Die vier Primzahlen 5, 7, 11 und 13 oder auch 294.311, 294.313, 294.317 und 294.319 sind Primzahlvierlinge.

Finden wir also selbst für große Zahlen immer noch zwei, drei oder vier eng benachbarte Primzahlen, so gibt es auf der anderen Seite schon bei relativ kleinen Zahlen ungewöhnlich lange Primzahllücken. So liegen zwischen 1327 und 1361 schon 33 zusammengesetzte Zahlen oder zwischen 370.261 und 370.373 sogar 111 aufeinanderfolgende zusammengesetzte Zahlen. Man kann sogar *Primzahllücken beliebiger Länge* konstruieren, wie wir beim Beweis des folgenden Satzes sehen.

Satz 4
Zu jeder Zahl $n \in \mathbb{N}$ gibt es n aufeinanderfolgende zusammengesetzte Zahlen.

Bemerkungen

(1) Beim Beweis benutzen wir das Produkt $1 \cdot 2 \cdot \ldots \cdot n$. Dies wird abgekürzt durch $n!$ (gelesen n *Fakultät).*

Also gilt:

$$\begin{aligned} 2! &= 1 \cdot 2 &&= 2 \\ 3! &= 1 \cdot 2 \cdot 3 &&= 6 \\ 4! &= 1 \cdot 2 \cdot 3 \cdot 4 &&= 24 \\ n! &= 1 \cdot 2 \cdot 3 \cdot \ldots \cdot n \end{aligned}$$

(2) Um den Satz 4 griffiger mit n formulieren zu können und nicht mit $n-1$ formulieren zu müssen, betrachten wir beim Beweisgang $(n+1)! = 1 \cdot 2 \cdot \ldots \cdot n \cdot (n+1)$, also z. B. $(2+1)! = 3! = 1 \cdot 2 \cdot 3$ oder $(3+1)! = 4! = 1 \cdot 2 \cdot 3 \cdot 4$.

Beweisidee

$(3+1)! + 2 = 4! + 2 = 1 \cdot 2 \cdot 3 \cdot 4 + 2$ ist eine *zusammengesetzte Zahl*; denn $2 \mid (1 \cdot 2 \cdot 3 \cdot 4)$ und $2 \mid 2$, also gilt nach der Summenregel $2 \mid (3+1)! + 2$. Auch die direkt *nachfolgende* Zahl $(3+1)! + 3$ ist eine *zusammengesetzte* Zahl. Sie ist durch 3 teilbar; denn $3 \mid (1 \cdot 2 \cdot 3 \cdot 4)$ und $3 \mid 3$, also nach der Summenregel $3 \mid (3+1)! + 3$. Auch die hierauf direkt *nachfolgende* Zahl $(3+1)! + 4$ ist eine *zusammengesetzte* Zahl. Sie ist durch 4 teilbar; denn $4 \mid (1 \cdot 2 \cdot 3 \cdot 4)$ und $4 \mid 4$, also nach der Summenregel $4 \mid (3+1)! + 4$.
Die drei unmittelbar aufeinanderfolgenden Zahlen $(3+1)! + 2, (3+1)! + 3$ und $(3+1)! + 4$ sind also ausnahmslos *zusammengesetzte* Zahlen. Für die direkt *davor* liegende Zahl $(3+1)! + 1$ sowie die direkt sich *anschließende* Zahl $(3+1)! + 5$ können wir offenbar *nicht* analog mit der Summenregel argumentieren. Im nachfolgenden *allgemeinen* Beweis können wir daher nur für die entsprechenden n Zahlen $(n+1)! + 2, (n+1)! + 3, \ldots, (n+1)! + (n+1)$ eine *stets* zutreffende Aussage machen, daß sie *zusammengesetzte* Zahlen sind, während die direkt davor bzw. direkt dahinter liegende Zahl je nach dem konkreten Zahlenwert n sowohl eine Primzahl wie eine zusammengesetzte Zahl sein kann.

Beweis

Wir geben konstruktiv n aufeinanderfolgende Zahlen an, die ausnahmslos für jedes n zusammengesetzte Zahlen sind.
$(n+1)! + 2$ ist eine *zusammengesetzte Zahl*; denn $2 \mid (1 \cdot 2 \cdot 3 \cdot \ldots \cdot n \cdot (n+1))$ und $2 \mid 2$, also gilt nach der Summenregel $2 \mid (n+1)! + 2$,
$(n+1)! + 3$ ist ebenfalls eine *zusammengesetzte Zahl*; denn $3 \mid (1 \cdot 2 \cdot 3 \cdot \ldots \cdot n \cdot (n+1))$ und $3 \mid 3$, also gilt nach der Summenregel $3 \mid (n+1)! + 3$,
$\vdots$
$(n+1)! + (n+1)$ ist ebenfalls eine *zusammengesetzte Zahl*; denn es gilt $(n+1) \mid (1 \cdot 2 \cdot 3 \cdot \ldots \cdot n \cdot (n+1)$ und $(n+1) \mid (n+1)$, also gilt nach der Summenregel $(n+1) \mid (n+1)! + (n+1)$.

Wir haben hiermit gezeigt: Für jedes $n \in \mathbb{N}$ gilt:
$(n+1)! + 2, (n+1)! + 3, \ldots (n+1)! + (n+1)$ sind n aufeinanderfolgende, zusammengesetzte Zahlen.

Der *praktische* Nutzen von Satz 4 zur effektiven Konstruktion von Primzahllücken ist gering, da $n!$ rasch sehr groß wird. Um mit seiner Hilfe eine primzahlfreie Lücke von 99 Zahlen zu erhalten, müssen wir nämlich die 99 zusammengesetzten Zahlen $100!+2, 100!+3, \ldots, 100!+100$ betrachten. Diese Zahlen sind aber schon unüberschaubar groß; denn sie enthalten jeweils rund 160 Ziffern. Dagegen existiert – wie weiter oben schon erwähnt – zwischen den beiden nur *sechs*ziffrigen Zahlen 370.261 und 370.373 schon eine Primzahllücke der Länge 111. Dagegen ist der Nutzen von Satz 4 für *theoretische* Überlegungen groß; denn wir können aus ihm folgern, daß es beispielsweise eine Million oder auch eine Milliarde aufeinanderfolgende Zahlen gibt, die zusammengesetzte Zahlen – also keine Primzahlen – sind. Infolgedessen gibt es *keinen* Höchstabstand für zwei unmittelbar aufeinanderfolgende Primzahlen.

Trotz dieser Primzahllücken beliebiger Länge kann man Aussagen darüber machen, daß *zwischen* zwei bestimmten natürlichen Zahlen stets garantiert mindestens eine Primzahl liegt. So weiß man, daß für $n > 1$ zwischen jeder natürlichen Zahl n und ihrem Doppelten $2n$ stets mindestens eine Primzahl liegt. Eine sehr wahrscheinliche, bislang jedoch noch unbewiesene Vermutung ist ferner die Aussage: Zwischen zwei direkt aufeinanderfolgenden Quadratzahlen liegt stets mindestens eine Primzahl. Leicht beweisen können wir dagegen

Satz 5
Für $n \geq 3$ liegt zwischen n und $n!$ stets mindestens eine Primzahl.

Bemerkung
Wegen $1 = 1!$ und $2 = 2!$ gilt der Satz erst für $n \geq 3$.

Beweis
Wir bilden die Zahl $n! - 1$. Diese ist für $n \geq 3$ stets größer als 1. Daher ist ihr kleinster, von 1 verschiedener Teiler t nach Satz 1 stets eine *Primzahl.* Für diesen Teiler t gilt $t \leq n! - 1$, also $t < n!$; gleichzeitig gilt aber auch für diesen Teiler t die Beziehung $t > n$. Wegen $n! = 1 \cdot 2 \cdot 3 \cdot \ldots \cdot n$ teilen nämlich *alle* natürlichen Zahlen, die kleiner oder höchstens gleich n sind, die Zahl $n!$. Speziell für die *Primzahlen* $p \leq n$ gilt diese Aussage also ebensfalls. Diese Primzahlen $p \leq n$ teilen also stets $n!$, daher also *nicht* die um 1 kleinere Zahl

$n! - 1$ (vgl. Aufgabe 17). Daher ist die Primzahl t von sämtlichen Primzahlen $p \leq n$ verschieden. Daher muß für diese Primzahl t gelten $t > n$. Also gibt es in Form des kleinsten, von 1 verschiedenen Teilers t von $n! - 1$ stets eine Primzahl t mit $n < t < n!$.

5 Weitere Aussagen über Primzahlen

Viele mathematisch Interessierte haben schon seit langen Zeiten nach *Primzahlformeln* gesucht – also nach Formeln, die bei Einsetzung *sämtliche* Primzahlen, möglichst sogar noch der Reihe nach, liefern. Dieses jahrtausendelange Suchen war allerdings bis heute erfolglos, und es ist auch äußerst unwahrscheinlich, daß man jemals eine derartige Formel finden wird.

Läßt sich dann wenigstens eine Formel angeben, die bei Einsetzung *stets* Primzahlen liefert, wenn auch *nicht* sämtliche? Mit vielen, mühsamen Rechnungen hat man schon *vor* dem Computerzeitalter *quadratische* Formeln gefunden, die eine ganze Reihe von Primzahlen in Folge liefern. So geht die Formel $f(n) = n^2 + n + 41$, die für $n = 0, 1, 2, 3, \dots, 39$ *stets* Primzahlen liefert, schon auf Euler (1707 – 1783) zurück, und die Formel $f(n) = n^2 - 79n + 1601$ liefert für die 80 Zahlen $n = 0, 1, 2, 3, \dots, 79$ Primzahlen – wenn auch mit Wiederholungen. Analysieren wir die beiden – äußerlich so verschiedenen – Formeln genauer, so stellen wir fest, daß sie beide genau dieselben 40 *verschiedenen* Primzahlen liefern. Die Formeln sind daher noch sehr weit von der geforderten Idealformel entfernt, die bei Einsetzung *stets* Primzahlen liefert.

Statt mit quadratischen Funktionen könnte man nun versuchen, mit Hilfe von *kubischen* Funktionen, allgemein mit Hilfe von Funktionen vom *Grad n*, Primzahlformeln aufzustellen, die erfolgreicher arbeiten. Bei all diesen Versuchen kann uns jedoch *nie* ein *voller* Erfolg beschieden sein; denn man kann mit relativ leichten mathematischen Mitteln beweisen, daß es eine einfache Formel der gewünschten Art (in Form eines Polynoms $f(x) = a_n x^n + a_{n-1} x^{n-1} + \ldots + a_1 x + a_o$ mit den Koeffizienten aus $\mathbb{N}_o$ und $a_n \neq 0$) *nicht* geben kann[5]. Diese Aussage kann offenkundig durch Probieren mit – noch so leistungsfähigen – Computern *nicht* abschließend bewiesen werden. Auch an *dieser* Stelle kann man daher sehr gut die Leistungsfähigkeit mathematischer Argumentation exemplarisch aufzeigen.

[5]Für einen Beweis vgl. F. Padberg: Elementare Zahlentheorie, Heidelberg 1996, S. 81f.

Das Bemühen um eine einfache Formel, die *ausschließlich* Primzahlen liefert, kann also nicht erfolgreich sein. Gibt es dann wenigstens Formeln, die zwar nicht ausschließlich, aber wenigstens doch *unendlich oft* Primzahlen liefern? Offensichtlich gibt es sogar schon *lineare* Funktionen, die diese Forderung erfüllen. So liefern die linearen Funktionen $f(n) = n$ und $f(n) = 2n + 1$ für $n \in \mathbb{N}$ unendlich viele verschiedene Primzahlwerte (vgl. Aufgabe 23). Auf der anderen Seite kann man aber auch leicht lineare Funktionen angeben, die beim Einsetzen von $n \in \mathbb{N}_o$ nur einen oder sogar keinen Primzahlwert annehmen. So liefert beispielsweise $f(x) = 6x+2$ nur für $x = 0$ *einen* Primzahlwert, während $f(x) = 2x + 6$ für $x \in \mathbb{N}_o$ *keinen* Primzahlwert annimmt. Wir können leicht beweisen:

Satz 6

Haben in $f(n) = a \cdot n + b$ die Zahlen a und b mindestens einen von 1 verschiedenen gemeinsamen Teiler, so kann $f(n)$ für $n \in \mathbb{N}_o$ *höchstens eine* Primzahl als Funktionswert annehmen.

Beweis

Der von 1 verschiedene gemeinsame Teiler t von a und b teilt mit a auch $a \cdot n$ und damit nach der Summenregel auch $a \cdot n + b$. Daher nimmt $f(n)$ *höchstens einen* Primzahlwert an, nämlich falls b eine Primzahl ist für $n = 0$.

Bemerkung

Haben dagegen a und b in $f(n) = a \cdot n + b$ nur 1 als gemeinsamen Teiler, so gibt es stets *unendlich viele* Primzahlen der Form $a \cdot n + b$. Im Gegensatz zu Satz 6 ist der Beweis dieser Aussage jedoch relativ kompliziert. Dagegen kann man für spezielle Werte von a und b den Beweis recht leicht führen[6] – so beispielsweise für die Funktionen $f(n) = 3n+2$ oder $f(n) = 6n+5$ mit $n \in \mathbb{N}_o$.

Wir beenden dieses Kapitel über Primzahlen mit einer überraschenden Entdeckung, die dennoch leicht zu beweisen ist. Betrachten wir die Primzahlen 3, 5 und 7, so finden wir durch Probieren unmittelbar heraus, daß gilt: $3 = 4 - 1 (= 2^2 - 1^2), 5 = 9 - 4 (= 3^2 - 2^2)$ und $7 = 16 - 9 (= 4^2 - 3^2)$. Können wir auch *weitere* Primzahlen als Differenz von Quadratzahlen darstellen – sogar als Differenz unmittelbar aufeinanderfolgender Quadratzahlen? Die weiteren Beispiele $11 = 36 - 25 (= 6^2 - 5^2), 13 = 49 - 36 (= 7^2 - 6^2)$ und

[6] Für einen Beweis vgl. man F. Padberg: Elementare Zahlentheorie, Heidelberg 1996, S. 83f.

$17 = 81 - 64 (= 9^2 - 8^2)$ führen zu der Vermutung:

Satz 7
Jede Primzahl (außer 2) läßt sich als Differenz zweier unmittelbar aufeinanderfolgender Quadratzahlen darstellen.

Bemerkung

Wir beweisen im folgenden Satz 7 auf zwei verschiedene Arten: Zunächst mit einer beispielgebundenen Beweisstrategie, die so im Prinzip auch schon im Unterricht der Primarstufe verwendet werden kann, daneben mit einem allgemeinen Beweis mit Variablenbenutzung.

(1) Beispielgebundene Beweisstrategie

Die folgenden Punktbilder motivieren für die Zahlen $1, 4, 9, 16, 25, \ldots$ sehr gut den Namen *Quadratzahlen* und verdeutlichen den *Zusammenhang* zwischen unmittelbar aufeinanderfolgenden Quadratzahlen.

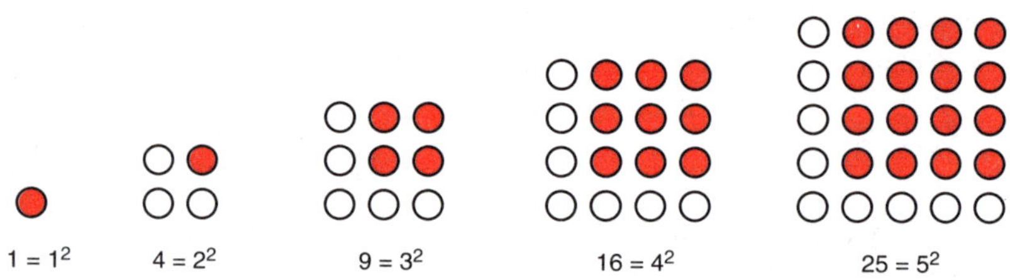

Wir erhalten von 1 ausgehend die nachfolgenden Quadratzahlen, indem wir der Reihe nach $3, 5, 7, 9, \ldots$ Plättchen hinzufügen. Das an den Punktbildern anschaulich erkennbare Konstruktionsprinzip macht klar, daß dies stets so weiter geht und daß insbesondere die Anzahlen der hinzugefügten Plättchen die Folge der *ungeraden* Zahlen – startend mit 3 – *vollständig* durchlaufen. In jedem Punktbild (beginnend mit 4) können wir zwei unmittelbar aufeinanderfolgende Quadratzahlen (rote Plättchen; weiße und rote Plättchen) sowie den Unterschied zwischen diesen beiden Quadratzahlen (weiße Plättchen) erkennen. Die komplette Folge der ungeraden Zahlen ab 3 können wir so also als Differenz zweier unmittelbar aufeinanderfolgender Quadratzahlen gewinnen. Dies bedeutet:

Jede ungerade Zahl[7] läßt sich als Differenz zweier unmittelbar aufeinanderfolgender Quadratzahlen darstellen. Da alle Primzahlen (> 2) ungerade sind und damit eine Teilmenge der ungeraden Zahlen bilden, gilt die obige Aussage insbesondere auch für *alle Primzahlen* größer als 2.

(2) Beweis

$(n+1)^2$ und n^2 mit $n \in \mathbb{N}_o$ sind jeweils zwei unmittelbar aufeinanderfolgende Quadratzahlen. Für ihre Differenz gilt: $(n+1)^2 - n^2 = n^2 + 2n + 1 - n^2 = 2n + 1$. Für $n \in \mathbb{N}_o$ durchläuft $2n + 1$ *sämtliche* ungeraden Zahlen. Also läßt sich *jede ungerade* Zahl als Differenz zweier unmittelbar aufeinanderfolgender Quadratzahlen darstellen. Primzahlen (größer als 2) sind eine Teilmenge der ungeraden Zahlen, also gilt damit vorstehende Aussage speziell auch für *alle Primzahlen* (größer als 2).

Bemerkung

Bei der Darstellung als *Differenz von Quadratzahlen* gibt es zwischen ungeraden zusammengesetzten Zahlen und ungeraden Primzahlen einen Unterschied: Für *ungerade Primzahlen* kann man leicht nachweisen, daß es stets nur *genau eine* Darstellung als Differenz von Quadratzahlen gibt[8]. Für ungerade zusammengesetzte Zahlen gilt eine entsprechende Aussage dagegen *nicht* (vgl. Aufgabe 24).

6 Aufgaben

(1) Beweisen Sie:

a teilt b genau dann, wenn b ein Vielfaches von a ist.

(2) Primzahlen, deren Spiegelzahl ebenfalls eine Primzahl ist (Beispiel 13, die Spiegelzahl 31 ist ebenfalls eine Primzahl), wollen wir Mirpzahlen nennen. Bestimmen Sie sämtliche Mirpzahlen bis 100.

(3) Begründen Sie:

Sämtliche Primzahlen (> 2) haben die Form $4n + 1$ oder $4n - 1$ mit $n \in \mathbb{N}$.

(4) Primzahlen vom Typ $4n + 1$ mit $n \in \mathbb{N}$ heißen Primzahlen erster Ordnung. Diese Primzahlen haben die bemerkenswerte Eigenschaft, daß man

[7] Offensichtlich gilt auch $1 = 1^2 - 0^2$.

[8] Vgl. F. Padberg: Elementare Zahlentheorie, Heidelberg 1996, S. 84.

sie *alle* auf *genau eine* Art als Summe zweier Quadratzahlen schreiben kann (Beispiel: $5 = 1 + 4$). Stellen Sie die Primzahlen erster Art zwischen a) 20 und 60 sowie b) 80 und 120 als Summe zweier Quadratzahlen dar.

(5) Primzahlen vom Typ $4n - 1$ mit $n \in \mathbb{N}$ heißen Primzahlen zweiter Art. Untersuchen Sie, ob für diese Primzahlen eine entsprechende Aussage wie für Primzahlen erster Ordnung gilt (vgl. Aufgabe 4).

(6) Verdeutlichen Sie an einem Beispiel, daß in der Menge der Bruchzahlen keineswegs jede nichtleere Teilmenge ein kleinstes Element besitzt.

(7) Überprüfen Sie für alle Exponenten $n \leq 10$, ob $2^n - 1$ eine Primzahl oder eine zusammengesetzte Zahl ist. Notieren Sie die zusammengesetzten Zahlen als Produkt ihrer Primfaktoren.

(8) Bestimmen Sie mit Hilfe des Siebes des Eratosthenes sämtliche Primzahlen zwischen 1 und 100, und begründen Sie, daß bei der Anordnung des Siebes des Eratosthenes in sechs Spalten die Vielfachen von 5 bei geeigneter Zeichnung auf parallelen Geraden liegen. Welche Beobachtung machen Sie bei den Vielfachen von 7 und 11?

(9) Bestimmen Sie mit Hilfe des Siebes des Eratosthenes sämtliche Primzahlen zwischen 1 und 170. Erläutern Sie Ihre Vorgehensweise.

(10) Im Rahmen des Siebverfahrens seien schon die echten Vielfachen sämtlicher erforderlicher Primzahlen gestrichen worden. a sei eine zusammengesetzte Zahl. Begründen Sie: Dann sind auch alle *Vielfachen* von a schon gestrichen worden.

(11) Bei dem Siebverfahren des Eratosthenes, angewandt auf die natürlichen Zahlen bis 50.000, seien schon die Vielfachen aller Primzahlen von 2 bis 101 gestrichen worden. Welche ist die kleinste zusammengesetzte Zahl, die noch nicht gestrichen worden ist?
Begründen Sie Ihre Antwort ausführlich.

(12) Beweisen Sie, daß die Summe von Primzahlzwillingen mit Ausnahme des Paares 3 und 5 stets durch 6 und durch 12 teilbar ist.

(13) Erläutern Sie durch Rückgriff auf das Sieb des Eratosthenes, daß von drei aufeinanderfolgenden Zahlen stets eine durch 3 teilbar ist.

(14) Beweisen Sie:

Für $n > 3$ ist stets eine der drei Zahlen $n, n+2$ oder $n+4$ durch 3 teilbar.

(15) Bestimmen Sie sämtliche Primzahldrillinge bis 200.

(16) Bestimmen Sie sämtliche Primzahlvierlinge bis 200.

(17) Beweisen Sie:

Keine Primzahl $p \leq n$ ist Teiler von $n! - 1$ (für $n \geq 3$).

(18) Bestimmen Sie mit Hilfe von Satz 4 a) vier und b) fünf aufeinanderfolgende natürliche Zahlen, die keine Primzahlen sind. Welches sind die vier bzw. fünf kleinsten, aufeinanderfolgenden, zusammengesetzten Zahlen?

(19) Gibt es Primzahlen p, für die gilt:

$p \mid n$ und $p \mid (n+1)$ für $n \geq 1$?

(20) Eine von dem Juristen und Hobbymathematiker Goldbach 1742 aufgestellte, bis heute noch unbewiesene Vermutung („Goldbachsche Vermutung“) besagt: Jede gerade Zahl (größer als 2) läßt sich als Summe zweier (nicht notwendig verschiedener) Primzahlen schreiben (vgl. I.2). Überprüfen Sie diese Goldbachsche Vermutung für alle geraden Zahlen zwischen 80 und 100. Notieren Sie jeweils *alle* möglichen Darstellungen als Summe zweier Primzahlen.

(21) Notieren Sie ein 3 x 3–Quadrat aus drei Reihen und drei Spalten. Tragen Sie in die 9 Felder die Zahlen 0, 1, 2, 3, 4, 5, 6, 7, 9 so ein, daß die drei Zeilensummen, die drei Spaltensummen und die Summen auf den beiden Diagonalen jeweils eine (je nach Spalte, Zeile oder Diagonale durchaus auch verschiedene) *Primzahl* ergeben.

(22) a) Bestimmen Sie für $n = 4, 5$ und 6 den kleinsten Teiler $t \neq 1$ von $n! - 1$.

b) Begründen Sie *analog zum Beweisgang von Satz 5*, daß der kleinste Teiler $t \neq 1$ von $35! - 1$ zwischen 35 und $35!$ liegt.

(23) Begründen Sie, daß die Funktionen $f(n) = n$ und $f(n) = 2n + 1$ für $n \in \mathbb{N}$ unendlich viele verschiedene Primzahlwerte liefern.

(24) Weisen Sie zunächst die Gültigkeit von $a \cdot b = \left(\frac{a+b}{2}\right)^2 - \left(\frac{a-b}{2}\right)^2$ für $a, b \in \mathbb{N}$ nach, und bestimmen Sie mit Hilfe dieser Identität alle verschiedenen Darstellungen von a) 225, b) 1323 als Differenz von Quadratzahlen.

(25) Überprüfen Sie für $n = 2, 3, 4, 5$ und 6 die Aussage: Die n-te Quadratzahl n^2 können wir stets darstellen als Summe der ersten n ungeraden Zahlen.

Beweisen Sie diese Aussage durch Rückgriff auf die Punktdarstellung von Quadratzahlen (vgl. III.5 (Satz 7)) mit Hilfe einer beispielgebundenen Beweisstrategie.

(26) a) Überprüfen Sie an fünf geraden Zahlen größer als 30, ob sie sich jeweils als Summe von vier (nicht notwendig verschiedenen) Primzahlen darstellen lassen.

b) Begründen Sie die Richtigkeit folgender Aussage:
Wenn die Goldbachsche Vermutung wahr ist, dann läßt sich jede gerade Zahl größer als 6 als Summe von vier (nicht notwendig verschiedenen) Primzahlen darstellen.

(27) Überprüfen Sie die folgenden Aussagen zunächst an Beispielen. Beweisen oder widerlegen Sie dann:

a) Keine Primzahl kann Teiler einer anderen Primzahl sein.

b) Für zwei verschiedene Primzahlen a und b mit $b > 2$ gilt nie $a = b + 3$.

c) Es gibt zwei Primzahlen, deren Differenz 1 ist.

(28) a) Bestimmen Sie alle Primzahlen, deren letzte Ziffer 5 ist.

b) Warum gibt es keine Primzahl, deren letzte Ziffer 0 ist?

c) Kann eine Primzahl die Endziffer 4 besitzen?

(29) Welche Endziffern kommen bei Primzahlen größer als 10 vor? Nennen Sie jeweils drei Beispiele. Begründen Sie, warum es zu den übrigen Endziffern keine Primzahlen größer als 10 geben kann.

(30) Beweisen oder widerlegen Sie:
Die Anzahl der zusammengesetzten Zahlen zwischen zwei benachbarten Primzahlen (größer als 2) ist stets ungerade.

IV Primzahlen - Bausteine der natürlichen Zahlen

Oft gibt es viele *verschiedene* Möglichkeiten, gegebene natürliche Zahlen als Produkte von zwei, drei oder mehr natürlichen Zahlen zu schreiben. Beim übersichtlichen Aufschreiben verschiedener multiplikativer Zerlegungen sind *Zerlegungsbäume* sehr informativ und hilfreich. Durch den Vergleich verschiedener Zerlegungsbäume einer fest gegebenen Zahl sowie durch weitere Argumente problematisieren wir im weiteren Verlauf des *ersten* Abschnittes dieses Kapitels die Frage, ob wir bei *allen* multiplikativen Zerlegungen einer festen Zahl – trotz der unterschiedlichen Zwischenergebnisse und des z. T. äußerlich völlig verschiedenen „Aussehens" der Zerlegungsbäume – *stets* zu *derselben* Primfaktorzerlegung gelangen.

Mit Hilfe des kleinsten, von 1 verschiedenen Teilers können wir zu jeder natürlichen Zahl größer als 1 *mindestens eine* Primfaktorzerlegung gewinnen, wie wir im Abschnitt IV.2 beweisen. Daß dies sogar bei jeder natürlichen Zahl $a > 1$ bis auf die Reihenfolge der Faktoren stets die einzige Primfaktorzerlegung ist und damit die natürlichen Zahlen $a > 1$ stets nur *genau eine* Primfaktorzerlegung besitzen, ist die Aussage des Hauptsatzes der elementaren Zahlentheorie. Wir können dem Hauptsatz insbesondere auch entnehmen, daß die Primzahlen multiplikative *Bausteine* der natürlichen Zahlen sind, daß also alle natürlichen Zahlen (größer 1) entweder selbst Primzahlen sind oder sich – bis auf die Reihenfolge der Faktoren – als eindeutiges Produkt von Primzahlen darstellen lassen.

Wir beenden dieses Kapitel im *dritten* Abschnitt mit der Behandlung einer Reihe von Aussagen (Primzahlkriterium; Elemente und Elementanzahl von Teilermengen; Typisierung von Hassediagrammen von Teilermengen; knappe Hinweise zu den gemeinsamen Teilern und Vielfachen, zu *kgV* und *ggT*), für die die Gültigkeit des Hauptsatzes der elementaren Zahlentheorie die unabdingbare *Voraussetzung* ist.

1 Multiplikative Zerlegungen natürlicher Zahlen

Zerlegen wir die Zahl 90 in ein Produkt *zweier* Faktoren, die beide von 1 verschieden sind, so erhalten wir:

$$90 = 2 \cdot 45 = 3 \cdot 30 = 5 \cdot 18 = 6 \cdot 15 = 9 \cdot 10$$

Die Zahl 90 besitzt also fünf verschiedene Produktdarstellungen mit zwei Faktoren. Hierbei zählen wir die Produkte, die sich von den vorstehenden Produkten lediglich in der *Reihenfolge* der Faktoren unterscheiden (Beispiel $45 \cdot 2$), *nicht* als weitere neue Produktdarstellungen.

Schreiben wir die Zahl 90 als Produkt *dreier* Faktoren, von denen keiner die Zahl 1 ist, so erhalten wir vier verschiedene Produktdarstellungen:

$$90 = 2 \cdot 3 \cdot 15 = 2 \cdot 5 \cdot 9 = 3 \cdot 5 \cdot 6 = 3 \cdot 3 \cdot 10$$

Schreiben wir 90 entsprechend als Produkt von *vier* Faktoren, so erhalten wir nur eine Darstellung:

$$90 = 2 \cdot 3 \cdot 3 \cdot 5$$

Wir erkennen, daß 90 offensichtlich nicht als Produkt von *fünf oder mehr* Faktoren, von denen keiner 1 ist, dargestellt werden kann, da 2, 3 und 5 als Primzahlen nicht weiter zerlegbar sind.

Verschiedene multiplikative Zerlegungen gegebener Zahlen lassen sich auch gut mit Hilfe von *Zerlegungsbäumen* gewinnen und veranschaulichen. Wir betrachten hierzu exemplarisch drei Zerlegungsbäume von 60.

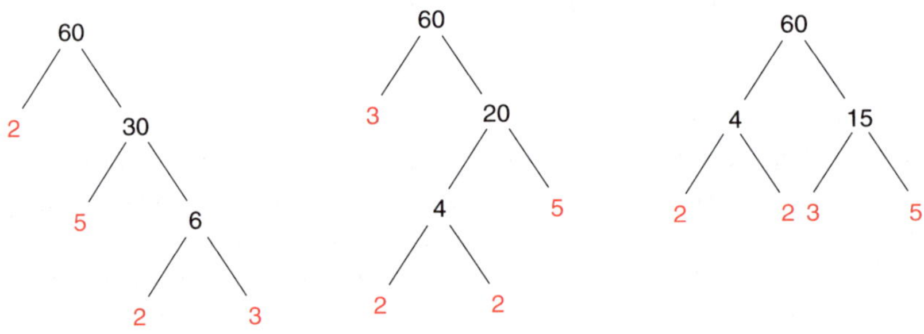

Wir können jedem Zerlegungsbaum mehrere verschiedene Zerlegungen der Zahl 60 entnehmen, so beispielsweise dem ersten Baum die Zerlegungen $60 = 2 \cdot 30 = 2 \cdot 5 \cdot 6 = 2 \cdot 5 \cdot 2 \cdot 3$. Ein Vergleich der sehr verschiedenen Zerlegungsbäume von 60 ergibt, daß am Ende der Äste einheitlich stets *Primzahlen* stehen. Dies leuch-

tet auch unmittelbar ein, da wir andernfalls die Äste noch weiter verzweigen könnten.
Außerdem stehen bei diesen drei Zerlegungsbäumen am Ende der Äste jeweils *dieselben* Primzahlen – wenn auch in unterschiedlicher Reihenfolge. Zeichnen wir *sämtliche* Zerlegungsbäume von 60 auf, so erkennen wir, daß wir am Ende der Äste stets dieselben Primzahlen erhalten. Die Zahl 60 besitzt daher – bis auf die Reihenfolge der Faktoren – nur *eine einzige* Darstellung als Produkt von Primzahlen, nämlich $60 = 2 \cdot 2 \cdot 3 \cdot 5$, die Zahl 60 besitzt also nur eine einzige *Primfaktorzerlegung*.

Gilt dies auch für *alle* zusammengesetzten Zahlen? Der Zugang zur Primfaktorzerlegung über die zugehörigen, oft sehr unterschiedlichen Zerlegungsbäume läßt es zumindestens *fragwürdig* erscheinen, ob wir bei allen derartigen Zerlegungen einer festen Zahl – trotz der unterschiedlichen Zwischenergebnisse und des z. T. äußerlich völlig verschiedenen „Aussehens“ der Zerlegungsbäume – immer zu *derselben* Primfaktorzerlegung gelangen.

Aber auch die folgenden beiden Fragen lassen uns unsicher werden, ob wirklich *alle* zusammengesetzten Zahlen stets nur *genau eine* Primfaktorzerlegung besitzen.

(1) Betrachten wir eine größere Zahl wie z. B. 4572. Wir haben mit großen Mühen schließlich eine Primfaktorzerlegung gefunden. Sind wir intuitiv wirklich ganz sicher, daß dies die *einzige* Möglichkeit ist? Könnten bei einer schrittweisen Zerlegung in andere Faktoren am Ende nicht doch noch (ganz) *andere* Primzahlen als Faktoren vorkommen?

(2) Sind wir – ohne Ausrechnung der Produkte – wirklich ganz sicher, daß gilt $43 \cdot 47 \neq 37 \cdot 53$? Wenn wir von der Eindeutigkeit der Primfaktorzerlegung überzeugt sind und uns überzeugt haben, daß die vier Zahlen 37, 43, 47 und 53 Primzahlen sind, müßten wir ganz sicher sein!

Um unsere Vermutung, daß jede zusammengesetzte Zahl bis auf die Reihenfolge der Faktoren genau eine Primfaktorzerlegung besitzt, weiter zu problematisieren, betrachten wir im folgenden die Zahlenwelt V, die aus allen Vielfachen von 4 sowie der 1 besteht, also $V = \{1, 4, 8, 12, 16, 20, 24, \dots\}$. Diese Zahlenwelt V ist mit der vertrauten Zahlenwelt der natürlichen Zahlen eng verwandt; denn $V \subseteq \mathbb{N}$, und wir können beispielsweise auch in V analog wie in $\mathbb{N}$ Teilbarkeitsuntersuchungen durchführen. Wir definieren „a ist ein Teiler von b *in* V genau dann, wenn ein $q \in V$ existiert mit $q \cdot a = b$“. Daher gilt in V beispielsweise

genau wie in $\mathbb{N}$ $4 \mid 32$; denn $8 \cdot 4 = 32$ und $8 \in V$. Dagegen gilt in V $4 \nmid 12$; denn $3 \notin V$.
Definieren wir *Primzahlen in V* genau wie in $\mathbb{N}$ als Zahlen, die *genau zwei Teiler in V* besitzen, so sind $4, 8, 12, 20, 24$ die ersten fünf Primzahlen in V. Die Zahl 96 gehört zu V. Es gilt $96 = 4 \cdot 24$, aber auch $96 = 8 \cdot 12$. Die Zahl 96 besitzt also in V zwei *verschiedene* Primfaktorzerlegungen. Also besitzen keineswegs alle zusammengesetzten Zahlen in V genau eine Primfaktorzerlegung.

2 Multiplikativer Aufbau der natürlichen Zahlen und Primzahlen

Vergleichen wir die drei folgenden, verschiedenen Zerlegungsbäume der Zahl 72, so erkennen wir deutliche *Unterschiede.*

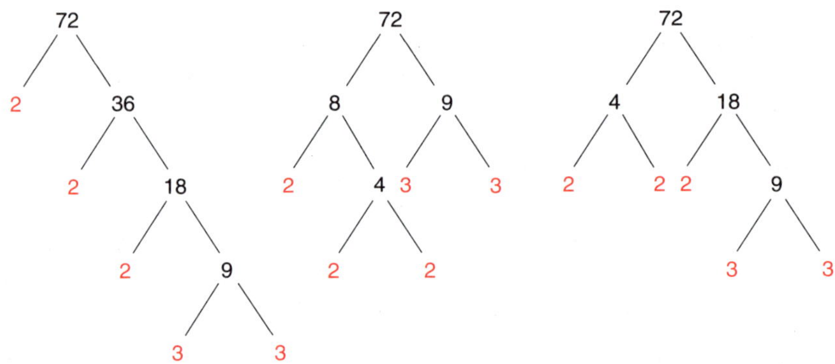

Beim *linken* Zerlegungsbaum spalten wir systematisch Schritt für Schritt jeweils den *kleinsten*, von 1 verschiedenen Faktor bzw. Teiler ab. Bei den *beiden rechten* Zerlegungsbäumen beginnen wir mit einer *beliebigen* Zerlegung der gegebenen Zahl (hier 72) in zwei Faktoren. Diese beiden Faktoren zerlegen wir entsprechend weiter. Das Verfahren endet sowohl beim linken wie bei den beiden rechten Zerlegungsbäumen offensichtlich dann, wenn alle vorkommenden Faktoren Primzahlen sind. Hierbei ist das *unsystematische* Verfahren oft das zunächst naheliegendere, das auch vielfach weniger Rechenaufwand erfordert, während das *systematische* Verfahren einen Weg aufzeigt, wie wir stets zu einer gegebenen zusammengesetzten Zahl auf einem eindeutig fixierten Weg ei-

ne Primfaktorzerlegung erhalten werden, und das somit zu einem Algorithmus führt. Dieses Verfahren legt auch folgende *Normierung der Primfaktorzerlegung* nahe:
Wir ordnen die Primzahlen der Größe nach und fassen gleiche Primzahlen zu Potenzen zusammen. 72 hat daher die normierte Primfaktorzerlegung
$72 = 2^3 \cdot 3^2$.

Mit Hilfe des systematischen Verfahrens wollen wir im folgenden abklären, ob jede zusammengesetzte Zahl mindestens eine oder sogar genau eine (normierte) Primfaktorzerlegung besitzt. Wir spalten dazu von der gegebenen Zahl Schritt für Schritt jeweils den kleinsten, von 1 verschiedenen Teiler ab. Folgende Fragen müssen wir hierzu beantworten:

(1) Ist der *kleinste*, von 1 verschiedene Teiler einer zusammengesetzten Zahl *stets* eine *Primzahl*?

(2) Endet das systematische Abspalten des kleinsten von 1 verschiedenen Teilers stets – so wie im Beispiel von 72 – nach *endlich* vielen Schritten mit einer Primzahl oder gibt es zusammengesetzte Zahlen, bei denen dieses Verfahren *ad infinitum* weiterläuft?

(3) Ist die Zerlegung in Primzahlen (bis auf die Reihenfolge) *stets* eindeutig, oder gibt es einige (oder gar viele) natürliche Zahlen mit *zwei oder mehr* verschiedenen Primfaktorzerlegungen?

Frage (1) haben wir schon im Kapitel III im Satz 1 beantwortet. Da wir im folgenden häufig auf diesen Satz zurückgreifen, formulieren wir ihn hier nochmals:

Satz 1
Der *kleinste*, von 1 verschiedene Teiler einer natürlichen Zahl $a > 1$ ist stets eine *Primzahl.*

Vor der Beantwortung der beiden restlichen Fragen treffen wir zunächst noch eine Vereinbarung zum Begriff der Primfaktorzerlegung. Um bei den folgenden Sätzen 2 und 3 in der Satzformulierung nicht zwischen zusammengesetzen Zahlen und Primzahlen unterscheiden zu müssen, und um sie sofort für alle natürlichen Zahlen (bis auf 1) formulieren zu können, treffen wir folgende *Verabredung*: Ist eine gegebene Zahl p eine Primzahl, so nennen wir p die Primfaktorzerlegung von p. Die Primzahl 7 besitzt also die Primfaktor„zerlegung“ 7, und wir notieren dies in der Form $7 = 7$. Diese Vorgehensweise kann man übrigens häufiger bei der Formulierung mathematischer Sätze beobachten: Um

Satzformulierungen nicht mit Ausnahmeformulierungen zu belasten, erweitert man lieber in geeigneter Weise die zugrundeliegenden Begriffsbildungen[1].

Auf der Grundlage von Satz 1 können wir jetzt die Frage (2) beantworten. Wir beweisen:

Satz 2

Jede von 1 verschiedene natürliche Zahl besitzt *mindestens eine* Primfaktorzerlegung.

Beispiel

Wir verdeutlichen an einem Beispiel die *Beweisidee* des folgenden allgemeinen Beweises. Wir spalten Schritt für Schritt jeweils den *kleinsten*, von 1 verschiedenen Teiler ab. Aufgrund von Satz 1 wissen wir, daß dieser kleinste Teiler garantiert stets eine *Primzahl* ist.

$$\begin{aligned} 420 &= 2 \cdot 210 \\ &= 2 \cdot 2 \cdot 105 \\ &= 2 \cdot 2 \cdot 3 \cdot 35 \\ &= 2 \cdot 2 \cdot 3 \cdot 5 \cdot 7 \end{aligned}$$

Die Zerlegung endet mit der vorstehenden, vierten Gleichung, da 7 als Primzahl nicht weiter zerlegbar ist. *Eine* Primfaktorzerlegung von 420 lautet also $420 = 2^2 \cdot 3 \cdot 5 \cdot 7$. Dieses Beispiel verdeutlicht uns gleichzeitig schon den Grund, warum nicht nur in diesem konkreten Beispiel, sondern allgemein bei natürlichen Zahlen $a > 1$ Primfaktorzerlegungen stets nach *endlich vielen* Schritten abbrechen. Durch das fortlaufende Abspalten von Primzahlen, also von natürlichen Zahlen größer als 1, werden die Faktoren am rechten Rand der Gleichungskette (210, 105, 35, 7) beständig kleiner, bleiben jedoch größer als 1. Der Abbruch erfolgt daher generell nach *endlich* vielen Schritten.

Beweis

Wir gehen entsprechend vor wie im vorstehenden Beispiel. Mit $p_1, p_2, p_3, \ldots$ bezeichnen wir die Schritt für Schritt der Reihe nach abgespaltenen, kleinsten von 1 verschiedenen Teiler von der gegebenen natürlichen Zahl a und von den Zahlen $n_1, n_2, \ldots$. (Im obigen Beispiel gilt $a = 420$, $p_1 = 2$, $n_1 = 210$, $p_2 = 2$, $n_2 = 105$, $p_3 = 3$, $n_3 = 35$ und $p_4 = 5$, $n_4 = 7$.)
Die Zahlen $p_1, p_2, p_3, \ldots$ sind nach Satz 1 Primzahlen. Wir unterscheiden verschiedene Fälle und beginnen mit:

[1] Vgl. auch I.2.

Fall 1

Ist a speziell eine *Primzahl* p_1, so gilt $a = p_1$. Wir sind dann schon fertig; denn im Sinne unserer Verabredung ist dies die Primfaktorzerlegung von a.

Fall 2

Ist a *keine* Primzahl, so können wir den kleinsten, von 1 verschiedenen Teiler p_1 von a abspalten und erhalten $a = p_1 \cdot n_1$ mit $1 < n_1 < a$ (vgl. Aufgabe 11). Ist n_1 speziell eine *Primzahl*, so liegt hiermit eine Primfaktorzerlegung von a vor, und wir sind schon fertig.

Fall 3

Ist n_1 *keine* Primzahl, dann können wir den kleinsten, von 1 verschiedenen Teiler p_2 von n_1 abspalten und erhalten $n_1 = p_2 \cdot n_2$ mit $1 < n_2 < n_1$. Also gilt insgesamt $a = p_1 \cdot n_1 = p_1 \cdot p_2 \cdot n_2$.
Ist n_2 speziell eine *Primzahl*, so sind wir fertig, da wir eine Primfaktorzerlegung von a erhalten haben.

Fall 4

Ist n_2 *keine* Primzahl, dann können wir den kleinsten, von 1 verschiedenen Teiler p_3 von n_2 abspalten und erhalten $n_2 = p_3 \cdot n_3$ mit $1 < n_3 < n_2$. Also gilt insgesamt $a = p_1 \cdot p_2 \cdot n_2 = p_1 \cdot p_2 \cdot p_3 \cdot n_3$. Ist n_3 eine *Primzahl*, so verfügen wir hiermit über eine Primfaktorzerlegung von a und sind fertig.

Fall 5

Ist n_3 keine Primzahl, dann ...

$\vdots$

Wegen $n_1 > n_2 > n_3 > \ldots > 1$ werden diese Faktoren stets kleiner, bleiben aber alle größer als 1 (vgl. Aufgabe 12). Daher *muß* diese Zerlegung nach *endlich vielen* – nämlich nach allerspätestens a – Schritten mit einer Primzahl $n_s = p_{s+1}$ abbrechen, und wir erhalten als eine Primfaktorzerlegung von a die Zerlegung $a = p_1 \cdot p_2 \cdot \ldots \cdot p_{s+1}$.

Aufgrund von Satz 2 wissen wir jetzt, daß jede von 1 verschiedene natürliche Zahl *mindestens eine* Primfaktorzerlegung besitzt. Daß diese durch Satz 2 garantierte Primfaktorzerlegung *jeder* natürlichen Zahl $a > 1$ auch *eindeutig* ist, ist die Aussage des nachstehenden Satzes 3, der gleichzeitig unsere Frage (3) beantwortet:

Satz 3 (Hauptsatz der elementaren Zahlentheorie)
Jede von 1 verschiedene natürliche Zahl besitzt (bis auf die Reihenfolge der Faktoren) *genau eine* Primfaktorzerlegung.

Beweis
Wir beweisen Satz 3 *indirekt* und nehmen dazu an, daß *nicht* für *alle* natürlichen Zahlen $a > 1$ die Primfaktorzerlegung *eindeutig* ist. Dies bedeutet positiv formuliert: Es gibt *mindestens eine* natürliche Zahl, die *zwei* (oder mehr) *verschiedene* Primfaktorzerlegungen besitzt. Sei a die *kleinste* derartige natürliche Zahl[2] Dann sei

$$a = p_1 \cdot p_2 \cdot \ldots \cdot p_r$$

eine erste Primfaktorzerlegung von a und

$$a = q_1 \cdot q_2 \cdot \ldots \cdot q_s$$

eine *zweite* hiervon *verschiedene* Primfaktorzerlegung von a[3] Hierbei sind die $p_i (i = 1, 2, \ldots, r)$ und $q_j (j = 1, 2, \ldots, s)$ *Primzahlen.* Dann gilt stets

$$p_i \neq q_j.$$

Denn wäre $p_i = q_j$ für ein passendes i und j, so könnte man beide Seiten der Gleichung

$$p_1 \cdot p_2 \cdot \ldots \cdot p_r = q_1 \cdot q_2 \cdot \ldots \cdot q_s$$

durch dieses p_i dividieren und erhielte damit eine *kleinere* Zahl als a, die größer als 1 wäre und *verschiedene* Primfaktorzerlegungen besäße – im Widerspruch zur Minimaleigenschaft von a.
Also gilt speziell auch $p_1 \neq q_1$. Ohne Beschränkung der Allgemeinheit können wir annehmen

$$p_1 > q_1.$$

Wir bilden jetzt folgende Zahl:

$$n = (p_1 - q_1) \cdot p_2 \cdot p_3 \cdot \ldots \cdot p_r.$$

Wegen $p_1 > q_1$ ist $n \in \mathbb{N}$.
Es gilt $1 < n < a$, da gilt $p_1 - q_1 < p_1$. Daher besitzt n laut Voraussetzung eine *eindeutige* Primfaktorzerlegung.

---

[2] Wir haben schon im Kapitel III darauf hingewiesen, daß wegen des Wohlordnungsprinzips jede nichtleere Teilmenge der natürlichen Zahlen ein *kleinstes* Element besitzt. Daher ist hier die *Existenz* eines kleinsten Elements gesichert.

[3] Da die Anzahl der Primzahlen bei den Zerlegungen unterschiedlich sein kann, müssen wir zwei verschiedene Indizes (r, s) wählen.

Wir formen obige Zerlegung von n im folgenden geeignet um und gelangen so zu einem Widerspruch. Es gilt nämlich:

$$\begin{aligned}
n &= (p_1 - q_1) \cdot p_2 \cdot p_3 \cdot \ldots \cdot p_r \qquad (*) \\
&= \underbrace{p_1 \cdot p_2 \cdot p_3 \cdot \ldots \cdot p_r} - q_1 \cdot p_2 \cdot p_3 \cdot \ldots \cdot p_r \quad \text{(Distributivgesetz)} \\
&= \qquad a \qquad - q_1 \cdot p_2 \cdot p_3 \cdot \ldots \cdot p_r \\
&= \overbrace{q_1 \cdot q_2 \cdot q_3 \cdot \ldots \cdot q_s} - q_1 \cdot p_2 \cdot p_3 \cdot \ldots \cdot p_r \\
&= q_1 \cdot (q_2 \cdot q_3 \cdot \ldots \cdot q_s - p_2 \cdot p_3 \cdot \ldots \cdot p_r). \qquad (**)
\end{aligned}$$

Wegen (*) und (**) verfügen wir über *zwei* Darstellungen von n als Produkt *natürlicher Zahlen*. In der Darstellung (**) kommt die *Primzahl* q_1 in der Produktdarstellung von n als *ein* Faktor vor. Wegen der *Eindeutigkeit* der Primfaktorzerlegung muß auch die Produktdarstellung (*) so weiter zerlegt werden können, daß wir dort *ebenfalls* q_1 als Primfaktor erhalten. Wegen $p_i \neq q_j$ für $i = 1, 2, \ldots, r$ und $j = 1, 2, \ldots, s$ gilt aber speziell auch $q_1 \neq p_i$ (für $i = 2, 3, \ldots, r$). Also kann q_1 nur als Faktor in $p_1 - q_1$ „stecken". Das bedeutet:

$$q_1 \mid (p_1 - q_1)$$

$\Longrightarrow q_1 \mid p_1$ $\quad$ ($q_1 \mid q_1$; Summenregel)
$\Longrightarrow q_1 = p_1$ $\quad$ (p_1, q_1 Primzahlen!)

Dies steht im *Widerspruch* zu unserer früheren Aussage:

$$q_1 \neq p_1$$

Unsere *Annahme*, es gäbe mindestens eine natürliche Zahl größer als 1 mit zwei (oder mehr) verschiedenen Primfaktorzerlegungen führt also zu einem *Widerspruch*. Folglich war diese Annahme *falsch*. Also haben wir hiermit beweisen: Jede natürliche Zahl größer als 1 besitzt (bis auf die Reihenfolge der Faktoren) *genau eine* Primfaktorzerlegung.

Wegen Satz 3 können wir ab jetzt auch statt von *einer* Primfaktorzerlegung einer gegebenen Zahl $a > 1$ von *der* Primfaktorzerlegung dieser Zahl sprechen. Satz 3 liefert auch einen weiteren Grund, warum wir die Zahl 1 *nicht* zu den Primzahlen rechnen; denn wäre 1 eine Primzahl, so wäre der Hauptsatz falsch, besäße sogar *jede* natürliche Zahl beliebig viele verschiedene Primfaktorzerlegungen (Aufgabe 13), und es wären damit auch sämtliche im nächsten Abschnitt IV.3 gezogenen Folgerungen aus dem Hauptsatz falsch.

Satz 3 ist ein sehr wichtiger und zentraler Satz für die elementare Zahlentheorie – daher auch seine Bezeichnung als *Hauptsatz*. Wir können diesem Satz insbesondere auch entnehmen, daß die Primzahlen die multiplikativen *Bausteine* der natürlichen Zahlen sind, daß wir also alle natürlichen Zahlen (außer 1) multiplikativ aus den Primzahlen aufbauen können.

3 Folgerungen

Wir ziehen im folgenden einige interessante Folgerungen aus dem Hauptsatz.

3.1 Primzahlkriterium

Teilt eine Primzahl ein Produkt zweier natürlicher Zahlen, so teilt sie *mindestens einen* der beiden Faktoren. Diese Aussage gilt in dieser Form ausschließlich *nur* für Primzahlen, ist also eine charakteristische Eigenschaft der Primzahlen. Es gilt nämlich:

Satz 4 (**Primzahlkriterium**)
Die von 1 verschiedene natürliche Zahl d ist genau dann eine *Primzahl*, wenn für alle natürlichen Zahlen a, b gilt: Aus $d \mid a \cdot b$ folgt $d \mid a$ oder $d \mid b$.

Beispiele[4]

(1) Es gilt $6 \mid 3 \cdot 8$, da $3 \cdot 8 = 24$, aber $6 \nmid 3$ und $6 \nmid 8$. Für die *zusammengesetzte Zahl* 6 gilt also *nicht*, daß für *alle* natürlichen Zahlen a, b aus $6 \mid a \cdot b$ folgt $6 \mid a$ oder $6 \mid b$. Dabei können wir für die Zahl 6 durchaus viele Produkte angeben, bei denen sowohl die Voraussetzung (Beispiel $6 \mid 4 \cdot 12$) wie die Schlußfolgerung ($6 \mid 4$ oder $6 \mid 12$) wahr ist. Das *eine* angegebene Gegenbeispiel zeigt jedoch schon, daß die obige Aussage nicht für *alle* natürlichen Zahlen a, b stimmt.

(2) Es gilt $3 \mid 8 \cdot 27$, da $8 \cdot 27 = 216$ und $3 \mid 216$. Wegen $3 \mid 27$ gilt für die *Primzahl* 3:

Aus $3 \mid 8 \cdot 27$ folgt $3 \mid 8$ oder $3 \mid 27$.

[4] Wegen der Oder–Verknüpfung (Disjunktion), wegen der Verneinung der Disjunktion sowie wegen des Folgerungsbegriffs vgl. F. Padberg: Einführung in die Mathematik I, Arithmetik, Heidelberg 1997, S. 75f, 69ff, 99f.

(3) Es gilt $12 \mid 3 \cdot 4$, da $3 \cdot 4 = 12$, aber $12 \nmid 3$ und $12 \nmid 4$. Dieses Beispiel zeigt eine *Strategie* auf, wie wir generell bei *zusammengesetzten Zahlen* d zeigen können, daß bei ihnen *nicht* für alle natürlichen Zahlen gilt: Aus $d \mid a \cdot b$ folgt $d \mid a$ oder $d \mid b$. Wir müssen nur die zusammengesetzte Zahl d als Produkt zweier von 1 und d verschiedener Faktoren darstellen.

Beweis

(1) Es sei d eine Primzahl, und es gelte $d \mid a \cdot b$. Wir müssen zeigen: Dann gilt stets $d \mid a$ oder $d \mid b$. Für die Primzahl d gelte also $d \mid a \cdot b$. Also existiert stets eine natürliche Zahl n mit $n \cdot d = a \cdot b$. Wegen der Eindeutigkeit der Primfaktorzerlegung (Satz 3) muß die *Primzahl* d auch in der Primfaktorzerlegung von $a \cdot b$ vorkommen, also in der Primfaktorzerlegung von a *oder* b.

Also gilt $d \mid a$ oder $d \mid b$.

(2) Es gelte umgekehrt für die von 1 verschiedene natürliche Zahl d und für alle natürlichen Zahlen a, b: Aus $d \mid a \cdot b$ folgt $d \mid a$ oder $d \mid b$. Wir müssen zeigen: Dann ist d eine Primzahl. Wir führen diesen Beweis mit Hilfe der hierzu logisch gleichwertigen *Kontraposition*[5] und beweisen: Ist die von 1 verschiedene Zahl d *keine* Primzahl, dann gilt *nicht* für *alle* $a, b \in \mathbb{N}$: Aus $d \mid a \cdot b$ folgt $d \mid a$ oder $d \mid b$. Positiv formuliert müssen wir also zeigen, daß es in diesem Fall $a, b \in \mathbb{N}$ gibt mit $d \mid a \cdot b$, für die zugleich gilt $d \nmid a$ und $d \nmid b$. Dies können wir jedoch leicht analog zum vorstehenden Beispiel (3) zeigen: Ist $d \neq 1$ *keine* Primzahl, so können wir d als Produkt zweier Zahlen a und b mit $1 < a < d$ und $1 < b < d$ schreiben, also $d = a \cdot b$. Dann gilt $d \mid a \cdot b$, da $d \mid d$, aber zugleich gilt $d \nmid a$ und $d \nmid b$.

Hiermit haben wir auch die zweite Beweisrichtung gezeigt und insgesamt Satz 4 bewiesen.

Eine entscheidende Grundlage für die Gültigkeit von Satz 4 ist der Hauptsatz der elementaren Zahlentheorie, wie wir beim Beweisgang im Teil (1) schon direkt gesehen haben und wie auch folgendes Beispiel aus der Zahlenwelt $V = \{1, 4, 8, 12, 16, \ldots\}$ zeigt. Obwohl 8 eine *Primzahl* in V ist und $8 \mid 4 \cdot 16$ wegen $4 \cdot 16 = 64$ gilt, folgt in V *nicht* $8 \mid 4$ oder $8 \mid 16$.

[5] Vgl. F. Padberg: Einführung in die Mathematik I, Arithmetik, Heidelberg 1997, S. 100f.

3.2 Elemente und Elementanzahl von Teilermengen

Die Teilermenge von 8 – geschrieben $T(8)$ – besteht aus den Zahlen 1, 2, 4 und 8. Wir können die Teiler einer gegebenen natürlichen Zahl systematisch mit Hilfe der komplementären Teiler bestimmen[6] oder aber auch durch Rückgriff auf ihre Primfaktorzerlegung. Wegen der *Eindeutigkeit* der Primfaktorzerlegung können wir wegen $8 = 2^3$ alle Teiler von 2^3 folgendermaßen bestimmen:

- In der Primfaktorzerlegung aller Teiler von 8 kann *nur* die *Primzahl* 2 vorkommen.

- Der *Exponent* von 2 kann wegen $8 = 2^3$ für alle Teiler von 8 nicht größer als maximal 3 werden.

Also gilt für die Teilermenge von $8 = 2^3$: $T(2^3) = \{1, 2, 2^2, 2^3\}$. Hierbei können wir wegen $2^0 = 1$ auch 1 formal als Zweierpotenz notieren. Betrachten wir eine beliebige natürliche Zahl, die wir als Potenz p^n *einer* Primzahl p schreiben können, so gilt entsprechend für die Teilermenge von p^n: $T(p^n) = \{1, p, p^2, \dots, p^n\}$. Wegen des Beginns der Teilermengen von p^n mit der Zahl $1(= p^0)$ umfaßt die Teilermenge $T(2^3)$ genau $3 + 1 = 4$, die Teilermenge $T(p^n)$ genau $n + 1$ Teiler.

Die Zahl 72 besitzt die Teiler $1, 2, 3, 4, 6, 8, 9, 12, 18, 24, 36, 72$, die wir beispielsweise mit Hilfe der komplementären Teiler bestimmen können. Also gilt $T(72) = \{1, 2, 3, 4, 6, 8, 9, 12, 18, 24, 36, 72\}$. 72 besitzt die normierte Primfaktorzerlegung $72 = 2^3 \cdot 3^2$. Wir können auch hier – ähnlich wie im Sonderfall $8 = 2^3$ – sämtliche Teiler von $2^3 \cdot 3^2$ wegen der Eindeutigkeit der Primfaktorzerlegung der natürlichen Zahlen aufgrund folgender Überlegungen bestimmen:

- In der Primfaktorzerlegung der Teiler von 72 können wegen der Eindeutigkeit der Primfaktorzerlegung nur die Primzahlen 2 oder 3 vorkommen (selbstverständlich auch beide Primzahlen, jedoch keine hiervon verschiedenen Primzahlen).

- Die Exponenten können wegen $72 = 2^3 \cdot 3^2$ bei der Primzahl 2 nicht größer als maximal 3 und bei der Primzahl 3 nicht größer als maximal 2 werden.

In dem folgenden Rechteckschema lassen sich daher übersichtlich *alle* verschiedenen Teiler von $2^3 \cdot 3^2$ auflisten:

---

[6] Vgl. F. Padberg: Einführung in die Mathematik I, Arithmetik, Heidelberg 1997, S. 108f.

$\cdot$	$3^0(=1)$	3	3^2
$2^0(=1)$	1	3	3^2
2	2	$2 \cdot 3$	$2 \cdot 3^2$
2^2	2^2	$2^2 \cdot 3$	$2^2 \cdot 3^2$
2^3	2^3	$2^3 \cdot 3$	$2^3 \cdot 3^2$

Wegen der Eindeutigkeit der Primfaktorzerlegung sind wir sicher, daß auf verschiedenen Plätzen im Innern dieses Rechteckschemas stets *verschiedene* natürliche Zahlen stehen. (Würde nämlich im Innern dieses Rechteckschemas auf zwei verschiedenen Plätzen nach der Ausmultiplikation dieselbe Zahl stehen, so hätte diese Zahl zwei verschiedene Primfaktorzerlegungen.) Wegen der Vorüberlegungen vor diesem Rechteckschema sind wir ferner sicher, daß wir durch dieses Schema *alle* Teiler von 72 erhalten. Das Rechteckschema gestattet es uns, sehr leicht die *Anzahl der Teiler* von $72 = 2^3 \cdot 3^2$ anzugeben. Das Rechteckschema besteht wegen des Starts bei den Zweierpotenzen mit 2^0 und bei den Dreierpotenzen mit 3^0 im Innern aus $(3+1)$ Zeilen und $(2+1)$ Spalten. Also besitzt $72 = 2^3 \cdot 3^2$ genau $(3+1) \cdot (2+1)$, also 12 verschiedene Teiler.

Betrachten wir allgemein eine natürliche Zahl a, die wir als Produkt *zweier* verschiedener Primzahlen p und q mit den Exponenten m und n darstellen können, also $a = p^m \cdot q^n$, so können wir auch hier – entsprechend wie im Beispiel $72 = 2^3 \cdot 3^2$ – sämtliche Teiler stets in dem folgenden Rechteckschema darstellen:

	$q^0\,(=1)$	q	q^2	$\ldots$	q^n
$p^0\,(=1)$	1	q	q^2	$\ldots$	q^n
p	p	$p \cdot q$	$p \cdot q^2$	$\ldots$	$p \cdot q^n$
p^2	p^2	$p^2 \cdot q$	$p^2 \cdot q^2$	$\ldots$	$p^2 \cdot q^n$
$\vdots$	$\vdots$	$\vdots$	$\vdots$	$\vdots$	$\vdots$
p^m	p^m	$p^m \cdot q$	$p^m \cdot q^2$	$\ldots$	$p^m \cdot q^n$

Das Rechteckschema besteht wegen des Beginns mit p^0 bei den Potenzen von p aus $m+1$ Zeilen und wegen des Starts mit q^0 bei den Potenzen von q aus $n+1$ Spalten, umfaßt also im Innern insgesamt $(m+1)\cdot(n+1)$ Plätze. Wegen der Eindeutigkeit der Primfaktorzerlegung in $\mathbb{N}$ umfaßt dieses Rechteckschema *sämtliche* Teiler von $p^m \cdot q^n$. Ferner stehen aus diesem Grund auf verschiedenen Plätzen stets auch *verschiedene* Teiler von $p^m \cdot q^n$. Also besteht die Teilermenge $T(p^m q^n)$ *genau* aus $(m+1)\cdot(n+1)$ Teilern.

Wir haben hiermit insgesamt begründet

Satz 5
Die Teilermenge $T(a)$ der natürlichen Zahl $a = p^m$ besitzt genau $m+1$ Teiler, die Teilermenge $T(a)$ mit $a = p^m \cdot q^n$ besitzt genau $(m+1)\cdot(n+1)$ Teiler, wenn p und q verschiedene Primzahlen sind.

Bemerkungen

(1) Satz 5 liefert partiell (nämlich für *eine* der beiden Beweisrichtungen) eine Lösung des schon in I.3 mit *speziellen* Werten angesprochenen Problems der Bestimmung der Anzahl der Teiler gegebener natürlicher Zahlen.

(2) Der Satz 5 kann analog auch für Zahlen mit einer normierten Primfaktorzerlegung mit drei, vier ... Primzahlen formuliert und bewiesen werden[7]. Im Falle von drei verschiedenen Primzahlen können wir sämtliche Teiler – ähnlich wie im Fall von zwei verschiedenen Primzahlen – *drei*dimensional in ein Quaderschema eintragen. Bei vier oder mehr verschiedenen Primzahlen funktioniert diese Form der Darstellung nicht mehr.

(3) Satz 5 gilt nur wegen der *Eindeutigkeit* der Primfaktorzerlegung in $\mathbb{N}$, wie auch folgendes *Kontrastbeispiel* verdeutlicht. In der Zahlenwelt $V = \{1, 4, 8, 12, 16, \ldots\}$ ist die Primfaktorzerlegung bekanntlich *nicht* eindeutig. So hat beispielsweise 96 die beiden verschiedenen Primfaktorzerlegungen $96 = 8 \cdot 12$ und $96 = 4 \cdot 24$. 96 besitzt in V insgesamt die sechs Teiler $1, 4, 8, 12, 24, 96$. Satz 5 gilt also *nicht* in V; denn nach Satz 5 dürfte 96 wegen $96 = 8 \cdot 12 = 8^1 \cdot 12^1$ nur *vier* Teiler besitzen.

3.3 Hassediagramme von Teilermengen

Die Teilbarkeitsbeziehung zwischen mehreren Zahlen läßt sich durch *Pfeildiagramme* veranschaulichen. Dies haben wir schon knapp im Kapitel II.2 thematisiert. Hierzu ordnet man den gegebenen Zahlen eindeutig Punkte der Zeichenebene zu. Ist a ein Teiler von b, so zeichnet man einen Pfeil von a nach b, wie es das folgende Beispiel der Teilermenge $T(24) = \{1, 2, 3, 4, 6, 8, 12, 24\}$ verdeutlicht:

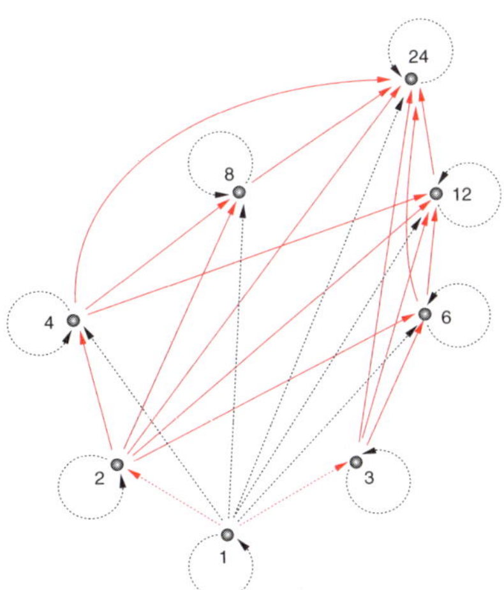

[7]Vgl. F. Padberg: Elementare Zahlentheorie, Heidelberg 1996, S. 25.

Pfeildiagramme sind nur bei *kleinen* Teilermengen übersichtlich. Schon dieses Diagramm läßt deutlich die *Grenzen* von Pfeildiagrammen erkennen. Da jedoch die Teilbarkeitsrelation – wie wir schon in Kapitel II bewiesen haben – reflexiv, symmetrisch und transitiv ist, können wir die Pfeildiagramme stark *vereinfachen*; denn es gilt:

(1) *Jeder* Punkt des Pfeildiagramms besitzt wegen der Reflexivität der Teilbarkeitsrelation einen Ringpfeil. Daher können wir hierauf ohne echten Informationsverlust verzichten.

(2) Da $1 \mid a$ für alle natürlichen Zahlen a gilt, geht von 1 zu *jeder* Zahl des Diagramms ein Pfeil. Auch auf diese (vielen) Pfeile kann weitgehend verzichtet werden.

(3) Zu zwei Pfeilen von a nach b und von b nach c gibt es wegen der Transitivität der Teilbarkeitsrelation *stets* einen Überbrückungspfeil, d. h. einen Pfeil, der a *direkt* mit c verbindet. Auch hierauf können wir ohne echten Informationsverlust verzichten und so das Pfeildiagramm insgesamt stark entlasten.

(4) Im Pfeildiagramm der Teilbarkeitsrelation gibt es wegen der Identitivität *keine* Doppelpfeile, d. h. keine Pfeile, die zugleich a mit b *und* b mit a verbinden. Daher können wir zusätzlich noch auf sämtliche Pfeilspitzen verzichten, wenn wir die gegebenen Zahlen so anordnen, daß alle Pfeile jeweils von unten nach oben zeigen.

Das so erhaltene Diagramm bezeichnen wir als *Hassediagramm*. Den starken Gewinn an Übersichtlichkeit verdeutlicht ein Vergleich des Pfeildiagramms von $T(24)$ mit dem nachstehenden *Hassediagramm* von $T(24)$:

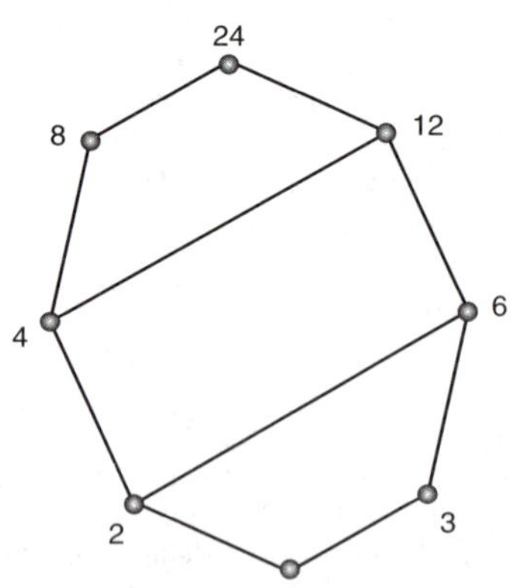

Es gibt viele – äußerlich verschiedene – Möglichkeiten, zu gegebenen Teilermengen Hassediagramme aufzuzeichnen. Die folgende *Typisierung* von Hassediagrammen von Teilermengen ist als Hintergrundwissen für den *Lehrer* von Bedeutung (leichte Aufgabenkonstruktion; Abschätzung des Schwierigkeitsgrades von Aufgaben). Dagegen wird man diese Typisierung im Unterricht – wenn überhaupt – erst zum Schluß ansprechen und dann durch die Schüler möglichst selbständig entdecken lassen, indem man ihnen „gleiche“ Hassediagramme verschiedener Teilermengen (z. B. Hassediagramme von $T(9)$ und $T(25)$ oder von $T(12)$ und $T(75)$) vorgibt und diese auf Gemeinsamkeiten untersuchen läßt.

Besonders einfache Hassediagramme besitzen die Teilermengen von $2, 3, 5, \ldots$, allgemein von *Primzahlen* p; denn sie haben die Form

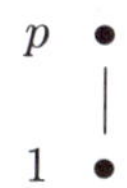

wobei wir p senkrecht oberhalb von 1 anordnen. (Selbstverständlich könnten wir p auch schräg links oder schräg rechts oberhalb von 1 anordnen).

Fast genau so leicht sind die Hassediagramme der Teilermengen von $4, 9, 25, \ldots$, allgemein von *Quadraten* p^2 *von Primzahlen* p; denn sie haben die Form:

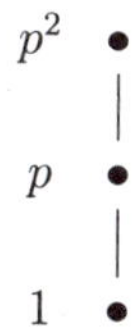

wobei wir die drei Teiler senkrecht übereinander anordnen und denselben Abstand zwischen 1 und p sowie zwischen p und p^2 wählen[8].

Betrachten wir allgemein Teilermengen $T(p^m)$ mit p Primzahl und $m \in \mathbb{N}$, so können wir sie stets folgendermaßen zeichnen:

---

[8] Selbstverständlich könnten wir p und p^2 auch schräg nach links oder schräg nach rechts oder im „Zick-Zack“ oberhalb von 1 anordnen.

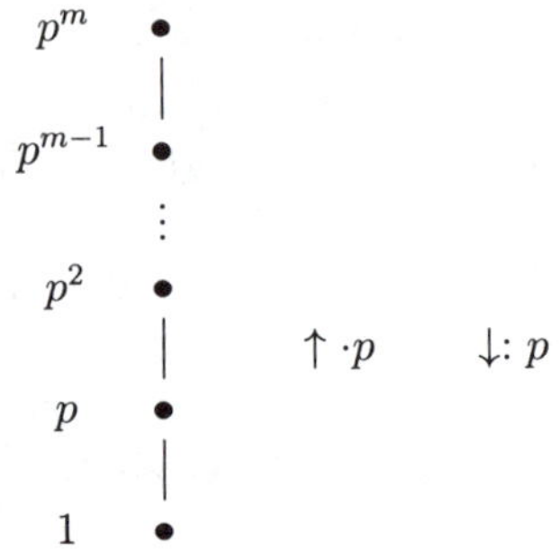

Wegen 3.2 wissen wir, daß wir hier *sämtliche* Teiler von p^m notiert haben. Wir sind auch sicher, daß wir bei diesen Hassediagrammen sämtliche Teiler auf *einer* „Kette" (ohne Verzweigungen) anordnen müssen. Für zwei beliebige Teiler a und b von p^m gilt nämlich stets entweder $a \mid b$ oder $b \mid a$, da beide Teiler Potenzen der Primzahl p mit einem Exponenten sind, der jeweils kleiner oder höchstens gleich dem Exponenten m ist. Dem Aufsteigen in der Kette entspricht jeweils ein Multiplizieren mit p, dem Absteigen ein Dividieren durch p.

Hassediagramme der Teilermengen von $6, 15, 21, \ldots$, allgemein von Zahlen, in deren Primfaktorzerlegung *zwei verschiedene* Primzahlen vorkommen, können wir *nicht* auf *einer* Kette anordnen. So gilt bei 6 weder $2 \mid 3$ noch $3 \mid 2$. Also können wir diese beiden Teiler von 6 *nicht* vertikal übereinander anordnen – und entsprechendes gilt für die Teiler p und q einer beliebigen Zahl $p \cdot q$, bei der p und q verschiedene Primzahlen sind. Wir ordnen sie daher folgendermaßen an:

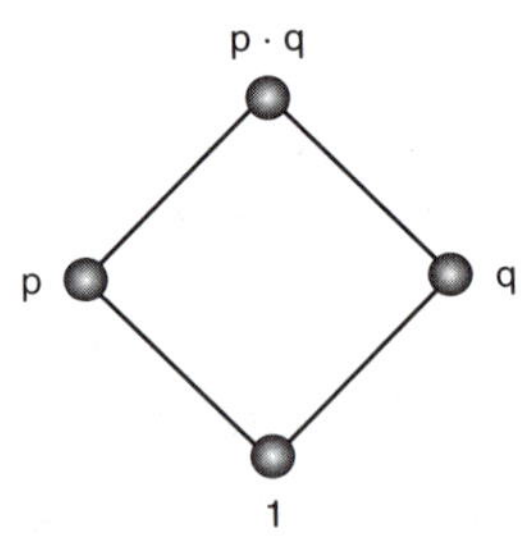

Ist die gegebene Zahl a darstellbar als Produkt der Potenzen p^m und q^n *zweier verschiedener* Primzahlen p und q, so können wir das zugehörige Hassediagramm bei geeigneter Anordnung der Teiler von a stets so aufzeichnen, wie wir dies hier genauer für die Teilermenge von $72 = 2^3 \cdot 3^2$ durchführen.

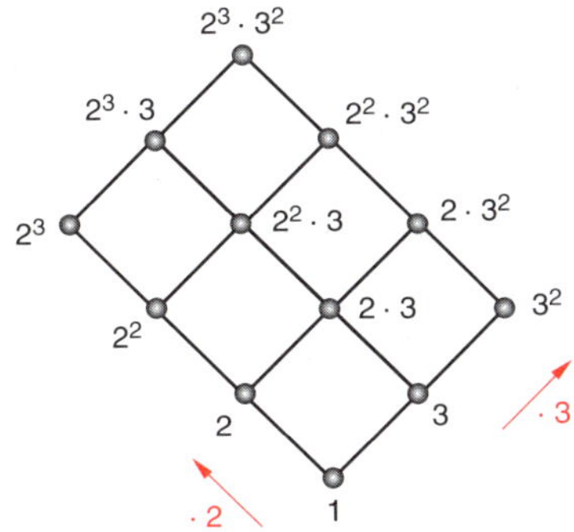

Wir erhalten das zugehörige Hassediagramm von $T(72)$ folgendermaßen: Zunächst ist es unmöglich, sämtliche Teiler von $72 = 2^3 \cdot 3^2$ auf *einer* Kette anzuordnen, da zum Beispiel weder gilt $2 \mid 3$ noch $3 \mid 2$. Wir können jedoch sämtliche Teiler von 2^3 bzw. 3^2 *jeweils* auf *einer* Kette anordnen. Wir lassen diese beiden Ketten *senkrecht* aufeinanderstehen und ordnen gleichzeitig die mit 3 bzw. 3^2 multiplizierten Elemente von $T(2^3)$ jeweils auf Ketten durch 3 bzw. 3^2 *parallel* zur Kette von $T(2^3)$ an. Ziehen wir schließlich noch *Parallelen* zu $T(3^2)$ durch $2, 2^2$ und 2^3, so erhalten wir ein sehr übersichtliches Hassediagramm von $T(2^3 \cdot 3^2)$. Es empfiehlt sich, für die Anordnung der Teiler auf den beiden ursprünglichen Ketten *gleiche* Abstände zu wählen, da sich dann das Hassediagramm aus Quadraten, und zwar aus $3 \cdot 2$ Quadraten, zusammensetzt und insgesamt die Form eines *Rechtecks* mit den Seitenlängen 3 bzw. 2 Längeneinheiten hat. In dem vorstehenden Diagramm kommen nach 3.2 *sämtliche* Teiler von $2^3 \cdot 3^2$ vor. Es sind aber auch *alle* erforderlichen Verbindungslinien zwischen den Teilern von $2^3 \cdot 3^2$ eingezeichnet; denn jede halblinks benachbarte Zahl ist nach Anlage des Diagramms das zweifache, jede halbrechts benachbarte Zahl das dreifache der gegebenen Zahl. *Weitere* Verbindungslinien können zwischen den Teilern nicht eingezeichnet werden; denn innerhalb jeder waagrechten „Zeile“ des Diagramms ist jede unmittelbar rechts benachbarte Zahl das $\frac{3}{2}$–fache ihres Vorgängers, also besteht zwischen diesen Zahlen *keine* Teilbarkeitsbeziehung.

Offensichtlich können wir entsprechend stets sehr übersichtlich Hassediagramme für beliebige Teilermengen $T(p^m q^n)$ mit *zwei verschiedenen Primzahlen* p und q sowie Exponenten $m, n \in \mathbb{N}$ anfertigen. In diesem Fall besteht das Hassediagramm aus $m \cdot n$ gleichgroßen Quadraten und hat insgesamt die Form eines *Rechtecks* mit den Seitenlängen m bzw. n Längeneinheiten, im Sonderfall $m = n$ die Form eines Quadrates. Das Aufsteigen in der ersten Richtung bedeutet stets ein Multiplizieren mit p, ein Aufsteigen innerhalb des Hassediagramms in der zweiten Richtung jeweils ein Multiplizieren mit q.

Bei den Hassediagrammen der Teilermengen von $30 = 2 \cdot 3 \cdot 5$, $42 = 2 \cdot 3 \cdot 7$ oder $105 = 3 \cdot 5 \cdot 7$ kommen wir mit *zwei* verschiedenen Ketten – und damit mit zwei Dimensionen – nicht mehr aus, wir brauchen vielmehr *drei* Dimensionen. Nehmen wir *drei beliebige, paarweise verschiedene Primzahlen* p, q und r und gehen wir entsprechend vor wie im zweidimensionalen Fall, so erhalten wir folgendes übersichtliches Hassediagramm beispielsweise für die Teilermengen von 30, 42 und 105:

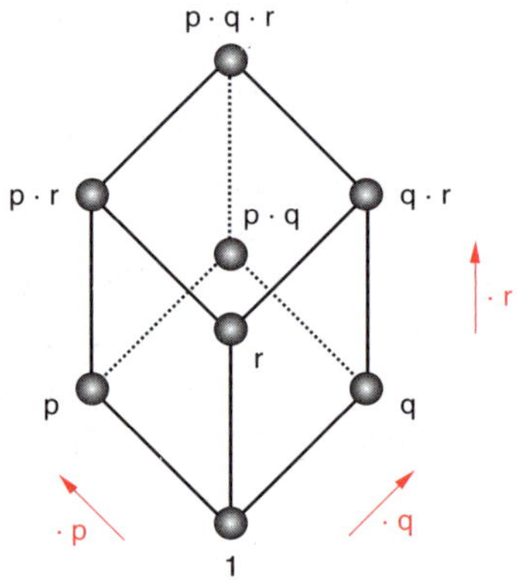

Das Hassediagramm von Teilermengen von Zahlen der Form $p^m \cdot q^n \cdot r$ besteht aus $m \cdot n$ Würfeln und hat insgesamt die Form eines *Quaders* mit den Seitenlängen m Längeneinheiten, n Längeneinheiten und 1 Längeneinheit. Beim Übergang zu Teilermengen von Zahlen der Form $p^m \cdot q^n \cdot r^2$ werden auf jedes Teilquadrat des Hassediagramms von $p^m \cdot q^n$ jeweils zwei Würfel , beim Übergang zu Teilermengen von Zahlen der Form $p^m \cdot q^n \cdot r^s$ werden auf jedes Teilquadrat jeweils s Würfel übereinander gestapelt. Das Hassediagramm besteht also in diesem Fall aus $m \cdot n \cdot s$ Würfeln und hat insgesamt die Form eines *Quaders* mit den Kantenlängen m, n und s Längeneinheiten, im Sonderfall $m = n = s$ die Form eines Würfels mit der Kantenlänge m Längeneinheiten. Genauso wie bei den Hassediagrammen von Teilermengen $T(p^m q^n)$ ist auch bei den Teilermengen $T(p^m q^n r^s)$ jede halblinks unmittelbar benachbarte Zahl das p-fache, jede halbrechts unmittelbar benachbarte Zahl das q-fache und jede nach oben hin unmittelbar benachbarte Zahl das r-fache der gegebenen Zahl.

Unser Verfahren der Konstruktion von sehr übersichtlichen Hassediagrammen versagt bei Zahlen mit *vier oder mehr*, paarweise verschiedenen Primfaktoren in ihrer Primfaktorzerlegung; denn für diese Hassediagramme benötigen wir vier oder mehr Dimensionen. Dies stört jedoch bei der praktischen Anwendung im Unterricht nicht, da beispielsweise nach diesen Verfahren die Hassediagramme sämtlicher Teilermengen $T(a)$ mit *ungeraden* $a < 1000$ konstruiert werden können, da die kleinste ungerade Zahl mit vier verschiedenen Primzahlen in ihrer Primfaktorzerlegung die Zahl $3 \cdot 5 \cdot 7 \cdot 11 = 1155$ ist. Für *gerade* $a < 1000$ versagt dieses Verfahren insgesamt 14-mal, das erste Mal allerdings erst für die Zahl $210 = 2 \cdot 3 \cdot 5 \cdot 7$.

3.4 Weiterer Ausblick

Ein wichtiges Kernstück bei der Behandlung der Teilbarkeitslehre im Mathematikunterricht ist die Bestimmung gemeinsamer Teiler, gemeinsamer Vielfacher, des größten gemeinsamen Teilers (ggT) sowie des kleinsten gemeinsamen Vielfachen (kgV) gegebener natürlicher Zahlen. Diese Begriffsbildungen werden in der anschließend im Unterricht behandelten *Bruchrechnung* beispielsweise beim Kürzen gegebener Brüche sowie beim Gleichnamigmachen etwa bei der Addition und Subtraktion von Brüchen benötigt. Für die Bestimmung der gemeinsamen Teiler, der gemeinsamen Vielfachen sowie insbesondere des ggT und des kgV mittels der Primfaktorzerlegung ist der Hauptsatz der elementaren Zahlentheorie die entscheidende Grundlage. Wir gehen im folgenden Kapitel hierauf noch genauer ein.

4 Aufgaben

(1) Bestimmen Sie jeweils alle Zerlegungen von 180 als Produkt von zwei, drei, vier oder fünf Faktoren.

(2) Bestimmen Sie drei möglichst verschiedene Zerlegungsbäume von 360.

(3) Bestimmen Sie alle Zerlegungsbäume von 72. Welche Beobachtung machen Sie jeweils bezüglich der Anzahl der Äste? Begründung?

(4) Nennen Sie jeweils vier verschiedene Zahlen, die den folgenden Zerlegungsbaum besitzen:

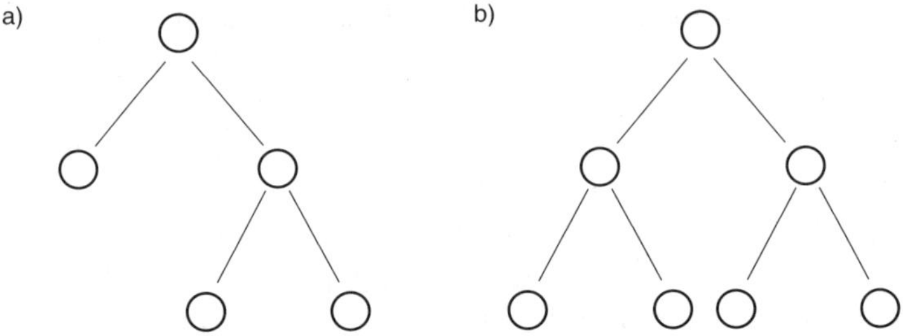

(5) Begründen Sie (ohne die Produkte auszurechnen): $13 \cdot 29 \neq 19 \cdot 23$.

(6) Begründen Sie (ohne die Produkte auszumultiplizieren), welche der folgenden Produkte auf jeden Fall verschiedene Ergebnisse liefern:

a) $4 \cdot 9 \cdot 7 \cdot 20 \cdot 25$ b) $6 \cdot 17 \cdot 4 \cdot 5 \cdot 25$

c) $8 \cdot 22 \cdot 24 \cdot 30$ d) $8 \cdot 12 \cdot 26 \cdot 15$

(7) Führen Sie in der Zahlenwelt $D = \{1, 3, 6, 9, 12, 15, \dots\}$ die Begriffe *Teiler in D* und *Primzahl in D* ein, und überprüfen Sie, ob die Primfaktorzerlegung der zusammengesetzten Zahlen in D eindeutig ist.

(8) Bestimmen Sie die normierten Primfaktorzerlegungen von

a) 300 b) 350 c) 1225

d) 1001 e) 1155 f) 3150

(9) Bestimmen Sie in der Aufgabe (8) jeweils den kleinsten, nichttrivialen Teiler.

(10) Begründen Sie, daß alle nichttrivialen Teiler der natürlichen Zahl a zwischen 1 und a liegen.

(11) Begründen Sie, warum im Beweisgang von Satz 2 im Fall 2 für n_1 gilt $1 < n_1 < a$.

(12) Begründen Sie, warum im Beweisgang von Satz 2 alle $n_1, n_2, n_3, \dots$ größer als 1 sind.

(13) Nennen Sie drei verschiedene Primfaktorzerlegungen von 24, *falls* wir 1 zu den Primzahlen zählen würden.

(14) Überprüfen Sie, ob Satz 4 in der multiplikativen Zahlenwelt $D = \{1, 3, 6, 9, 12, 15, \ldots\}$ gilt.

(15) Überprüfen Sie, ob Satz 5 in der Zahlenwelt $D = \{1, 3, 6, 9, 12, 15, \ldots\}$ gilt.

(16) Stellen Sie mit Hilfe der Primfaktorzerlegung sämtliche Teiler von

a) 405 b) 675 c) 21 609

übersichtlich in Form eines Rechteckschemas dar. Gehen Sie anhand dieser konkreten Beispiele auch auf den Zusammenhang zwischen den Exponenten in der normierten Primfaktorzerlegung einer Zahl und der Anzahl der Teiler dieser Zahl ein.

(17) Bestimmen Sie sämtliche Teiler folgender Teilermengen:

a) $T(p^2 \cdot q^4)$ b) $T(p^2 \cdot q \cdot r)$

(p, q, r paarweise verschiedene Primzahlen)

(18) Formulieren Sie – analog zu Satz 5 – eine Aussage über die Anzahl der Teiler von

a) $p^3 \cdot q^2 \cdot r$ b) $p^m \cdot q^n \cdot r$

mit paarweise verschiedenen Primzahlen p, q und r und $m, n \in \mathbb{N}$. Begründen Sie diese Aussage.

(19) Nennen Sie zunächst ein entsprechendes Beispiel, und beschreiben Sie danach alle natürlichen Zahlen mit genau 7 Teilern.

(20) Nennen Sie zunächst zwei unterschiedlich strukturierte Beispiele, und beschreiben Sie danach alle natürlichen Zahlen mit genau 6 Teilern.

(21) Nennen Sie zunächst zwei unterschiedlich strukturierte Beispiele, und beschreiben Sie danach alle natürlichen Zahlen mit genau 8 Teilern.

(22) Begründen Sie, warum es keine natürliche Zahl mit genau drei verschiedenen Primzahlen in ihrer Primfaktorzerlegung geben kann, die genau 6 Teiler besitzt.

(23) Überprüfen Sie die folgende Aussage zunächst an vier Beispielen, und begründen Sie dann: Jede Quadratzahl (ab 1) besitzt eine ungerade Anzahl von Teilern.

(24) Beweisen Sie:

Die natürliche Zahl n ist genau dann eine Quadratzahl, wenn alle Exponenten in der normierten Primfaktorzerlegung von n gerade sind.

(25) Zeichnen Sie jeweils ein Pfeildiagramm und ein Hassediagramm zu den Teilermengen

a) $T(36)$ b) $T(72)$

Erläutern und begründen Sie die Unterschiede zwischen diesen beiden Diagrammtypen.

(26) Zeichnen Sie das Hassediagramm von

a) $T(27)$ b)$T(625)$

(27) Zeichnen Sie das Hassediagramm von

a) $T(45)$ b) $T(200)$

c) $T(432)$ d) $T(288)$

(28) Zeichnen Sie das Hassediagramm von

a) $T(180)$ b) $T(9800)$

(29) Geben Sie jeweils drei Teilermengen an, die folgende Hassediagramme besitzen:

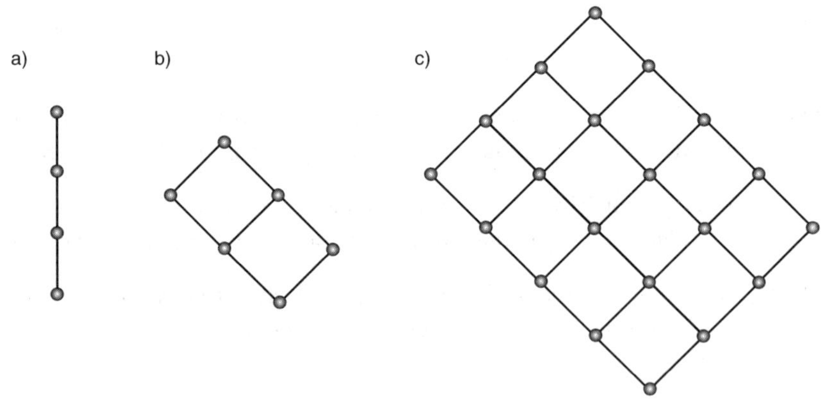

Tragen Sie jeweils eine Teilermenge ein.

(30) Nennen Sie sämtliche Zahlen zwischen 1 und 1000, bei denen unsere sehr übersichtliche Konstruktion von Hassediagrammen versagt.

(31) Welche Zahlen zwischen 1 und 1000 haben in ihrer Primfaktorzerlegung ausschließlich die Primfaktoren

a) 5 oder 7 b) 5 und 7.

V GgT und kgV

Die Begriffe *gemeinsame Teiler* und *größter gemeinsamer Teiler* (*ggT*) lassen sich mit Hilfe von *Teilermengen* sehr anschaulich einführen und auch gut durch Venndiagramme veranschaulichen, wie wir im *ersten* Abschnitt dieses Kapitels sehen werden. Allerdings stößt dieser Weg bei größeren oder teilerreichen Zahlen rasch an seine Grenzen. Hier führt das Verfahren über die *Primfaktorzerlegung* der gegebenen Zahlen wesentlich schneller zum Ziel (*zweiter* Abschnitt). Da es jedoch kein schnelles systematisches Verfahren zur Bestimmung der Primfaktorzerlegung einer gegebenen Zahl gibt, ist die Bestimmung der Primfaktorzerlegung *größerer* Zahlen immer noch relativ aufwendig. Hier führt der schon auf Euklid zurückgehende sogenannte *Euklidische Algorithmus* sehr rasch und elegant zum Ziel – *ohne* vorherige Bestimmung der Primfaktorzerlegung (*dritter* Abschnitt). In seiner einfachsten Form basiert dieser Algorithmus auf der wiederholten *Subtraktion* natürlicher Zahlen und läßt sich durch die Wegnahme von Strecken gut veranschaulichen. In seiner Standardversion beruht er auf der – ggf. wiederholten – Division natürlicher Zahlen. Das Verfahren mittels dieser *Division mit Rest* endet, wenn bei der Kette aufeinanderfolgender Divisionen zum ersten Mal ein Rest Null wird. Dieser letzten (oder auch schon der vorletzten) Gleichung können wir direkt den *ggT* entnehmen. Grundlegend für dieses Verfahren ist der ebenfalls im dritten Abschnitt geführte Nachweis, daß bei der Division mit Rest der Quotient und der Rest stets *eindeutig* bestimmt sind.

Durch Rückgriff auf den Euklidischen Algorithmus zeigen wir im *vierten* Abschnitt für das im Grundschulunterricht gut einsetzbare Spiel *Mathe-Golf* allgemein, ob wir bei gegebener Start- und Zielzahl sowie bei zwei gegebenen Golfschlägern stets von der Startzahl zur Zielzahl gelangen können oder ob es Fälle gibt, wo dieses nicht funktioniert, egal wie häufig wir auch die Golfschläger einsetzen. Hierzu beschreiben wir – nach einigen zunächst an konkreten Beispielen durchgeführten Überlegungen – die möglichen Schlagabfolgen beim Golfspiel mit Hilfe von Gleichungen mit zwei Variablen und beweisen so, wann *genau* eine Schlagabfolge von einer gegebenen Startzahl s zu einer Zielzahl z existiert und wann *nicht*. Gleichzeitig gewinnen wir so auch ein Lösbarkeitskriterium für sogenannte lineare diophantische Gleichungen mit zwei Variablen.

Analog zur Bestimmung der gemeinsamen Teiler und des *ggT* gegebener Zahlen mittels Teilermengen eignen sich auch *Vielfachenmengen* gut für eine anschauliche Einführung von *gemeinsamen Vielfachen* und des *kleinsten* gemeinsamen

Vielfachen (kgV) gegebener Zahlen (*fünfter* Abschnitt). Durch Rückgriff auf die *Primfaktorzerlegung* läßt sich auch die kgV-Bestimmung oft stark vereinfachen, wie wir im *sechsten* Abschnitt sehen werden. Ein dem Euklidischen Algorithmus entsprechendes Verfahren existiert allerdings *nicht* für die kgV-Bestimmung – zumindestens nicht direkt. Wegen des im *siebten* und letzten Abschnitt dieses Kapitels bewiesenen Zusammenhangs zwischen ggT und kgV können wir jedoch *indirekt* den Euklidischen Algorithmus benutzen, um so ebenfalls *ohne* vorherige Bestimmung der Primfaktorzerlegungen das kgV gegebener Zahlen zu bestimmen.

1 GgT und Teilermengen

Der *Begriff* des größten gemeinsamen Teilers (ggT) läßt sich am anschaulichsten mit Hilfe von Teilermengen einführen. Betrachten wir als Beispiel die Teilermengen von 18 und 24, also $T(18)$ und $T(24)$, so gilt:

$$T(18) = \{1, 2, 3, 6, 9, 18\}$$

$$T(24) = \{1, 2, 3, 4, 6, 8, 12, 24\}.$$

Offensichtlich sind die Zahlen 1, 2, 3 und 6 Teiler von 18 *und* Teiler von 24, also *gemeinsame Teiler* von 18 und 24. Mit Hilfe der Durchschnittsmengenbildung[1] können wir die *gemeinsamen* Teiler von 18 und 24 knapp in der Form $T(18) \cap T(24) = \{1, 2, 3, 6\}$ notieren.

Es fällt bei diesem Beispiel auf, daß die Menge der gemeinsamen Teiler von 18 und 24 keine ganz *beliebige* Menge ist, sondern speziell eine *Teilermenge* – und zwar in diesem Beispiel die Teilermenge $T(6)$. Daß dies allgemein bei Mengenoperationen *keineswegs* selbstverständlich ist, erkennen wir, wenn wir von den beiden gegebenen Mengen beispielsweise die *Vereinigungsmenge*[2] bilden. Wir erhalten $T(18) \cup T(24) = \{1, 2, 3, 4, 6, 8, 9, 12, 18, 24\}$ und erkennen, daß die Vereinigungsmenge von zwei Teilermengen zumindestens in diesem Beispiel *keine* Teilermenge ist. Es stellt sich die Frage, ob wir in unserem Beispiel bei der Durchschnittsmengenbildung nur zufällig als Ergebnis eine *Teilermenge* erhalten haben oder ob dies so vielleicht sogar generell gilt. Eine Antwort auf diese Frage geben wir im Abschnitt V.3.

Völlig analog zu dem konkreten Beispiel können wir allgemein definieren:

---

[1] Vgl. F. Padberg: Einführung in die Mathematik I, Arithmetik, Heidelberg 1997, S. 116.
[2] Vgl. F. Padberg: a. a. O., S. 124.

Definition 1 (gemeinsame Teiler, ggT)
Gegeben seien zwei Teilermengen $T(a)$ und $T(b)$ mit $a, b \in \mathbb{N}$. Die Elemente von $T(a) \cap T(b)$ nennen wir *gemeinsame Teiler* von a und b. Das größte Element von $T(a) \cap T(b)$ bezeichnen wir als *größten gemeinsamen Teiler* von a und b (kurz: $ggT(a, b)$).

Bemerkungen

(1) Da 1 Teiler jeder natürlichen Zahl ist, gilt stets $1 \in T(a) \cap T(b)$, d. h. die Menge $T(a) \cap T(b)$ ist *nicht leer*. Zwei natürliche Zahlen besitzen also stets mindestens 1 als gemeinsamen Teiler. Haben gegebene natürliche Zahlen a und b keine *weiteren* gemeinsamen Teiler, so sagen wir: Die Zahlen a und b sind *teilerfremd*. In diesem Fall gilt also $ggT(a, b) = 1$.

(2) Alle Teiler von a bzw. b sind kleiner oder höchstens gleich a bzw. b. Also gibt es nur *endlich viele* gemeinsame Teiler, von denen wir daher stets den *größten* gemeinsamen Teiler bestimmen können. Daher existiert zu $a, b \in \mathbb{N}$ stets der $ggT(a, b)$.

(3) Analog zur Definition 1 können wir auch die gemeinsamen Teiler und den größten gemeinsamen Teiler von *drei* oder *mehr* natürlichen Zahlen definieren.

(4) Durch Rückgriff auf die komplementären Teiler (vgl. II.1 (Def. 1)) können wir Teilermengen nicht zu großer Zahlen relativ leicht bestimmen[3].

Bei überschaubaren Teilermengen von *zwei* oder *drei* natürlichen Zahlen können wir die gemeinsamen Teiler und den größten gemeinsamen Teiler gut mit Hilfe von *Venndiagrammen* veranschaulichen. Bei *zwei* natürlichen Zahlen können insgesamt nur *zwei* verschiedene Diagrammtypen auftreten, die durch die folgenden beiden Beispiele verdeutlicht werden:

[3]Vgl. F. Padberg: Einführung in die Mathematik I, Arithmetik, Heidelberg 1997, S. 108 ff.

Typ I

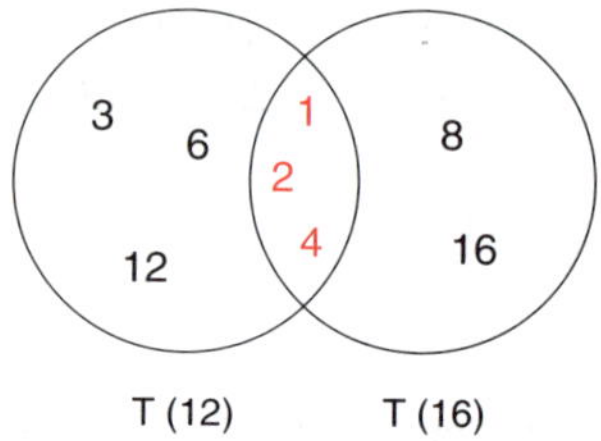

Typ II

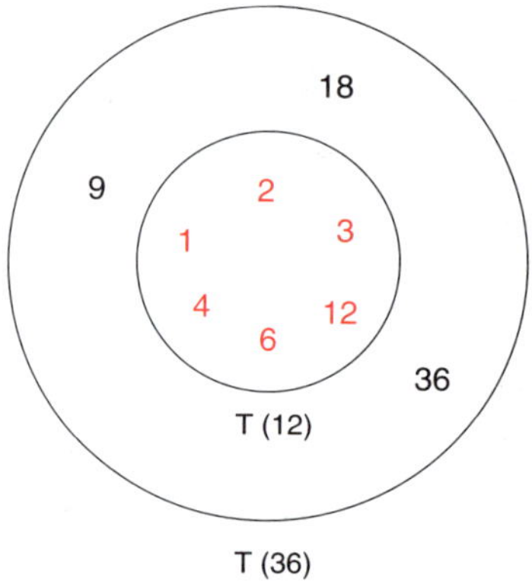

Der Typ II tritt genau dann auf, wenn die eine Teilermenge $T(a)$ eine *Teilmenge* der zweiten Teilermenge $T(b)$ ist (vgl. Aufgabe 3), in allen anderen Fällen hat das Venndiagramm die Form des Typs I. In der Schnittmenge liegt dann mindestens die Zahl 1 als gemeinsamer Teiler.

Aber auch bei der Bestimmung von gemeinsamen Teilern und des ggT von *drei* natürlichen Zahlen können Venndiagramme eingesetzt werden. Dieser Fall ist allerdings wesentlich aufwendiger und komplizierter als die entsprechende Untersuchung für zwei Zahlen. Wir betrachten exemplarisch ein Venndiagramm für *drei* Teilermengen (vgl. auch Aufgabe 4 und 5):

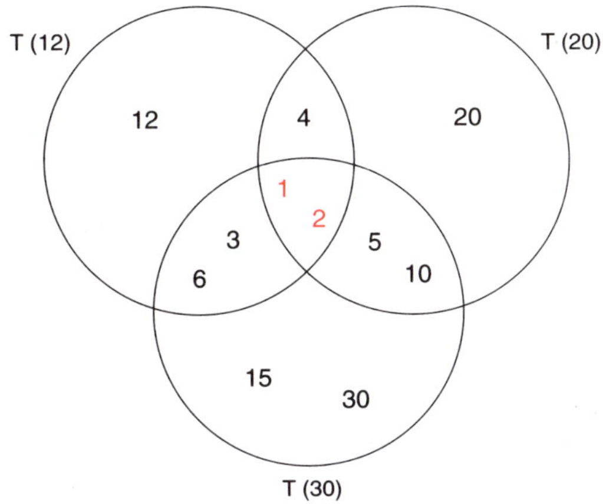

Diesem Venndiagramm können wir offensichtlich neben den gemeinsamen Teilern von 12, 20 und 30 auch übersichtlich die gemeinsamen Teiler von 12 und 20, von 12 und 30 sowie von 20 und 30 entnehmen. In dem Diagramm können wir ferner auch leicht all die Zahlen ablesen, die Teiler von 12 *oder* 20 *oder* 30 sind, die Teiler von 12, aber *nicht* von 20 und 30 sind, die Teiler von 20, aber *nicht* von 12, die Teiler von 12 *und* 20, aber *nicht* von 30 sind, um nur einige Beispiele zu nennen.

2 GgT und Primfaktorzerlegung

Die Bestimmung der gemeinsamen Teiler und des größten gemeinsamen Teilers zweier Zahlen mit Hilfe der zugehörigen Teilermengen ist bei größeren und teilerreichen Zahlen relativ mühsam. Durch Rückgriff auf die *Primfaktorzerlegung* läßt sich die Bestimmung dieser Teiler oft stark vereinfachen.

Beispiel

$a = 120 = 2^3 \cdot 3 \cdot 5, \qquad b = 3500 = 2^2 \cdot 5^3 \cdot 7$

Wegen der Eindeutigkeit der Primfaktorzerlegung enthalten sämtliche *Teiler* von 120 in ihrer Primfaktorzerlegung ausschließlich nur die Primzahlen 2, 3 oder 5, und zwar 2 höchstens in dritter Potenz sowie 3 und 5 höchstens in erster Potenz. Aus demselben Grund enthalten sämtliche *Teiler* von 3500 in ihrer Primfaktorzerlegung ausschließlich nur die Primzahlen 2, 5 oder 7, und

zwar 2 höchstens in zweiter, 5 höchstens in dritter und 7 höchstens in erster Potenz.
Daher können *gemeinsame Teiler* von 120 und 3500

(1) *keine* Primfaktoren enthalten, die *weder* in der Primfaktorzerlegung von 120 *noch* in der Primfaktorzerlegung von 3500 vorkommen, wie z. B. die Primzahlen 11, 13, ...; denn Zahlen mit beispielsweise 11 in der Primfaktorzerlegung teilen weder 120 noch 3500,

(2) *keine* Primfaktoren enthalten, die nur *entweder* in der Primfaktorzerlegung von 120 *oder* in der Primfaktorzerlegung von 3500 vorkommen, wie beispielsweise die Primzahlen 3 oder 7; denn Zahlen mit einer 3 in der Primfaktorzerlegung können keine Teiler von 3500 und Zahlen mit einer 7 in der Primfaktorzerlegung können keine Teiler von 120 sein. Diese Zahlen können daher keine *gemeinsamen* Teiler von 120 und 3500 sein,

(3) *keine* Primzahlpotenzen enthalten, die zwar in der Primfaktorzerlegung *beider* Zahlen vorkommen, deren Exponent jedoch *größer* ist als der kleinere von den beiden vorkommenden Exponenten (bzw. größer ist als die beiden gleichen Exponenten); denn Teiler von $3500 = 2^2 \cdot 5^3 \cdot 7$ können beispielsweise keine Potenzen der Primzahl 2 mit dem Exponenten 3 (oder gar höher) in ihrer Primfaktorzerlegung enthalten. Derartige Zahlen können daher keine *gemeinsamen* Teiler von 120 und 3500 sein.

Positiv formuliert enthalten also sämtliche *gemeinsamen Teiler* zweier gegebener Zahlen höchstens *die* Primzahlen in ihrer Primfaktorzerlegung, die *sowohl* bei der ersten *als auch* bei der zweiten Zahl in der Primfaktorzerlegung vorkommen (in unserem konkreten Beispiel also höchstens die Primzahlen 2 und 5). Als Exponent für diese Primzahlen kann jeweils maximal der *kleinere* von den beiden Exponenten genommen werden, sofern die beiden Exponenten verschieden sind, sonst der in beiden Fällen gleiche Exponent (in unserem Beispiel bei 2 also maximal der Exponent 2 und bei 5 maximal der Exponent 1).

Die *größte* Zahl, die wir hieraus bilden können, ist das Produkt aller gemeinsam vorkommenden Primzahlen mit den jeweils maximal möglichen Exponenten (in unserem Beispiel also das Produkt $2^2 \cdot 5$). Also ist der *größte gemeinsame Teiler* von 120 und 3500 die Zahl $20 = 2^2 \cdot 5$.

$$
\begin{array}{rcl}
a = 120 & = & 2^3 \cdot 3 \cdot 5 \\
b = 3500 & = & 2^2 \cdot 5^3 \cdot 7 \\
\hline
ggT\,(120,\, 3500) & = & 2^2 \cdot 5 \\
 & = & 20
\end{array}
$$

Allgemeine Vorgehensweise

Zur Bestimmung des $ggT(a, b)$ mit $a, b \in \mathbb{N}$ bestimmen wir von den beiden Zahlen a und b zunächst die Primfaktorzerlegung. Wir notieren anschließend *die* Primzahlen, die in *beiden* Primfaktorzerlegungen vorkommen. Sind bei diesen Primzahlen die Exponenten *verschieden*, so wählen wir den kleineren Exponenten, sind die Exponenten *gleich*, so wählen wir diesen gleichen Exponenten aus. Wir bilden das Produkt dieser so ausgewählten Primzahlpotenzen und erhalten so den $ggT(a, b)$. Die Begründung dafür, daß wir so den $ggT(a, b)$ erhalten, liefert im wesentlichen die Eindeutigkeit der Primfaktorzerlegung natürlicher Zahlen – genau so wie in dem konkreten Beispiel der Zahlen 120 und 3500. Gibt es *keine* Primzahl, die in den beiden Primfaktorzerlegungen *gemeinsam* vorkommt, so ist der größte gemeinsame Teiler der gegebenen Zahlen 1.

Beispiele

(1)
$$\begin{array}{rcl} 360 & = & 2^3 \cdot 3^2 \cdot 5 \\ 2100 & = & 2^2 \cdot 3 \cdot 5^2 \cdot 7 \\ \hline ggT\,(360{,}2100) & = & 2^2 \cdot 3 \cdot 5 \\ & = & 60 \end{array}$$

(2)
$$\begin{array}{rcl} 252 & = & 2^2 \cdot 3^2 \cdot 7 \\ 792 & = & 2^3 \cdot 3^2 \cdot 11 \\ \hline ggT\,(252{,}792) & = & 2^2 \cdot 3^2 \\ & = & 36 \end{array}$$

(3)
$$\begin{array}{rcl} 40 & = & 2^3 \cdot 5 \\ 693 & = & 3^2 \cdot 7 \cdot 11 \\ \hline ggT\,(40{,}693) & = & 1 \end{array}$$

Bemerkungen

(1) Erkennen wir in den zu untersuchenden Zahlen einen *gemeinsamen Faktor*, so können wir diesen zunächst herausziehen und so die ggT–Bestimmung mittels Primfaktorzerlegung stark vereinfachen, wie es die folgenden beiden Beispiele zeigen (vgl. auch Aufgaben 11 und 12):

$ggT\ (480, 840) = ggT\ (4 \cdot 120, 7 \cdot 120) =$
$120 \cdot ggT\ (4, 7) = 120 \cdot 1 = 120$

$ggT\ (2800, 3500) = ggT\ (28 \cdot 100, 35 \cdot 100) =$
$100 \cdot ggT\ (28, 35) = 100 \cdot 7 = 700$

(2) Entsprechend können wir auch die gemeinsamen Teiler und den größten gemeinsamen Teiler von *drei* (oder auch mehr) natürlichen Zahlen bestimmen (vgl. Aufgabe 10).

3 GgT und Euklidischer Algorithmus

Wir haben bislang *zwei* Wege zur Bestimmung der gemeinsamen Teiler und des *ggT* gegebener natürlicher Zahlen kennengelernt. Der Weg über die Durchschnittsmengenbildung von *Teilermengen* ist sehr anschaulich und daher zur Einführung gut geeignet, wird jedoch rasch bei größeren oder teilerreichen Zahlen ziemlich umständlich. In diesen Fällen führt das Verfahren über die *Primfaktorzerlegung* der gegebenen Zahlen wesentlich schneller zum Ziel. Allerdings ist die Bestimmung der Primfaktorzerlegung bei größeren Zahlen immer noch relativ mühsam, da hierfür kein schnelles systematisches Rechenverfahren existiert.

Die Bestimmung gemeinsamer Teiler und des *ggT* mit Hilfe des *Euklidischen Algorithmus* bietet den Vorteil, daß wir selbst bei größeren Zahlen *ohne* Kenntnis der Primfaktorzerlegung der gegebenen Zahlen sehr elegant und rasch den *ggT* bestimmen können. Dieser Ansatz bietet den zusätzlichen Vorteil, daß der (beweistechnisch nicht leichte) Hauptsatz der elementaren Zahlentheorie bei diesem Weg – im Gegensatz zum Weg über die Primfaktorzerlegung! – *nicht* benötigt wird.

In seiner einfachsten Form beruht dieser Algorithmus auf der wiederholten *Subtraktion* natürlicher Zahlen (vgl. V.3.1), in der anspruchsvolleren Version – und nur diese bezeichnet man als Euklidischen Algorithmus – beruht er auf der – ggf. wiederholten – *Division* natürlicher Zahlen („Division mit Rest"), wobei das Verfahren endet, wenn zum ersten Mal ein Rest bei der Kette von Divisionen Null wird. Bei diesem Verfahren notiert man üblicherweise die Division als multiplikative Zerlegung (vgl. V.3.2).

3.1 Subtraktives Verfahren

In seiner subtraktiven Form läßt sich der Algorithmus gut durch die Wegnahme von Strecken *geometrisch* veranschaulichen und begründen.
Veranschaulichen wir die Bestimmung der Teiler *einer* gegebenen natürlichen Zahl a geometrisch, indem wir nach all den geeigneten[4] *Teilstrecken (Maßen)* suchen, mit denen wir die gegebene Strecke der Länge a Längeneinheiten (LE) vollständig ausmessen können, so können wir auf diese Art durch *sämtliche* verschiedenen *Maße* für die gegebene Strecke *sämtliche Teiler* der zugeordneten Maßzahl erhalten. Auf diesem Weg können wir auch geometrisch–anschaulich die *gemeinsamen Teiler* und den *ggT zweier* Zahlen bestimmen, nämlich über die Frage nach den *gemeinsamen* Maßen zweier gegebener Strecken bzw. über die Frage nach dem *größten* gemeinsamen Maß.

Wir verdeutlichen im folgenden das subtraktive Verfahren am Beispiel der Bestimmung der gemeinsamen Teiler und des ggT von 70 und 90. Gesucht sind also alle gemeinsamen Maße und das *größte gemeinsame Maß* zweier Strecken der Länge 70 LE und 90 LE.

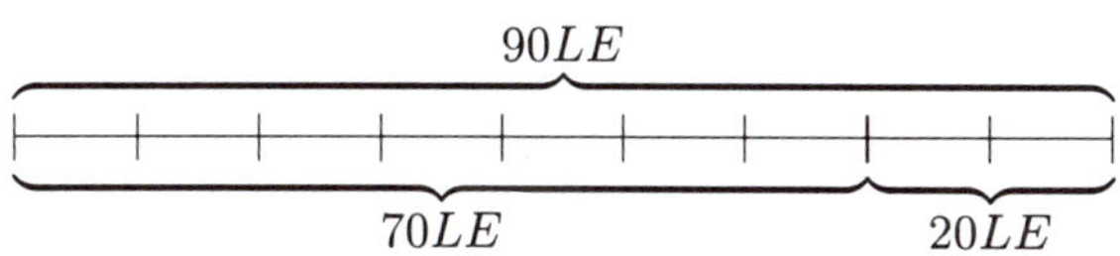

Die Zeichnung verdeutlicht: *Jedes* gemeinsame Maß, mit dem wir die Strecken der Länge 70 LE und 90 LE ausmessen können, muß auch schon zwangsläufig ein Maß der Strecke sein, die sich als Differenz dieser beiden Strecken ergibt, also der Länge 20 LE. (Wäre dies nämlich nicht der Fall, ergäbe sich sofort ein Widerspruch.) Es ist also auch ein *gemeinsames* Maß der Strecken der Länge 70 LE und 20 LE. Diese Aussage gilt für *jedes* gemeinsame Maß, also auch für das *größte* gemeinsame Maß. Statt also das größte gemeinsame Maß der Strecken der Länge 70 LE und 90 LE zu bestimmen, genügt es, das *leichter* zu bestimmende größte gemeinsame Maß der Strecken der Länge 20 LE und 70 LE zu bestimmen.

[4]Wir müssen hier allerdings – abweichend von der Wirklichkeit beim Messen – voraussetzen, daß nicht nur die gegebene Strecke sondern auch die Teilstrecke, mit der wir die gegebene Strecke ausmessen, Vielfache einer Einheitsstrecke sind, sie also jeweils ausschließlich *natürliche* Zahlen als Maßzahlen besitzen. Dies gilt keineswegs automatisch; denn wir können eine Strecke der Länge $10LE$ beispielsweise auch restlos ausmessen mit 4 Teilstrecken der Länge $2,5LE$.

Durch *entsprechende* Argumentation können wir weiter schließen: das größte gemeinsame Maß der Strecken der Länge 20 LE und 70 LE ist gleich dem (leichter zu findenden!) größten gemeinsamen Maß der Strecken der Länge 20 LE und 50 LE (= 70 LE − 20 LE):

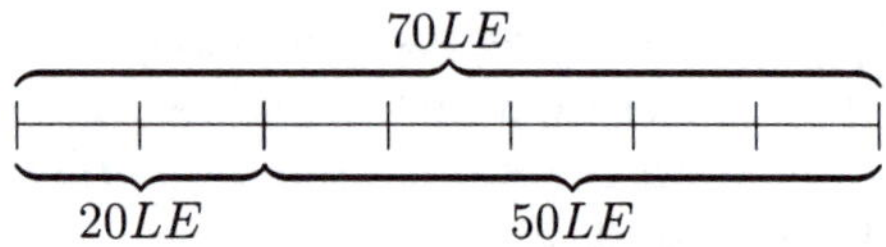

Dieses ist gleich dem größten gemeinsamen Maß der Strecken der Länge 20 LE und 30 LE (= 50 LE − 20 LE):

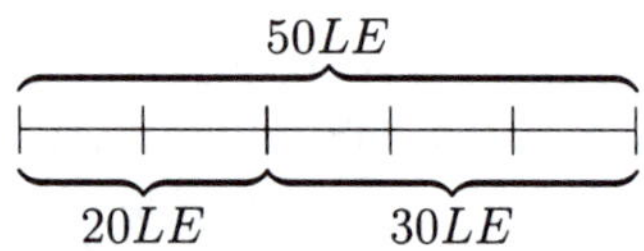

Und dieses ist gleich dem größten gemeinsamen Maß der Strecken der Länge 20 LE und 10 LE:

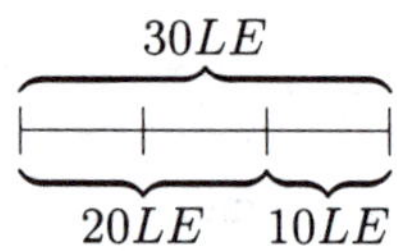

Dieses ist gleich dem größten gemeinsamen Maß der Strecken der Länge 10 LE und 10 LE (= 20 LE − 10 LE):

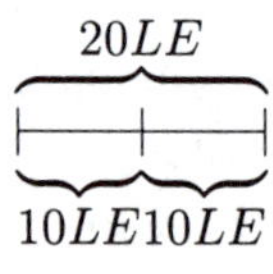

Das größte gemeinsame Maß dieser beiden Strecken ist 10 LE, also ist auch 10 LE das größte gemeinsame Maß der beiden Ausgangsstrecken der Länge 70 LE und 90 LE.

Übersetzen wir die vorstehenden geometrisch–anschaulichen Aussagen in die *ggT–Sprechweise*, so haben wir also gezeigt:

$ggT(70, 90)$
$= ggT(70, 90 - 70) = ggT(70, 20)$
$= ggT(70 - 20, 20) = ggT(50, 20)$
$= ggT(50 - 20, 20) = ggT(30, 20)$
$= ggT(30 - 20, 20) = ggT(10, 20)$
$= ggT(10, 20 - 10) = ggT(10, 10)$
$= 10$

Die anschaulich abgeleiteten Aussagen gelten nicht nur für das *größte* gemeinsame Maß, sondern für *alle* gemeinsamen Maße. Damit gilt auch für die *gemeinsamen Teiler*:

$T(70) \cap T(90) = T(70) \cap T(20) =$
$T(50) \cap T(20) = T(30) \cap T(20) =$
$T(10) \cap T(20) = T(10) \cap T(10) = T(10)$

Entsprechend wie den ggT können wir also auch die Menge aller gemeinsamen Teiler schrittweise einfacher bestimmen. Statt $T(70) \cap T(90)$ zu bestimmen, genügt es also, die (viel leichter überschaubare) Teilermenge $T(10)$ zu betrachten. Die Menge der gemeinsamen Teiler von 70 und 90 ist auch in diesem Beispiel (vgl. auch V.1) wiederum eine *Teilermenge*, und zwar die Teilermenge des $ggT(70, 90)$.

Das vorstehende Beispiel zeigt, wie wir einfach durch *wiederholte Subtraktion* den ggT zweier Zahlen bestimmen können, und zwar *ohne* zuvor die zugehörigen Teilermengen oder die zugehörigen Primfaktorzerlegungen bestimmen zu müssen; denn offensichtlich können wir völlig analog für beliebige natürliche Zahlen a, b mit $a > b$ geometrisch–anschaulich zeigen, daß stets $ggT(a, b) = ggT(a - b, b)$ gilt.

3.2 Euklidischer Algorithmus

In vielen Fällen ist allerdings die ggT–Bestimmung mittels wiederholter Subtraktion noch ziemlich langwierig, wie das folgende Beispiel verdeutlicht:

$ggT(460, 15) = ggT(460 - 15, 15)$
$= ggT(460 - 15 - 15, 15) = ggT(460 - 2 \cdot 15, 15)$
$= ggT(460 - 3 \cdot 15, 15) = ggT(460 - 4 \cdot 15, 15)$
$= ggT(460 - 5 \cdot 15, 15) = ggT(460 - 6 \cdot 15, 15)$

$= \ldots$
$= ggT(460 - 30 \cdot 15, 15) = ggT(10, 15) = ggT(10, 5)$
$= ggT(5, 5) = 5$

Diese monoton sich wiederholende Subtraktion des gleichen Subtrahenden läßt sich äußerst effektiv *abkürzen*, indem wir mittels *Division* feststellen, wie oft wir insgesamt im Bereich der natürlichen Zahlen 15 von 460 abziehen können. Dividieren wir 460 durch 15, so erhalten wir 30, und ein Rest 10 bleibt noch übrig, es gilt $460 = 30 \cdot 15 + 10$. Wir können also die Zahl 15 insgesamt 30mal von 460 abziehen und erhalten so:

$ggT(460, 15) = ggT(460 - 30 \cdot 15, 15) = ggT(10, 15)$
$= ggT(10, 5) = ggT(5, 5) = 5$

Bei vielen Zahlenkombinationen ist es sogar sinnvoll, *mehrfach* Divisionen durchzuführen, wie das folgende Beispiel zeigt:

$ggT(985, 160) = ?$

$985 = 6 \cdot 160 + 25$, daher
$ggT(985, 160) = ggT(985 - 6 \cdot 160, 160)$
$= ggT(25, 160) = ggT(160, 25)$

$160 = 6 \cdot 25 + 10$, daher
$ggT(160, 25) = ggT(160 - 6 \cdot 25, 25)$
$= ggT(10, 25) = ggT(25, 10)$
$= ggT(15, 10) = ggT(5, 10) = 5$

Also gilt insgesamt: $ggT(985, 160) = 5$.

Von diesem Beispiel aus ist es nur noch ein kleiner Schritt bis zur allgemeinen Form des Euklidischen Algorithmus. Daher zeigen wir zunächst an diesem konkreten Beispiel die *zentrale Beweisidee* zur Begründung des Euklidischen Algorithmus auf, bevor wir anschließend diese zentrale Beweisidee völlig analog in allgemeiner Form notieren.

Wir zeigen zunächst an dem *konkreten Beispiel*:
Wegen $985 = 6 \cdot 160 + 25$ gilt $T(985) \cap T(160) = T(160) \cap T(25)$,
d. h. die gemeinsamen Teiler von 985 *und* 160 stimmen völlig überein mit den

gemeinsamen Teilern (der kleineren Zahlen!) 160 *und* 25. Damit stimmt auch jeweils deren *größter* gemeinsamer Teiler überein, und es gilt insbesondere auch $ggT(985, 160) = ggT(160, 25)$.

Um die *Gleichheit*[5] der beiden Mengen $T(985) \cap T(160)$ und $T(160) \cap T(25)$ zu zeigen, weisen wir nach, daß *erstens jedes* Element von $T(985) \cap T(160)$ auch ein Element von $T(160) \cap T(25)$ ist und daß *zweitens* auch umgekehrt *jedes* Element von $T(160) \cap T(25)$ auch ein Element von $T(985) \cap T(160)$ ist.

Wir beginnen mit dem *ersten* Teil:
Sei $t \in T(985) \cap T(160)$, *t beliebig*. Dann gilt $t \mid 985$ und $t \mid 160$. Dann gilt nach der Produktregel (vgl. II.3 (Satz 6)) $t \mid 6 \cdot 160$, also wegen $t \mid 985$ und der Differenzregel (vgl. II.3 (Satz 5)) auch $t \mid (985 - 6 \cdot 160)$, also $t \mid 25$. Laut Voraussetzung gilt $t \mid 160$ und damit insgesamt $t \mid 160$ *und* $t \mid 25$, also $t \in T(160) \cap T(25)$. Folglich ist *jedes* Element von $T(985) \cap T(160)$ auch ein Element von $T(160) \cap T(25)$.

Im *zweiten* Teil zeigen wir umgekehrt:
Sei $t \in T(160) \cap T(25)$, *t beliebig*, dann gilt $t \mid 160$ und $t \mid 25$. Wegen der Produkt- und der Summenregel (vgl. II.3 Satz 6, Satz 5) gilt dann auch $t \mid (6 \cdot 160 + 25)$, also $t \mid 985$. Laut Voraussetzung gilt $t \mid 160$ und damit insgesamt $t \mid 160$ *und* $t \mid 985$, also $t \in T(985) \cap T(160)$. Folglich ist auch umgekehrt *jedes* Element von $T(160) \cap T(25)$ ein Element von $T(985) \cap T(160)$.

Damit gilt also *insgesamt* $T(985) \cap T(160) = T(160) \cap T(25)$.

Völlig analog können wir auch allgemein die folgende zentrale Beweisidee für den Euklidischen Algorithmus beweisen:

Satz 1
Seien $a, b \in \mathbb{N}$ mit $a > b$. Die Division von a durch b ergebe $a = q \cdot b + r$, wobei der Quotient $q \in \mathbb{N}$ sei und für den Rest r gelte $0 \leq r < b$. Dann gilt $T(a) \cap T(b) = T(b) \cap T(r)$, d. h. die Menge der gemeinsamen Teiler von a und b ist gleich der Menge der (leichter zu bestimmenden!) gemeinsamen Teiler von b und r.

[5] Vgl. F. Padberg: Einführung in die Mathematik I, Arithmetik, Heidelberg 1997, S. 123

Bemerkung

Um die *Gleichheit* der beiden Mengen $T(a) \cap T(b)$ und $T(b) \cap T(r)$ zu zeigen, weisen wir völlig analog wie im konkreten Beispiel nach, daß *erstens* jedes Element von $T(a) \cap T(b)$ auch ein Element von $T(b) \cap T(r)$ ist und daß *zweitens* auch umgekehrt jedes Element von $T(b) \cap T(r)$ ein Element von $T(a) \cap T(b)$ ist.

Beweis

Teil (1):

Sei $t \in T(a) \cap T(b)$, *t beliebig*. Dann gilt $t \mid a$ und $t \mid b$. Dann gilt nach der Produktregel (vgl. II.3 (Satz 6/6a)) $t \mid q \cdot b$, also wegen $t \mid a$ und der Differenzregel[6] (vgl. II.3 (Satz 5/5a)) auch $t \mid (a - q \cdot b)$, also $t \mid r$. Laut Voraussetzung gilt $t \mid b$ und damit insgesamt $t \mid b$ *und* $t \mid r$, also $t \in T(b) \cap T(r)$. Also ist *jedes* Element von $T(a) \cap T(b)$ auch Element von $T(b) \cap T(r)$.

Teil (2):

Sei $t \in T(b) \cap T(r)$, *t beliebig*, dann gilt $t \mid b$ und $t \mid r$. Wegen der Produkt– und Summenregel gilt dann auch $t \mid (q \cdot b + r)$, also $t \mid a$. Laut Voraussetzung gilt $t \mid b$ und damit insgesamt $t \mid a$ *und* $t \mid b$, also $t \in T(a) \cap T(b)$. Folglich ist auch umgekehrt *jedes* Element von $T(b) \cap T(r)$ ein Element von $T(a) \cap T(b)$.

Also gilt insgesamt $T(a) \cap T(b) = T(b) \cap T(r)$.

Anmerkung

Da $T(a) \cap T(b)$ und $T(b) \cap T(r)$ *gleich* sind, muß auch speziell das *größte* Element in beiden Durchschnittsmengen gleich sein. Das größte Element von $T(a) \cap T(b)$ ist der $ggT(a,b)$, das größte Element von $T(b) \cap T(r)$ ist der $ggT(b,r)$. Daher gilt also $ggT(a,b) = ggT(b,r) = ggT(r,b)$. Wegen $a = q \cdot b + r$ und damit auch $r = a - q \cdot b$ können wir dies auch notieren in der Form $ggT(a,b) = ggT(a - q \cdot b, b)$. Diese Aussage halten wir fest als

Satz 1a

Seien $a, b \in \mathbb{N}$ mit $a > b$. Die Division von a durch b ergebe $a = q \cdot b + r$ mit $q \in \mathbb{N}$ und $0 \leq r < b$. Dann gilt:

$$ggT(a,b) = ggT(a - q \cdot b, b)$$

[6] Wegen $a - q \cdot b = r$ und $r \geq 0$ gilt $a \geq q \cdot b$.

Beispiel

$ggT(651, 62) = ?$
Wegen $651 = 10 \cdot 62 + 31$ gilt nach Satz 1a
$ggT(651, 62) = ggT(651 - 10 \cdot 62, 62) =$
$ggT(31, 62) = 31$

So wie schon im konkreten Beispiel aufgezeigt, führt häufig die *einmalige* Anwendung von Satz 1/1a noch nicht zu *so* einfachen Zahlen b und r, daß wir den ggT leicht ablesen können. In diesem Fall müssen wir ggf. *mehrfach* Divisionen mit Rest (vgl. auch V.3.3) durchführen. Nennen wir die hierbei entstehenden Quotienten der Reihe nach $q_1, q_2, \ldots$, die hierbei entstehenden Reste der Reihe nach $r_1, r_2, \ldots$, so gilt:

Satz 2 (Euklidischer Algorithmus)
Seien $a, b \in \mathbb{N}$ mit $a > b$. Durch (ggf. mehrfache) Divisionen mit Rest erhalten wir stets eine – mit dem nach endlich vielen Schritten erstmalig auftretenden Rest 0 – *abbrechende* Kette von Gleichungen:

$$\begin{array}{lcl@{\qquad}l}
a & = & q_1 \cdot b + r_1 & 0 \le r_1 < b \\
b & = & q_2 \cdot r_1 + r_2 & 0 \le r_2 < r_1 \\
r_1 & = & q_3 \cdot r_2 + r_3 & 0 \le r_3 < r_2 \\
\vdots & & \vdots & \vdots \\
r_{n-2} & = & q_n \cdot r_{n-1} + r_n & 0 \le r_n < r_{n-1} \\
r_{n-1} & = & q_{n+1} \cdot r_n + 0 &
\end{array}$$

und es gilt

(1) $T(a) \cap T(b) = T(r_n)$ und (2) $ggT(a, b) = r_n$.

Bemerkungen

(1) Die Menge der gemeinsamen Teiler von a und b ist also gleich der Teilermenge des letzten, von Null verschiedenen Restes r_n in der Gleichungskette. Dieser *letzte*, von Null *verschiedene* Rest r_n ist der $ggT(a,b)$.

(2) Satz 2 führt nur dann zu einem *eindeutigen* Ergebnis, wenn bei der Division mit Rest Quotient und Rest stets *eindeutig* bestimmt sind und damit auch die Gleichungskette insgesamt eindeutig ist. Daß diese Voraussetzung erfüllt ist, beweisen wir im nächsten Abschnitt V.3.3.

Beweis

1. In der Gleichungskette werden die Reste beständig kleiner; denn es gilt $b > r_1 > r_2 > \ldots > r_n \geq 0$. Die Gleichungskette muß – da sämtliche Reste größer oder höchstens gleich Null sind – *spätestens* nach b Schritten mit einem Rest 0 abbrechen.

2. Die Anwendung von Satz 1 ergibt:

1. Gleichung:	$T(a) \cap T(b) = T(b) \cap T(r_1)$
2. Gleichung:	$T(b) \cap T(r_1) = T(r_1) \cap T(r_2)$
3. Gleichung:	$T(r_1) \cap T(r_2) = T(r_2) \cap T(r_3)$
⋮	⋮
vorletzte Gleichung:	$T(r_{n-2}) \cap T(r_{n-1}) = T(r_{n-1}) \cap T(r_n)$
letzte Gleichung:	$T(r_{n-1}) \cap T(r_n) = T(r_n) \cap T(0)$

In der Gleichungskette stimmt jeweils die rechte Seite einer Gleichung mit der linken Seite der *folgenden* Gleichung überein. Wegen $T(0) = \mathbb{N}_0$ (vgl. II.1 (Bemerkung (1) nach Definition 1) gilt für die rechte Seite der letzten Gleichung $T(r_n) \cap T(0) = T(r_n) \cap \mathbb{N}_0 = T(r_n)$. Wir erhalten somit durch die Anwendung von Satz 1 insgesamt:

$T(a) \cap T(b) = T(b) \cap T(r_1) = T(r_1) \cap T(r_2) =$

$T(r_2) \cap T(r_3) = \ldots = T(r_{n-2}) \cap T(r_{n-1}) =$

$T(r_{n-1}) \cap T(r_n) = T(r_n) \cap T(0) = T(r_n)$.

Also gilt insgesamt

(1) $T(a) \cap T(b) = T(r_n)$

Das *größte* Element von $T(a) \cap T(b)$ ist der $ggT(a, b)$, das *größte* Element von $T(r_n)$ ist r_n. Wegen der Gleichheit beider Mengen gilt also auch

(2) $ggT(a, b) = r_n$.

Hiermit ist Satz 2 vollständig bewiesen.

Bemerkungen

(1) Wegen Satz 2 können wir jetzt die in V.1 aufgeworfene Frage abschließend beantworten. Der Durchschnitt zweier Teilermengen ergibt stets wieder eine *Teilermenge* – und zwar die Teilermenge des zugehörigen ggT; denn nach Satz 2 gilt (1) $T(a) \cap T(b) = T(r_n)$ und (2) $ggT(a, b) = r_n$, also insgesamt $T(a) \cap T(b) = T(ggT(a, b))$.

(2) Aus $T(a) \cap T(b) = T(ggT(a, b))$ ergibt sich direkt, daß jeder gemeinsame Teiler von a und b auch ein Teiler des $ggT(a, b)$ ist.

Beispiele

(1) $ggT\ (8634, 738) = \ ?$

$$\begin{array}{rcrcr} 8634 & = & 11 \cdot 738 & + & 516 \\ 738 & = & 1 \cdot 516 & + & 222 \\ 516 & = & 2 \cdot 222 & + & 72 \\ 222 & = & 3 \cdot 72 & + & 6 \\ 72 & = & 12 \cdot 6 & + & 0 \end{array}$$

also: $ggT(8634, 738) = 6$

(2) $ggT\ (972, 432) = \ ?$

$$\begin{array}{rcrcr} 972 & = & 2 \cdot 432 & + & 108 \\ 432 & = & 4 \cdot 108 & + & 0 \end{array}$$

also: $ggT(972, 432) = 108$

(3) $ggT\,(9657, 549) = \ ?$

$$\begin{array}{rcrcr} 9657 & = & 17 \cdot 549 & + & 324 \\ 549 & = & 1 \cdot 324 & + & 225 \\ 324 & = & 1 \cdot 225 & + & 99 \\ 225 & = & 2 \cdot 99 & + & 27 \\ 99 & = & 3 \cdot 27 & + & 18 \\ 27 & = & 1 \cdot 18 & + & 9 \\ 18 & = & 2 \cdot 9 & + & 0 \end{array}$$

also: $ggT(9657, 549) = 9$.

3.3 Division mit Rest

Satz 2 führt offensichtlich nur dann zu einem eindeutigen Ergebnis, wenn bei der Division mit Rest Quotient und Rest stets *eindeutig* bestimmt sind. Wir wollen in diesen Abschnitt zeigen, daß dies – unter gewissen Voraussetzungen – stets zutrifft.

Dividieren wir beispielsweise 583 durch 37, so erhalten wir 15 als Quotienten, und es bleibt 28 als Rest übrig. Multiplikativ[7] aufgeschrieben erhalten wir also $583 = 15 \cdot 37 + 28$.

Gibt es noch *andere* Möglichkeiten, 583 als Summe aus einem Vielfachen von 37 und einem „Rest“ darzustellen? Bezeichnen wir den Faktor von 37 mit q und den „Rest“ mit r, so bedeutet dies, nach Lösungen der Gleichung $583 = q \cdot 37 + r$ zu suchen. Lassen wir für q und r beliebige ganze Zahlen zu, so besitzt diese Gleichung unendlich viele Lösungen. So gilt beispielsweise

$$\begin{array}{rcrcr} & \vdots & & & \\ 583 & = & 13 \cdot 37 & + & 102 \\ 583 & = & 14 \cdot 37 & + & 65 \\ 583 & = & 15 \cdot 37 & + & 28 \\ 583 & = & 16 \cdot 37 & - & 9 \\ 583 & = & 17 \cdot 37 & - & 46 \\ & \vdots & & & \end{array}$$

Vergleichen wir bei diesen Gleichungen die „Reste“, so sehen wir, daß nur in

[7] Wir verwenden hier die multiplikative Schreibweise und nicht die Restschreibweise $583 : 37 = 15$ Rest 28, da wir diese Schreibweise schon bei der Formulierung und dem Beweis von Satz 2 mit Gewinn benutzt haben.

einem Fall die uns vertraute Normierung der Reste erfüllt ist, daß nämlich der Rest kleiner ist als der Divisor (im Beispiel kleiner als 37) und zugleich nicht negativ.

Verlangen wir diese Normierung für den Rest, so sind bei der Division mit Rest der Quotient wie auch der Rest *stets eindeutig* bestimmt. Es gilt nämlich:

Satz 3 (Division mit Rest)
Zu $a, b \in \mathbb{N}$ gibt es stets *genau ein* Paar $q, r \in \mathbb{N}_0$, so daß $a = q \cdot b + r$ mit $0 \leq r < b$ gilt.

Bemerkung
Den Beweis von Satz 3 führen wir in zwei Teilen. Im *ersten* Teil zeigen wir, daß es zu $a, b \in \mathbb{N}$ stets *mindestens ein* Paar $q, r \in \mathbb{N}_0$ gibt, so daß $a = q \cdot b + r$ mit $0 \leq r < b$ gilt (*Existenzbeweis*). Im *zweiten* Teil zeigen wir, daß es zu $a, b \in \mathbb{N}$ stets *genau ein* Paar $q, r \in \mathbb{N}_0$ gibt, so daß $a = q \cdot b + r$ mit $0 \leq r < b$ gilt (*Eindeutigkeitsbeweis*).

Beweis

(1) **Existenzbeweis**

Wir unterscheiden zwei Fälle:

Fall 1 $a < b$

Es gilt $a = 0 \cdot b + a$.

Hierbei erfüllt $q = 0$ und $r = a$ die gestellten Anforderungen; denn es gilt $q, r \in \mathbb{N}_0$ und $0 \leq r < b$.

Fall 2 $a \geq b$

In Anlehnung an Kirsch[8] beschreiben wir im folgenden konstruktiv ein Rechenverfahren (einen Algorithmus), wie wir bei gegebenen $a, b \in \mathbb{N}$ mit $a \geq b$ stets geeignete $q, r \in \mathbb{N}_0$ finden können.

Schritt Nr.	Anfangs-wert	„Rest" nach der Subtraktion von b	Ist der „Rest" noch $\geq b$?
1	a	$a - b$	Ja! Weitermachen!
2	$a - b$	$a - 2b$	Ja! Weitermachen!
3	$a - 2b$	$a - 3b$	Ja! Weitermachen!
⋮	⋮	⋮	⋮
q	$a - (q-1) \cdot b$	$a - qb$	Nein! Ende!

[8]Vgl. A. Kirsch: Mathematik wirklich verstehen, Köln 1987, S. 30.

Das Verfahren beruht auf der wiederholten Subtraktion der Zahl b. Das Verfahren wird solange weiter fortgesetzt, wie der Rest nach der Subtraktion von b noch größer oder gleich b ist.

Das Verfahren beenden[9] wir, wenn *erstmalig* der Rest nicht mehr größer oder gleich b, also *kleiner* als b ist. Den im letzten Schritt Nr. q erhaltenen Rest bezeichnen wir mit r, also gilt $a - q \cdot b = r$. Wir erhalten damit auch $a = q \cdot b + r$ mit $q, r \in \mathbb{N}_0$ und $0 \leq r < b$. Für den Rest r im q–ten Schritt gilt nämlich auf jeden Fall $r \geq 0$; denn der „Rest" im vorhergehenden Schritt war ja noch größer oder gleich b, also gilt insgesamt $0 \leq r < b$. Wegen $a \geq b$ umfaßt das Rechenverfahren mindestens eine Zeile. Der *kleinste* Wert, den q in dem hier betrachteten 2. Fall annehmen kann, ist also $q = 1$. Also gilt insgesamt $q \in \mathbb{N}_0$.

Wir haben hiermit insgesamt gezeigt:

Zu $a, b \in \mathbb{N}$ gibt es stets *mindestens ein* Paar $q, r \in \mathbb{N}_0$, so daß $a = q \cdot b + r$ mit $0 \leq r < b$ gilt.

(2) **Eindeutigkeitsbeweis**

Es sei neben $a = q \cdot b + r$ mit $q, r \in \mathbb{N}_0$ und $0 \leq r < b$ auch $a = q_1 \cdot b + r_1$ mit $q_1, r_1 \in \mathbb{N}_0$ und $0 \leq r_1 < b$ eine *zweite* Darstellung, und es gelte ohne Beschränkung der Allgemeinheit[10] $q_1 \geq q$. Dann folgt $q_1 \cdot b \geq q \cdot b$, also $r_1 \leq r$. Wir subtrahieren seitenweise die beiden Darstellungen von a und erhalten so $0 = (q_1 - q) \cdot b + r_1 - r$ bzw. $r - r_1 = (q_1 - q) \cdot b$.

Wegen $(r - r_1) \in \mathbb{N}_0, (q_1 - q) \in \mathbb{N}_0$ und $b \in \mathbb{N}$ folgt hieraus $b \mid (r - r_1)$ mit $0 \leq r - r_1 < b$. Die einzige Zahl, die b im Zahlenabschnitt von 0 (einschließlich) bis b (ausschließlich) teilt, ist die Zahl Null, also gilt $r - r_1 = 0$ und damit $r = r_1$.

Einsetzen von $r - r_1 = 0$ in $r - r_1 = (q_1 - q) \cdot b$ ergibt $0 = (q_1 - q) \cdot b$.

Wegen $b \in \mathbb{N}$ folgt hieraus $q_1 - q = 0$, also $q_1 = q$. Die beiden Darstellungen stimmen also *völlig* überein.

[9] Im Beweis setzen wir voraus, daß jede streng monoton fallende Folge natürlicher Zahlen (die „Reste" in der vorletzten Spalte unseres Rechenschemas) nach endlich vielen Schritten abbricht. Diese Eigenschaft – genannt das Kettenprinzip (vgl. F. Padberg/R. Danckwerts/M. Stein: Zahlbereiche – Eine elementare Einführung, Heidelberg 1995, S. 18 ff) – ist eine wichtige Besonderheit der natürlichen Zahlen und gilt so *keineswegs* für beliebige Zahlenmengen. So gilt sie beispielsweise weder bei den ganzen Zahlen (Gegenbeispiel: $5, 2, -1, -4, -7, \ldots$) noch bei den Bruchzahlen (Gegenbeispiel: $1, \frac{1}{2}, \frac{1}{3}, \frac{1}{4}, \frac{1}{5}, \ldots$).

[10] Für den zweiten Fall $q_1 \leq q$ verläuft der Beweis völlig entsprechend (vgl. Aufgabe 16).

Wegen der durch (1) sichergestellten Existenz gibt es daher zu $a, b \in \mathbb{N}$ stets *genau ein* Paar $q, r \in \mathbb{N}_0$, so daß $a = q \cdot b + r$ mit $0 \leq r < b$ gilt.

Bemerkung

Für den Beweis von Satz 3 ist neben dem konstruktiv durch die Beschreibung eines Algorithmus erbrachten *Existenzbeweis* zusätzlich noch der durchgeführte *Eindeutigkeitsbeweis* notwendig. Der erste Beweisteil liefert durch den Algorithmus zwar jeweils für gegebene $a, b \in \mathbb{N}$ stets eindeutig bestimmte q und $r \in \mathbb{N}_0$. Dies bedeutet jedoch nicht, daß auch jeder *andere* Algorithmus zur Bestimmung des Quotienten und des Restes (zum Beispiel das aus der Schule vertraute schriftliche Divisionsverfahren) stets zwangsläufig dasselbe Ergebnis liefert. Dies ist erst durch den im zweiten Teil erbrachten Eindeutigkeitsbeweis gewährleistet.

4 Mathematisches Golf/Vielfache des ggT(a, b) und Linearkombinationen von a und b

Beim *mathematischen Golfspiel* starten wir bei einer fest gegebenen *Startzahl*, beispielsweise im folgenden ersten Beispiel bei der Zahl 1. Wir verfügen über zwei verschiedene *Golfschläger*, beispielsweise über die Schläger 4 und 5. Mit diesen beiden Schlägern können wir zunächst die Ausgangszahl und dann die nach einem Schlag jeweils erreichte Zahl um 4 bzw. 5 *vergrößern* oder auch *verkleinern*, solange wir mit unseren Schlägen auf dem Golfplatz, d. h. beim mathematischen Golf im Bereich der natürlichen Zahlen, bleiben. Sieger ist, wer die *Zielzahl*, beispielsweise die Zahl 23, mit *möglichst wenigen* Schlägen erreicht.

Wir untersuchen im folgenden an konkreten Beispielen, ob es bei gegebener Start- und Zielzahl und bei gegebenen Schlägern *verschiedene* erfolgreiche Schlagabfolgen gibt und wie wir von einer gefundenen erfolgreichen Schlagabfolge zu einer *minimalen* Schlagabfolge gelangen können. Ferner analysieren wir zunächst an konkreten Beispielen und später allgemein, ob wir bei gegebenener Start- und Zielzahl und bei zwei gegebenen Golfschlägern *stets* von der Startzahl zur Zielzahl gelangen können oder ob es Fälle gibt, wo dieses *nicht* funktioniert, egal wie häufig wir auch die Golfschläger einsetzen.

Beispiel 1
Startzahl: 1, Zielzahl: 23, Golfschläger: 4 und 5

Die folgenden Diagramme veranschaulichen zwei unterschiedliche Schlagabfolgen

Schlagabfolge 1 (und Variationen)

$$\begin{array}{ccccccccccccccc}
1 & \xrightarrow{+5} & 6 & \xrightarrow{+5} & 11 & \xrightarrow{+5} & 16 & \xrightarrow{+5} & 21 & \xrightarrow{+5} & 26 & & \\
 & & & & & & & & & & \downarrow{\scriptstyle -4} & & \\
 & & & & & & & & & & 22 & \xrightarrow{+5} & 27 \\
 & & & & & & & & & & & & \downarrow{\scriptstyle -4} \\
 & & & & & & & & & & & & 23
\end{array}$$

Hier sind *acht* Golfschläge nötig, um den Golfball in das Ziel zu schlagen. Wir erhalten *Variationen* zu dieser Schlagabfolge mit ebenfalls acht Schlägen, wenn wir beispielsweise die beiden Schläge -4[11] schon bei 11 ansetzen und dann vier Schläge $+5$ anschließen oder wenn wir die beiden Schläge -4 bei 16 ansetzen und dann drei Schläge $+5$ schlagen.

Schlagabfolge 2 (und Variationen)

$$\begin{array}{ccccccc}
 & & & & & & 23 \\
 & & & & & & \uparrow{\scriptstyle +5} \\
 & & & & & & 18 \\
 & & & & & & \uparrow{\scriptstyle +5} \\
1 & \xrightarrow{+4} & 5 & \xrightarrow{+4} & 9 & \xrightarrow{+4} & 13
\end{array}$$

Bei dieser Schlagabfolge sind nur *fünf* Golfschläge nötig, um den Golfball in das Ziel zu schlagen. Gleiches gilt auch für Variationen dieser Schlagabfolge, wenn wir beispielsweise die beiden Schläge $+5$ bei 1, 5 oder 9 ansetzen. Vervollständigen wir obige Schlagabfolge zu folgendem Zahlengitter,

[11] Mit dieser Kurzformulierung meinen wir, daß der Schläger 4 in diesem Fall eine *Verkleinerung* um 4 bewirken soll.

$$\begin{array}{ccccccc}
11 & \xrightarrow{+4} & 15 & \xrightarrow{+4} & 19 & \xrightarrow{+4} & 23 \\
\uparrow{\scriptstyle +5} & & \uparrow{\scriptstyle +5} & & \uparrow{\scriptstyle +5} & & \uparrow{\scriptstyle +5} \\
6 & \xrightarrow{+4} & 10 & \xrightarrow{+4} & 14 & \xrightarrow{+4} & 18 \\
\uparrow{\scriptstyle +5} & & \uparrow{\scriptstyle +5} & & \uparrow{\scriptstyle +5} & & \uparrow{\scriptstyle +5} \\
1 & \xrightarrow{+4} & 5 & \xrightarrow{+4} & 9 & \xrightarrow{+4} & 13
\end{array}$$

so können wir ihm leicht *sämtliche* Variationen der oben aufgezeichneten Schlagabfolge 2 mit jeweils *fünf* Golfschlägen entnehmen.

Beispiel 2
Startzahl: 22, Zielzahl: 29, Golfschläger: 3 und 5

Schlagabfolge 1

$$\begin{array}{ccccccccc}
22 & \xrightarrow{+3} & 25 & \xrightarrow{+3} & 28 & \xrightarrow{+3} & 31 & \xrightarrow{+3} & 34 \\
 & & & & & & & & \downarrow{\scriptstyle -5} \\
 & & & & & & & & 29
\end{array}$$

Bei der Schlagabfolge 1 und ihren Variationen sind *fünf* Golfschläge nötig, um den Ball in das Ziel zu schlagen.

Schlagabfolge 2

$$\begin{array}{ccccc}
22 & \xrightarrow{+5} & 27 & \xrightarrow{+5} & 32 \\
 & & & & \downarrow{\scriptstyle -3} \\
 & & & & 29
\end{array}$$

Bei der Schlagabfolge 2 und ihren Variationen sind nur *drei* Golfschläge notwendig.

Wir wollen im folgenden *systematisch* untersuchen, ob es mit den beiden Golfschlägern 3 und 5 noch weitere Schlagabfolgen von 22 nach 29 gibt, bei denen nur *drei* oder gar *weniger* Golfschläge erforderlich sind. Dazu zeichnen wir systematisch *alle* Zahlen auf, die wir mit den beiden Golfschlägern mit *höchstens drei* Schlägen erreichen können:

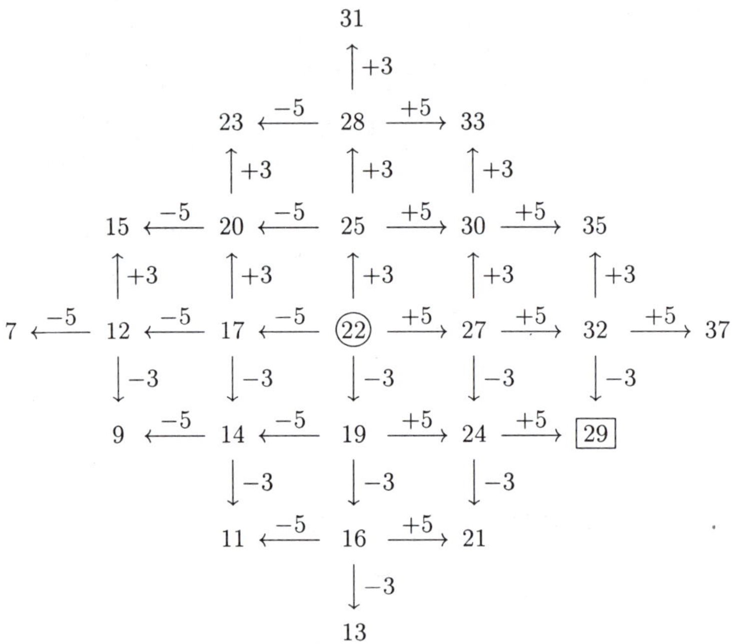

Wir entnehmen dem Zahlengitter, daß es nur *eine* Schlagabfolge (nebst Variationen) gibt, bei der wir von der Startzahl 22 die Zielzahl 29 mit drei Schlägen erreichen können, und daß es *keine* kürzere Schlagabfolge gibt.

Beispiel 3

Startzahl: 11, Zielzahl: 24, Golfschläger: 2 und 4

Die Golfschläger 2 und 4 führen uns ausgehend von der ungeraden Startzahl 11 immer wieder auf *ungerade* Zahlen. Wir können daher mit diesen beiden Schlägern nie die *gerade* Zielzahl 24 erreichen.

Mögliche Schlagabfolgen beim Golfspiel können wir auch mit Hilfe von *Gleichungen* bestimmen. Dieses Verfahren ist zwar wesentlich rascher, aber auch unanschaulicher als die bisher benutzten Zeichnungen. In dieser Form können wir ferner auch *allgemeine Kriterien* über die Existenz von Schlagabfolgen von einer Startzahl s zu einer Zielzahl z formulieren und begründen.

Beispiel 1
Startzahl: 1, Zielzahl: 23, Golfschläger: 4 und 5

Wir können offensichtlich genau dann von der Startzahl 1 mit den Golfschlägern 4 und 5 zur Zielzahl 23 gelangen, wenn wir die Zahl 22, also die Differenz $23-1$, in der Form $22 = x \cdot 4 + y \cdot 5$ mit $x, y \in \mathbb{Z}$ darstellen können, wenn wir also – wie man üblicherweise dazu sagt – 22 als *Linearkombination* von 4 und 5 darstellen können.

Durch probierendes Einsetzen finden wir u. a. folgende Lösungen obiger Gleichung:
$x = 3, y = 2; x = -2, y = 6$ oder auch $x = 8, y = -2$. Wir können also von der Startzahl 1 zur Zielzahl 23 u. a. durch drei Schläge +4 und zwei Schläge +5, durch zwei Schläge −4 und sechs Schläge +5 oder durch acht Schläge +4 und zwei Schläge −5 gelangen.

Beispiel 2
Startzahl: 22, Zielzahl: 29, Golfschläger: 3 und 5
Genau dann gelangen wir mit den Golfschlägern 3 und 5 von der Startzahl 22 zur Zielzahl 29, wenn wir die Zahl 7, also die Differenz $29 - 22$, als Linearkombination von 3 und 5 darstellen können, wenn es also ganze Zahlen x, y gibt mit der Eigenschaft $7 = x \cdot 3 + y \cdot 5$.

Durch probierendes Einsetzen finden wir u. a. folgende Lösungen: $x = -1$, $y = 2; x = 4, y = -1$ oder $x = -11$ und $y = 8$. Wir können also von der Startzahl 22 zur Zielzahl 29 durch einen Schlag −3 und zwei Schläge +5, durch vier Schläge +3 und einen Schlag −5 oder durch elf Schläge −3 und acht Schläge +5 gelangen.

Beispiel 3
Startzahl: 11, Zielzahl: 24, Golfschläger: 2 und 4
Wir gelangen genau dann mit den Golfschlägern 2 und 4 von der Startzahl 11 zur Zielzahl 24, wenn wir die Zahl 13, also die Differenz $24 - 11$, in der Form $13 = x \cdot 2 + y \cdot 4$ darstellen können. Vielfache von 2 und 4 sind jeweils gerade Zahlen, die Summe zweier gerader Zahlen ist ebenfalls eine *gerade* Zahl. Auf der rechten Seite der Gleichung stehen also stets *gerade* Zahlen, links steht mit der Zahl 13 eine *ungerade* Zahl. Folglich ist die Gleichung unlösbar, und wir

können daher mit den Golfschlägern 2 und 4 ausgehend von der Startzahl 11 nie die Zielzahl 24 erreichen.

Wir *verallgemeinern* im folgenden unsere Fragestellung. So gelangen wir auch bei zwei beliebigen gegebenen Golfschlägern a, b (mit $a, b \in \mathbb{N}$) und bei der Differenz d zwischen der Zielzahl z und der Startzahl s genau dann von der Startzahl s zur Zielzahl z, wenn es $x, y \in \mathbb{Z}$ gibt mit

$$d = x \cdot a + y \cdot b$$

Ist *speziell* d gleich dem *größten gemeinsamen Teiler* von a und b, gilt also $d = ggT(a, b)$, so können wir die Frage, wann genau wir mit den Schlägern a, b von s nach z erfolgreich schlagen können, leichter beantworten als im allgemeinen Fall. Wir beginnen daher mit diesem *Sonderfall.* Wie wir in V. 3.2 gesehen haben, können wir zu zwei beliebigen natürlichen Zahlen a und b mittels des Euklidischen Algorithmus stets den $ggT(a, b)$ bestimmen. So erhalten wir beispielsweise den $ggT(78, 726)$ folgendermaßen:

$$726 = 9 \cdot 78 + 24$$

$$78 = 3 \cdot 24 + 6$$

$$24 = 4 \cdot 6 + 0$$

also gilt $ggT(726, 78) = 6$.

Die Frage, ob wir beispielsweise vom Start 187 zum Ziel 193 (Differenz 6!) mit den beiden Schlägern 78 und 726 gelangen können, können wir jetzt leicht folgendermaßen positiv beantworten:

Lösen wir die *erste* Gleichung obiger Gleichungskette nach dem Rest 24 auf, so erhalten wir $24 = 726 - 9 \cdot 78$.
Auflösen der *zweiten* Gleichung nach dem Rest (und ggT) 6 ergibt
$6 = 78 - 3 \cdot 24$. Ersetzen wir hier 24 aufgrund der ersten Gleichung, so können wir zwangsläufig wegen der speziellen Anlage obiger Gleichungskette 6, also den ggT von 726 und 78, als Linearkombination von 726 und 78 darstellen:

$$\begin{aligned}
6 &= 78 &&- 3 \cdot 24\\
&= 78 &&- 3 \cdot (726 - 9 \cdot 78)\\
&= 78 &&- 3 \cdot 726 + 27 \cdot 78\\
&= 28 \cdot 78 &&- 3 \cdot 726\\
&= 28 \cdot 78 &&+ 3 \cdot (-726)
\end{aligned}$$

Mit 28 Schlägen +78 und 3 Schlägen −726 erreichen wir also beispielsweise ausgehend von der Startzahl 187 die Zielzahl 193.

Auch wenn bei der Bestimmung des ggT zweier gegebener Zahlen mit Hilfe des Euklidischen Algorithmus eine *längere* Gleichungskette erforderlich ist als bei dem vorstehenden besonders einfachen Beispiel, können wir stets *genau so* vorgehen, wie wir uns im folgenden zunächst an einem konkreten Beispiel und dann allgemein klarmachen werden.

$$\begin{aligned}
912 &= 1 \cdot 703 + 209\\
703 &= 3 \cdot 209 + 76\\
209 &= 2 \cdot 76 + 57\\
76 &= 1 \cdot 57 + 19\\
57 &= 3 \cdot 19 + 0
\end{aligned}$$

$$ggT(912, 703) = 19$$

Auflösen der *ersten* Gleichung nach dem Rest 209 ergibt $209 = 912 - 1 \cdot 703$. Auflösen der *zweiten* Gleichung nach dem Rest 76 und einsetzen für 209 aufgrund der ersten Gleichung ergibt eine Darstellung von 76 als Linearkombination von 703 und 912:

(*)
$$\begin{aligned}
76 &= 703 &&- 3 \cdot 209\\
&= 703 &&- 3 \cdot (912 - 1 \cdot 703)\\
&= 4 \cdot 703 &&- 3 \cdot 912
\end{aligned}$$

Auflösen der *dritten* Gleichung nach dem Rest 57 und einsetzen für 209 aufgrund der ersten Gleichung und für 76 aufgrund der vorstehenden Gleichung ergibt wegen der Anlage der Gleichungskette zwangsläufig eine Darstellung von 57 als Linearkombination von 703 und 912:

$$(**)\qquad \begin{aligned} 57 &= 209 && - \; 2 \cdot 76 \\ &= (912 - 1 \cdot 703) && - \; 2 \cdot (4 \cdot 703 - 3 \cdot 912) \\ &= 7 \cdot 912 && - \; 9 \cdot 703 \end{aligned}$$

Lösen wir die *vierte* Gleichung nach dem Rest 19, und damit nach dem ggT von 703 und 912, auf und ersetzen wir dort 57 aufgrund der vorstehenden Gleichung (**) und 76 aufgrund der Gleichung (*), so erhalten wir eine Darstellung des $ggT(912, 703)$ als Linearkombination von 912 und 703:

$$\begin{aligned} 19 &= 76 - 1 \cdot 57 \\ &= (4 \cdot 703 - 3 \cdot 912) - (7 \cdot 912 - 9 \cdot 703) \\ &= 13 \cdot 703 - 10 \cdot 912 \\ &= 13 \cdot 703 + 10 \cdot (-912) \end{aligned}$$

Mit 13 Schlägen +703 und 10 Schlägen −912 können wir also beispielsweise ausgehend von der Startzahl 1 die Zielzahl 20 oder ausgehend von einer beliebigen Startzahl eine um 19 größere Zielzahl erreichen.

Auch bei *beliebigen* Golfschlägern a und b und der Differenz d zwischen der Startzahl s und der Zielzahl z mit $ggT(a, b) = d$ können wir *stets* von der Startzahl aus die Zielzahl erreichen; denn es gilt:

Satz 4
Für alle $a, b \in \mathbb{N}$ gibt es $x, y \in \mathbb{Z}$
mit $\quad ggT(a, b) = x \cdot a + y \cdot b.$

Beweis
Lösen wir beim Euklidischen Algorithmus in Satz 2 die *erste* Gleichung nach dem Rest r_1 auf, so erhalten wir

$$\begin{aligned} & r_1 = a - q_1 \cdot b, \quad \text{also} \\ (*) \qquad & r_1 = x_1 \cdot a + y_1 \cdot b \,\text{mit}\, x_1 = 1 \,\text{und}\, y_1 = -q_1. \end{aligned}$$

Auflösen der *zweiten* Gleichung nach dem Rest r_2 und einsetzen für r_1 aufgrund der vorstehenden Gleichung (*) ergibt

$$\begin{aligned} r_2 &= b - q_2 \cdot r_1 \\ &= b - q_2 \cdot (x_1 \cdot a + y_1 \cdot b) \\ &= b - (q_2 \cdot x_1) \cdot a - (q_2 \cdot y_1) \cdot b \\ &= (1 - q_2 \cdot y_1) \cdot b - (q_2 \cdot x_1) \cdot a, \quad \text{also:} \end{aligned}$$

(**) $$r_2 = x_2 \cdot a + y_2 \cdot b \quad \text{mit} \quad x_2 = -q_2 \cdot x_1 \quad \text{und} \quad y_2 = 1 - q_2 \cdot y_1.$$

Wir können also nicht nur r_1, sondern auch r_2 als Linearkombination von a und b notieren.

Lösen wir jetzt die *dritte* Gleichung nach dem Rest r_3 auf und ersetzen r_1 durch (*) und r_2 durch (**), so erhalten wir:

$$\begin{aligned} r_3 &= r_1 - q_3 \cdot r_2 \\ &= (x_1 \cdot a + y_1 \cdot b) - q_3 \cdot (x_2 \cdot a + y_2 \cdot b) \\ &= x_1 \cdot a - (q_3 \cdot x_2) \cdot a + y_1 \cdot b - (q_3 \cdot y_2) \cdot b \\ &= (x_1 - q_3 \cdot x_2) \cdot a + (y_1 - q_3 \cdot y_2) \cdot b, \quad \text{also:} \end{aligned}$$

(***) $$r_3 = x_3 \cdot a + y_3 \cdot b \quad \text{mit} \quad x_3 = x_1 - q_3 \cdot x_2 \quad \text{und} \quad y_3 = y_1 - q_3 \cdot y_2.$$

Entsprechend können wir die *vierte* Gleichung nach dem Rest r_4 auflösen, r_2 und r_3 durch (**) und (***) ersetzen und so auch r_4 als Linearkombination von a und b darstellen. Analog können wir auch mit den Resten $r_5, r_6, \ldots, r_n$ verfahren. Wegen $r_n = ggT(a,b)$ können wir also auch stets den $ggT(a,b)$ als Linearkombination von a und b darstellen, es gibt also stets $x, y \in \mathbb{Z}$ mit $ggT(a,b) = x \cdot a + y \cdot b$.

Bemerkung
Satz 4 garantiert uns stets für alle $a, b \in \mathbb{N}$ die *Existenz* ganzer Zahlen x und y mit $ggT(a,b) = x \cdot a + y \cdot b$. Satz 4 behauptet *nicht*, daß es stets *genau ein* Paar derartiger ganzer Zahlen gibt, macht also *keine* Eindeutigkeitsaussage. An einfachen Beispielen kann man sich sofort klarmachen, daß die Darstellung nicht eindeutig ist (Beispiel: $ggT(3,6) = 3$; $3 = 1 \cdot 6 + (-1) \cdot 3$, $3 = 2 \cdot 6 + (-3) \cdot 3$, $3 = 3 \cdot 6 + (-5) \cdot 3, \ldots$).

Wir haben bislang abgeleitet, daß wir beim mathematischen Golf im *Sonderfall*, daß die Differenz d zwischen Start- und Zielzahl gleich dem größten gemeinsamen Teiler der beiden Golfschläger a und b ist, stets erfolgreich im Rahmen einer Schlagabfolge vom Start zum Ziel gelangen. Sind speziell a und *b teilerfremd*, gilt also $ggT(a, b) = 1$, so können wir darüberhinaus sogar von *jeder* Startzahl zu *jeder* Zielzahl gelangen – und keineswegs nur zu Zielzahlen, die um 1 größer sind als die Startzahl. Dies ergibt sich unmittelbar aus dem folgenden Satz.

Satz 5
Sind a und b *teilerfremde* natürliche Zahlen, gilt also $ggT(a, b) = 1$, so läßt sich *jede* natürliche Zahl darstellen als Linearkombination von a und b.

Beispiel

Wegen $ggT(7, 4) = 1$ gibt es nach Satz 4 ganze Zahlen x, y mit $1 = x \cdot 7 + y \cdot 4$. Es gilt: $1 = 3 \cdot 7 + (-5) \cdot 4$. Da wir diese Gleichung mit *jeder* beliebigen natürlichen Zahl multiplizieren können, können wir also auch beispielsweise 37, 128 oder 2340 als Linearkombination von 7 und 4 darstellen. Wir erhalten nämlich:

$$\begin{aligned} 37 &= (3 \cdot 37) \cdot 7 + ((-5) \cdot 37) \cdot 4 \\ &= 111 \cdot 7 + (-185) \cdot 4 \\ 128 &= (3 \cdot 128) \cdot 7 + ((-5) \cdot 128) \cdot 4 \\ &= 384 \cdot 7 + (-640) \cdot 4 \\ 2340 &= (3 \cdot 2340) \cdot 7 + ((-5) \cdot 2340) \cdot 4 \\ &= 7020 \cdot 7 + (-11700) \cdot 4 \end{aligned}$$

Beweis
Wegen $ggT(a, b) = 1$ gibt es nach Satz 4 $x, y \in \mathbb{Z}$ mit $x \cdot a + y \cdot b = 1$. Multiplizieren wir diese Gleichung mit einer beliebigen natürlichen Zahl n, so erhalten wir $(n \cdot x) \cdot a + (n \cdot y) \cdot b = n$, also können wir in diesem Sonderfall *jede* natürliche Zahl n darstellen als Linearkombination von a und b.

Bemerkung
Satz 5 gilt offensichtlich sogar für alle *ganzen* Zahlen.

Wir wissen bislang, daß wir mit zwei Golfschlägern a und b mit $d = ggT(a, b)$ von jeder Startzahl s zu jeder Zielzahl $s + d$ in einer Schlagabfolge schlagen können (vgl. Aufgabe 20). Können wir nur *genau* in diesen Fällen erfolgreich von der Startzahl zur Zielzahl gelangen oder gibt es noch *weitere* Fälle, wo dies auch möglich ist? Wir werden im folgenden diese Frage vollständig beantworten.

In Gleichungssprechweise formuliert haben wir bislang bewiesen: Wenn der größte gemeinsame Teiler von a und b gleich d ist, dann gibt es stets $x, y \in \mathbb{Z}$ mit $d = x \cdot a + y \cdot b$. Gilt auch die *Umkehrung* dieser Aussage? Wenn es zu einer natürlichen Zahl d $x, y \in \mathbb{Z}$ mit $d = x \cdot a + y \cdot b$ gibt, gilt dann stets $d = ggT(a, b)$? *Falls* auch die Umkehrung gilt, würde es *genau dann* zu einer natürlichen Zahl d $x, y \in \mathbb{Z}$ geben mit $d = x \cdot a + y \cdot b$, wenn gilt $d = ggT(a, b)$. Zur Abklärung dieser Frage führen wir zwei Abkürzungen ein:

(1) Die Menge der *ganzzahligen* Vielfachen einer Zahl a bezeichnen wir mit $M(a)$. So gilt beispielsweise $M(3) = \{\ldots, -6, -3, 0, 3, 6, \ldots\}$ oder $M(ggT(4, 6)) = M(2) = \{\ldots, -4, -2, 0, 2, 4, \ldots\}$. Die Menge $M(ggT(a, b))$ aller ganzzahligen Vielfachen des ggT zweier Zahlen a und b besteht aus allen Vielfachen der Form $z \cdot ggT(a, b)$ mit $z \in \mathbb{Z}$, also gilt $M(ggT(a, b)) := \{z \cdot ggT(a, b) \mid z \in \mathbb{Z}\}$.

(2) Die Menge *aller* Linearkombinationen zweier Zahlen a und b bezeichnen wir mit $L(a, b)$. So umfaßt die Menge aller Linearkombinationen beispielsweise von 3 und 4 unendlich viele Elemente, nämlich die Summe jeweils aus allen ganzzahligen Vielfachen von 3 und allen ganzzahligen Vielfachen von 4. So gehören zu $L(3, 4)$ unter anderem $7 = 1 \cdot 3 + 1 \cdot 4$, $26 = 2 \cdot 3 + 5 \cdot 4$, $294 = 38 \cdot 3 + 45 \cdot 4$, $14 = (-2) \cdot 3 + 5 \cdot 4$, $-16 = 4 \cdot 3 + (-7) \cdot 4$, $-113 = (-11) \cdot 3 + (-20) \cdot 4$ oder auch $0 = 0 \cdot 3 + 0 \cdot 4$. Allgemein besteht die Menge $L(a, b)$ aller Linearkombinationen von a und b aus allen Summen der Form $x \cdot a + y \cdot b$ mit $x, y \in \mathbb{Z}$, also gilt $L(a, b) := \{x \cdot a + y \cdot b \mid x, y \in \mathbb{Z}\}$.

Vergleichen wir speziell die Menge $L(3, 4)$ aller Linearkombinationen von 3 und 4 mit der Menge aller ganzzahligen Vielfachen des $ggT(3, 4)$, so erhalten wir folgendes Ergebnis

$M(ggT(3, 4)) = M(1) = \mathbb{Z}$

$L(3, 4) = \{x \cdot 3 + y \cdot 4 \mid x, y \in \mathbb{Z}\} = \mathbb{Z}$ (Satz 5 (Bemerkung)!)

In diesem *Spezialfall*, daß a und b *teilerfremd* sind, erhalten wir also in beiden Fällen die Menge $\mathbb{Z}$ *aller* ganzer Zahlen, stimmen also $L(3, 4)$ und $M(ggT(3, 4))$ überein. Überraschenderweise gilt die Gleichheit der beiden Mengen $L(a, b)$ und $M(ggT(a, b))$ nicht nur für diesen Spezialfall, sondern sogar *generell*, wie wir dem folgenden Satz entnehmen können:

Satz 6
Sei $L(a,b) = \{x \cdot a + y \cdot b \mid x, y \in \mathbb{Z}\}, M(ggT(a,b)) = \{z \cdot ggT(a,b) \mid z \in \mathbb{Z}\}$.
Dann gilt für alle $a, b \in \mathbb{N}$:

$$L(a,b) = M(ggT(a,b)).$$

Bemerkung

Die Gleichheit der beiden Mengen beweisen wir, indem wir zeigen: (1) Für alle $a, b \in \mathbb{N}$ gilt: $L(a,b) \subseteq M(ggT(a,b))$ *und* (2) Für alle $a, b \in \mathbb{N}$ gilt: $M(ggT(a,b)) \subseteq L(a,b)$[12]. Die Teilmengenbeziehung weisen wir jeweils nach, indem wir zeigen, daß *jedes* Element der ersten Menge auch ein Element der zweiten Menge ist. Beim Beweis kürzen wir $L(a,b)$ durch L und $M(ggT(a,b))$ durch M ab.

Beweis

(1) Wir beweisen zunächst, daß stets M eine Teilmenge von L ist.

Sei c ein beliebiges Element aus M, dann existiert ein $z \in \mathbb{Z}$ mit $c = z \cdot ggT(a,b)$. Wegen Satz 4 wissen wir, daß es für alle $a, b \in \mathbb{N}$ stets $x, y \in \mathbb{Z}$ gibt mit $ggT(a,b) = x \cdot a + y \cdot b$, also gilt auch $c = z \cdot (x \cdot a + y \cdot b)$, folglich auch $c = (z \cdot x) \cdot a + (z \cdot y) \cdot b$. Mit $z, x, y \in \mathbb{Z}$ sind auch $z \cdot x$ und $z \cdot y$ ganze Zahlen. Also ist ein beliebiges Element c aus M stets darstellbar als Linearkombination von a und b, daher gilt stets $c \in L$. *Jedes* Element von M ist also jeweils auch ein Element von L, daher gilt stets $M \subseteq L$.

(2) Wir beweisen jetzt, daß auch umgekehrt stets L eine Teilmenge von M ist. Sei c ein beliebiges Element aus L. Dann können wir c als Linearkombination von a und b darstellen. Es gibt also $x, y \in \mathbb{Z}$ mit $c = x \cdot a + y \cdot b$. Nach der Produktregel der Teilbarkeitsrelation (vgl. Kap. II.3 (Satz 6/6a)) folgt aus $ggT(a,b) \mid a$ auch $ggT(a,b) \mid x \cdot a$ und aus $ggT(a,b) \mid b$ auch $ggT(a,b) \mid y \cdot b$. Nach der Summenregel (vgl. Kap. II.3, (Satz 3/3a)) ergibt sich hieraus $ggT(a,b) \mid x \cdot a + y \cdot b$, also $ggT(a,b) \mid c$. Daher können wir c darstellen in der Form $c = z \cdot ggT(a,b)$ mit $z \in \mathbb{Z}$, also gilt $c \in M$. *Jedes* Element von L ist also jeweils auch ein Element von M, daher gilt stets $L \subseteq M$.

Wegen (1) und (2) ist also $L = M$.

[12]Vgl. F. Padberg: Einführung in die Mathematik I, Arithmetik, Heidelberg 1997, S. 119, S. 123.

Satz 6 können wir in Verbindung mit Satz 4 umformulieren und erhalten so beim mathematischen Golf eine *vollständige* Antwort auf die Frage, wann genau wir bei gegebenen Schlägern a und b von der Startzahl s zu einer Zielzahl $z = s + d$ mit einer Schlagabfolge erfolgreich gelangen können.

Satz 7

(1) Für alle $a, b \in \mathbb{N}$ gibt es $x, y \in \mathbb{Z}$ mit $ggT(a, b) = x \cdot a + y \cdot b$. Hierbei ist der $ggT(a, b)$ die *kleinste natürliche* Zahl, die wir als Linearkombination von a und b darstellen können.

(2) Eine Zahl $c \in \mathbb{Z}$ ist genau dann als Linearkombination von a und b darstellbar, wenn c ein ganzzahliges Vielfaches vom $ggT(a, b)$ ist.

Beispiele (Mathematisches Golf)

Da der $ggT(16, 40)$ gleich 8 ist, können wir 8 darstellen als Linearkombination von 16 und 40. Es gibt also $x, y \in \mathbb{Z}$ mit $8 = x \cdot 16 + y \cdot 40$. So gilt beispielsweise $x = -2$ und $y = 1$.
Wir können daher von jeder Startzahl s aus die Zielzahl $z = s + 8$ mit zwei Schlägen -16 und einem Schlag $+40$ erreichen, also beispielsweise von der Startzahl 1 aus die Zielzahl 9. Wegen Satz 7 überschauen wir jetzt sogar vollständig *alle* Zielzahlen, die wir beispielsweise mit den beiden Golfschlägern 16 und 40 erreichen können. So ist nach Satz 7 neben 8 auch 16, 24, 32, 40, ... sowie $(0), -8, -16, -24, -32, -40, \ldots$ als Linearkombination von 16 und 40 darstellbar, während *alle übrigen* ganzen Zahlen – wie z. B. 1, 2, 3, 4, 5, 6, 7 oder 9, 10, 11, 12, 13, 14, 15 – *nicht* darstellbar sind als Linearkombination von 16 und 40. Mit den beiden Golfschlägern 16 und 40 können wir also ausgehend von jeder Startzahl s jeweils die Zielzahlen $s \pm 8, s \pm 16, s \pm 24, s \pm 32, \ldots$ erreichen, während alle *übrigen* Zielzahlen mit diesen beiden Golfschlägern *nicht* erreicht werden können.

Bemerkung

Ausdrücke der Form $ggT(a, b) = x \cdot a + y \cdot b$ mit $x, y \in \mathbb{Z}$ und jeweils fest gegebenen $a, b \in \mathbb{N}$ können auch als lineare Gleichungen mit zwei Variablen mit Paaren ganzer Zahlen als Grundmenge gedeutet werden. Derartige Gleichungen bezeichnet man nach Diophant, der um 250 in Alexandria lebte, als *lineare diophantische Gleichungen*. Satz 7 kann daher auch als Lösbarkeitskriterium für lineare diophantische Gleichungen mit zwei Variablen formuliert werden:

Satz 8
Die lineare diophantische Gleichung $a \cdot x + b \cdot y = c$ ist genau dann *lösbar*, wenn c ein ganzzahliges Vielfaches des $ggT(a, b)$ ist (bzw. wenn gilt $ggT(a, b) \mid c$).

Beispiele

Die lineare diophantische Gleichung $2x + 4y = 7$ ist unlösbar, da $ggT(2, 4) = 2$ und $2 \nmid 7$. Dagegen ist beispielsweise die lineare diophantische Gleichung $2x + 4y = 10$ lösbar, da gilt $2 \mid 10$.

Sämtliche, unendlich vielen Lösungen linearer diophantischer Gleichungen können wir ausgehend von einer einzigen Lösung leicht gewinnen. Wir verzichten jedoch an dieser Stelle auf eine Ableitung der entsprechenden Aussage[13].

5 KgV und Vielfachenmengen

Die Vielfachenmenge der natürlichen Zahl 3 – kurz geschrieben $V(3)$ – besteht aus den *positiven* Vielfachen von 3. Es gilt $V(3) = \{3, 6, 9, 12, \dots\}$. Allgemein definieren wir

Definition 2 (Vielfachenmenge)
Die Menge der positiven Vielfachen von $a \in \mathbb{N}$, d. h. die Menge $V(a) = \{x \in \mathbb{N} \mid a \mid x\}$, nennen wir die *Vielfachenmenge* von a.

Beispiele:

$$V(1) = \{1, 2, 3, 4, 5, 6, \dots\} = \mathbb{N}$$

$$V(2) = \{2, 4, 6, 8, 10, 12, \dots\} \quad \text{(Menge aller geraden Zahlen)}$$

$$V(3) = \{3, 6, 9, 12, 15, 18, \dots\}$$

Bemerkung
Vergleichen wir Teilermengen $T(a)$ und Vielfachenmengen $V(a)$ mit $a \in \mathbb{N}$, so stellen wir einen deutlichen *Unterschied* fest: Vielfachenmengen besitzen stets unendlich viele Elemente, Teilermengen dagegen stets nur endlich viele Elemente.

[13] Vgl. F. Padberg: Elementare Zahlentheorie, Heidelberg 1996, S. 40 ff.

Vergleichen wir zwei Vielfachenmengen, etwa $V(2) = \{2, 4, 6, 8, 10, 12, \ldots\}$ und $V(3) = \{3, 6, 9, 12, 15, 18, \ldots\}$, so erkennen wir, daß es Zahlen gibt, die beiden Mengen gleichzeitig angehören, nämlich $6, 12, 18, \ldots$. Wir bezeichnen diese Zahlen als *gemeinsame Vielfache* von 2 und 3. Wir erhalten sie durch Durchschnittsmengenbildung aus den Mengen $V(2)$ und $V(3)$. Wir definieren allgemein:

Definition 3 (gemeinsame Vielfache, kgV)
Gegeben seien zwei Vielfachenmengen $V(a)$ und $V(b)$ mit $a, b \in \mathbb{N}$. Die Elemente von $V(a) \cap V(b)$ nennen wir *gemeinsame Vielfache* von a und b. Das kleinste Element von $V(a) \cap V(b)$ bezeichnen wir als *kleinstes gemeinsames Vielfaches* von a und b (kurz: $kgV(a, b)$).

Bemerkungen

(1) Zu gegebenen natürlichen Zahlen a und b existieren *stets gemeinsame* Vielfache von a und b; denn $a \cdot b$ ist sowohl ein Vielfaches von a wie von b. Mit $a \cdot b$ ist aber auch $2 \cdot (a \cdot b), 3 \cdot (a \cdot b), 4 \cdot (a \cdot b), \ldots$ ein gemeinsames Vielfaches von a und b. Die Menge der gemeinsamen Vielfachen von a und b enthält also sogar stets *unendlich viele* Elemente. Wir können daher *nicht* – in Analogie zu den Teilern – *ein größtes* gemeinsames Vielfaches von a und b bestimmen, wohl aber stets ein *kleinstes* gemeinsames Vielfaches[14]. Zu gegebenen natürlichen Zahlen a, b existiert also stets das $kgV(a, b)$.

(2) Mit Hilfe der Schnittmengenbildung läßt sich der Begriff der gemeinsamen Vielfachen und des kleinsten gemeinsamen Vielfachen auch leicht für *drei* Zahlen verallgemeinern (vgl. Aufgabe 22).

(3) Gemeinsame Vielfache von zwei natürlichen Zahlen lassen sich durch *Venndiagramme* gut veranschaulichen. Entsprechend wie bei Teilermengen können hier insgesamt zwei verschiedene Diagrammtypen auftreten (vgl. Aufgabe 23). Auch bei der Bestimmung der gemeinsamen Vielfachen und des *kgV* von *drei* Zahlen können Venndiagramme eingesetzt werden.

---

[14] Dies beruht auf einer speziellen Eigenschaft der natürlichen Zahlen, die beispielsweise bei den ganzen oder rationalen Zahlen nicht gilt, nämlich dem sogenannten Wohlordnungsprinzip. Vgl. F. Padberg/R. Danckwerts/M. Stein: Zahlbereiche – Eine elementare Einführung, Heidelberg 1995, S. 18.

Der Durchschnitt zweier Teilermengen ergibt stets wieder eine Teilermenge, und zwar die Teilermenge des zugehörigen ggT. Beim Durchschnitt zweier Vielfachenmengen – so beim Einstiegsbeispiel $V(2) \cap V(3)$ – scheinen wir auch wiederum speziell eine *Vielfachenmenge* zu erhalten, und zwar hier $V(6)$, also $V(kgV(2,3))$. Wir vermuten:

Satz 9
Für alle $a, b \in \mathbb{N}$ gilt:

$$V(a) \cap V(b) = V(kgV(a,b)).$$

Beweis
Um die Gleichheit der beiden Mengen nachzuweisen, zeigen wir, daß gleichzeitig
1) $V(kgV(a,b)) \subseteq V(a) \cap V(b)$ und
2) $V(a) \cap V(b) \subseteq V(kgV(a,b))$ gilt.

1) Wir beweisen zunächst $V(kgV(a,b)) \subseteq V(a) \cap V(b)$.

   Sei v ein beliebiges Element aus der Menge $V(kgV(a,b))$, dann gilt $kgV(a,b) \mid v$. Wegen $a \mid kgV(a,b)$ und $b \mid kgV(a,b)$ gilt damit insgesamt wegen der Transitivität $a \mid v$ *und* $b \mid v$, also $v \in V(a) \cap V(b)$. *Jedes* Element von $V(kgV(a,b))$ ist also auch ein Element von $V(a) \cap V(b)$, daher gilt $V(kgV(a,b)) \subseteq V(a) \cap V(b)$.

2) Wir beweisen jetzt $V(a) \cap V(b) \subseteq V(kgV(a,b))$.

   Es sei $k = kgV(a,b)$ und v ein beliebiges Element aus der Menge $V(a) \cap V(b)$. Wir zeigen im folgenden $k \mid v$, also $v \in V(kgV(a,b))$. Wegen des Satzes von der Division mit Rest (V.3 (Satz 3)) können wir v durch k dividieren und erhalten so eindeutig bestimmte $q, r \in \mathbb{N}_0$ mit

$$v = q \cdot k + r \text{ mit } 0 \leq r < k.$$

   Wir zeigen im folgenden, daß $r = 0$ gilt und damit $k \mid v$.

   Wegen $v \in V(a) \cap V(b)$ gilt $a \mid v$ und $b \mid v$. Wegen $k = kgV(a,b)$ gilt ferner $a \mid k$ und $b \mid k$.

   Wegen der Produkt- und Differenzregel folgt hieraus:

   $a \mid v$ und $a \mid k$, also $a \mid v - q \cdot k$, d. h. $a \mid r$,

   $b \mid v$ und $b \mid k$, also $b \mid v - q \cdot k$, d. h. $b \mid r$.

Wegen $a \mid r$ *und* $b \mid r$ gilt also $r \in V(a) \cap V(b)$ mit $0 \leq r < k$. Laut Voraussetzung ist jedoch k das *kleinste* gemeinsame Vielfache von a und b. Wegen $0 \leq r < k$ kann daher nur gelten $r = 0$. Daher gilt $v = q \cdot k$ und damit $k \mid v$.

Also ist *jedes* Element v von $V(a) \cap V(b)$ auch ein Element von $V(k) = V(kgV(a,b))$, daher gilt $V(a) \cap V(b) \subseteq V(kgV(a,b))$.

Aus 1. und 2. ergibt sich

$$V(a) \cap V(b) = V(kgV(a,b)).$$

Bemerkung

Wegen $V(a) \cap V(b) = V(kgV(a,b))$ können wir das $kgV(a,b)$ auch als diejenige Zahl $v \in \mathbb{N}$ charakterisieren, für die gilt: $a \mid v$ und $b \mid v$ und aus $a \mid w$ und $b \mid w$ folgt $v \mid w$.

6 KgV und Primfaktorzerlegung

Die Bestimmung der gemeinsamen Vielfachen und des kleinsten gemeinsamen Vielfachen mit Hilfe von Vielfachenmengen ist oft recht mühsam, insbesondere bei größeren Zahlen. Durch Rückgriff auf die Primfaktorzerlegung können wir die kgV-Bestimmung oft wesentlich vereinfachen.

Beispiel

$kgV(90, 140) = ?$

$$\begin{array}{rclccccc} 90 & = & 2 & \cdot & 3^2 & \cdot & 5 & \\ 140 & = & 2^2 & & & \cdot & 5 & \cdot\ 7 \end{array}$$

Wegen der *Eindeutigkeit* der Primfaktorzerlegung enthalten sämtliche Vielfache von 90 in ihrer Primfaktorzerlegung mindestens die Primzahlen 2, 3 und 5, und zwar 2 und 5 mindestens in erster Potenz sowie 3 mindestens in zweiter Potenz. Aus demselben Grund enthalten sämtliche Vielfache von 140 in ihrer Primfaktorzerlegung mindestens die Primzahlen 2, 5 und 7, und zwar 2 mindestens in zweiter sowie 5 und 7 mindestens in erster Potenz. Daher müssen *gemeinsame* Vielfache von 90 und 140 mindestens die Primzahlen 2, 3, 5 und 7 in ihrer Primfaktorzerlegung enthalten, und zwar 2 und 3 mindestens in zweiter sowie 5 und 7 mindestens in erster Potenz. Die kleinste Zahl, die wir aus diesen Primfaktoren bilden können, ist das Produkt $2^2 \cdot 3^2 \cdot 5 \cdot 7$. Also gilt:

$$\begin{array}{rcllll}
90 & = & 2 & \cdot\ 3^2 & \cdot\ 5 & \\
140 & = & 2^2 & & \cdot\ 5 & \cdot\ 7 \\
\hline
kgV(90,140) & = & 2^2 & \cdot\ 3^2 & \cdot\ 5 & \cdot\ 7 \\
& = & 1260 & & &
\end{array}$$

Allgemeine Vorgehensweise
Zur Bestimmung des $kgV(a,b)$ mit $a,b \in \mathbb{N}$ bestimmen wir von den beiden Zahlen a und b zunächst die Primfaktorzerlegungen. Wir notieren anschließend sämtliche Primzahlen, die in *mindestens einer* der Zerlegungen vorkommen. Kommt eine Primzahl in den Zerlegungen von *a und b* vor, so wählen wir den *größeren* Exponenten, sofern die Exponenten verschieden sind (wie im vorstehenden Beispiel bei der Primzahl 2), anderenfalls den in beiden Fällen *gleichen* Exponenten (wie im vorstehenden Beispiel bei der Primzahl 5). Wir bilden das Produkt dieser so ausgewählten Primzahlpotenzen und erhalten so wegen der Eindeutigkeit der Primfaktorzerlegung das *kleinste gemeinsame* Vielfache, also das $kgV(a,b)$.

Bemerkungen

(1) Können wir aus den zu untersuchenden Zahlen einen *gemeinsamen* Faktor herausziehen, so vereinfacht dies die kgV-Bestimmung (vgl. Aufgabe 30), wie das folgende Beispiel zeigt:

$$kgV(250,450) = 50 \cdot kgV(5,9) = 50 \cdot 45 = 2250$$

(2) Für alle *teilerfremden* $a,b \in \mathbb{N}$ gilt $kgV(a,b) = a \cdot b$ (vgl. Aufgabe 32).

(3) Mit Hilfe der Primfaktorzerlegung können wir auch gemeinsame Vielfache und das kgV von *drei* (oder auch mehr) natürlichen Zahlen bestimmen (vgl. Aufgabe 31).

7 Zusammenhang zwischen ggT und kgV

Wir beginnen zunächst mit zwei leichten Spezialfällen, bevor wir anschließend allgemein auf den Zusammenhang zwischen ggT und kgV eingehen.

Fall 1 (**a ist Teiler von b bzw. b ist Vielfaches von a**)

Beispiel
$4 \mid 12$

Wegen $4 \mid 12$ ist 4 ein Teiler von 12, ferner ist 4 der größte Teiler von 4, also ist 4 der *größte gemeinsame* Teiler von 4 und 12, also gilt $ggT(4, 12) = 4$.
Ebenso ist wegen $4 \mid 12$ die Zahl 12 ein Vielfaches von 4, 12 ist das kleinste Vielfache von 12, also ist 12 das *kleinste gemeinsame* Vielfache von 4 und 12, also gilt $kgV(4, 12) = 12$.
Für das Produkt von ggT und kgV gilt also in diesem speziellen Beispiel mit $4 \mid 12$

$$ggT(4, 12) \cdot kgV(4, 12) = 4 \cdot 12.$$

Entsprechend können wir für alle $a, b \in \mathbb{N}$ mit $a \mid b$ argumentieren (vgl. Aufgabe 34) und erhalten so in diesem *Sonderfall*

$$ggT(a, b) \cdot kgV(a, b) = a \cdot b.$$

Fall 2 (**a und b sind teilerfremd, also $ggT(a, b) = 1$**)

Beispiel
$ggT(4, 7) = 1,\ kgV(4, 7) = 28$
$ggT(4, 7) \cdot kgV(4, 7) = 1 \cdot 28 = 28 = 4 \cdot 7$

Wegen Bemerkung (2) in V.6 wissen wir, daß für alle *teilerfremden* $a, b \in \mathbb{N}$, also für alle $a, b \in \mathbb{N}$ mit $ggT(a, b) = 1$, gilt: $kgV(a, b) = a \cdot b$.
Folglich gilt für alle $a, b \in \mathbb{N}$ mit $ggT(a, b) = 1$:

$$ggT(a, b) \cdot kgV(a, b) = a \cdot b\ .$$

Fall 3 (**allgemeiner Fall**)

Es gelte für die betrachteten $a, b \in \mathbb{N}$ *weder* $a \mid b$ *noch* $ggT(a, b) = 1$.

Beispiel

$$\begin{array}{rcl}
90 & = & 2 \cdot 3^2 \cdot 5 \\
140 & = & 2^2 \cdot 5 \cdot 7 \\
\hline
ggT(90, 140) & = & 2 \cdot 5 \\
kgV(90, 140) & = & 2^2 \cdot 3^2 \cdot 5 \cdot 7 \\
ggT(90, 140) \cdot kgV(90, 140) & = & (2 \cdot 5) \cdot (2^2 \cdot 3^2 \cdot 5 \cdot 7) \\
 & = & (2 \cdot 3^2 \cdot 5) \cdot (2^2 \cdot 5 \cdot 7) \\
 & = & 90 \cdot 140
\end{array}$$

Bei den in *beiden* Primfaktorzerlegungen *gemeinsam vorkommenden Primzahlen* wird bei *unterschiedlichen* Exponenten (im Beispiel bei der Primzahl 2) beim ggT jeweils die betreffende Primzahl mit dem kleineren und beim kgV mit dem größeren Exponenten genommen, während bei *gleichen* Exponenten (im Beispiel bei der Primzahl 5) diese Primzahl bzw. Primzahlpotenz in *beiden* Fällen, also sowohl beim ggT wie beim kgV, genommen wird. Bei den Primzahlen, die nur in *einer* Primfaktorzerlegung vorkommen, wird diese Primzahl bzw. Primzahlpotenz auch *nur einmal* genommen, und zwar bei der kgV-Bestimmung. Daher kommen beim $ggT(a, b)$ und $kgV(a, b)$ *insgesamt sämtliche* Primzahlen bzw. Primzahlpotenzen sowohl von a wie von b *genau einmal* vor. Daher gilt auch in diesem allgemeinen Fall

$$ggT(a, b) \cdot kgV(a, b) = a \cdot b.$$

Hiermit haben wir insgesamt folgenden Satz begründet:

Satz 10
Für alle $a, b \in \mathbb{N}$ gilt

$$ggT(a, b) \cdot kgV(a, b) = a \cdot b.$$

Bemerkungen

(1) Nach Satz 10 gilt für alle $a, b \in \mathbb{N}$ $\quad ggT(a, b) \cdot kgV(a, b) = a \cdot b$. Gilt eine entsprechende Aussage stets auch für *drei* natürliche Zahlen a, b, c, gilt also auch stets $ggT(a, b, c) \cdot kgV(a, b, c) = a \cdot b \cdot c$ (vgl. Aufgaben 35, 36, 37)?

(2) Mit dem Euklidischen Algorithmus steht für die ggT-Bestimmung auch *größerer* Zahlen ein sehr effektives Verfahren zur Verfügung. Lösen wir Satz 10 nach dem $kgV(a, b)$ auf, so erhalten wir $kgV(a, b) = \dfrac{a \cdot b}{ggT(a, b)}$. Wir können daher auch das kgV größerer Zahlen über diesen Zusammenhang sehr effektiv bestimmen.

Zum Abschluß dieses Kapitels formulieren wir die nach dem $kgV(a, b)$ aufgelöste Beziehung von Satz 10 nochmals als Satz 10a und beweisen diesen Satz durch Rückgriff auf Satz 4 dieses Kapitels.

Satz 10a
Für alle $a, b \in \mathbb{N}$ gilt

$$kgV(a, b) = \frac{a \cdot b}{ggT(a, b)} .$$

Beweis
Wir führen den Beweis in drei Teilschritten und zeigen

- im *ersten* Schritt, daß $\frac{a \cdot b}{ggT(a,b)}$ stets eine *natürliche Zahl* ist,
- im *zweiten* Schritt, daß $\frac{a \cdot b}{ggT(a,b)}$ stets ein *gemeinsames Vielfaches* von a und b ist und schließlich
- im *dritten* Schritt, daß $\frac{a \cdot b}{ggT(a,b)}$ stets das *kleinste* gemeinsame Vielfache von a und b ist.

Schritt 1
Der größte *gemeinsame* Teiler $ggT(a,b)$ von a und b teilt sowohl a als auch b, also damit auch das Produkt $a \cdot b$. Daher ist $\frac{a \cdot b}{ggT(a,b)}$ eine natürliche Zahl.

Schritt 2
Die natürliche Zahl $\frac{a \cdot b}{ggT(a,b)}$ ist wegen

$$\frac{a \cdot b}{ggT(a,b)} = \frac{a}{ggT(a,b)} \cdot b = a \cdot \frac{b}{ggT(a,b)}$$

sowohl ein Vielfaches von a wie auch von b, also ein *gemeinsames* Vielfaches von a und b; denn die Faktoren $\frac{a}{ggT(a,b)}$ und $\frac{b}{ggT(a,b)}$ sind nach Schritt 1 natürliche Zahlen.

Schritt 3
Wir müssen nur noch zeigen, daß $v := \frac{a \cdot b}{ggT(a,b)}$ nicht nur *irgendein* gemeinsames Vielfaches von a und b ist, sondern stets das *kleinste*. Hierzu zeigen wir: Sei w ein beliebiges gemeinsames Vielfaches von a und b, dann gilt stets $v \leq w$. Wir bilden hierzu den Bruch $\frac{w}{v}$ und ersetzen hierbei v durch $\frac{a \cdot b}{ggT(a,b)}$.

Wir erhalten:

$$\frac{w}{v} = \frac{w}{\frac{a \cdot b}{ggT(a,b)}} = \frac{w \cdot ggT(a,b)}{a \cdot b} \underset{(*)}{=} \frac{w \cdot (x \cdot a + y \cdot b)}{a \cdot b} = \frac{w \cdot x}{b} + \frac{w \cdot y}{a} .$$

Hierbei benutzen wir an der Stelle (∗) den Satz 4 („Für alle $a, b \in \mathbb{N}$ gibt es $x, y \in \mathbb{Z}$ mit $ggT(a,b) = x \cdot a + y \cdot b$").

Wegen $a \mid w$ und $b \mid w$ sind $\frac{w}{a}$ und $\frac{w}{b}$ natürliche Zahlen und damit $\frac{w}{b} \cdot x$ und $\frac{w}{a} \cdot y$ *ganze* Zahlen. Wegen $v, w \in \mathbb{N}$ muß sogar speziell $k := \frac{w \cdot x}{b} + \frac{w \cdot y}{a}$ eine *natürliche* Zahl sein, daher gilt $\frac{w}{v} = k$, also $k \cdot v = w$ mit $k, v, w \in \mathbb{N}$, folglich gilt damit $v \leq w$.
Also ist $v = \frac{a \cdot b}{ggT(a,b)}$ nicht nur ein beliebiges gemeinsames Vielfaches von a und b, sondern speziell das *kleinste* gemeinsame Vielfache. Hiermit haben wir Satz 10a vollständig bewiesen.

8 Aufgaben

(1) Können wir analog zur Definition 1 gemeinsame Teiler und den ggT statt für $a, b \in \mathbb{N}$ auch für $a, b \in \mathbb{N}_0$ definieren? Welche Probleme treten hierbei auf?

(2) Bestimmen Sie mit Hilfe der zugehörigen Teilermengen die gemeinsamen Teiler und den größten gemeinsamen Teiler von

a) 12, 18, 30 b) 20, 36, 48

c) 24, 30, 42, 54 d) 36, 60, 84, 96

(3) Begründen Sie, daß der Typ II bei den Venndiagrammen von zwei Teilermengen genau dann auftritt, wenn für die natürlichen Zahlen a, b gilt: $a \mid b$.

(4) Bestimmen Sie geeignete Teilermengen, die die folgenden Venndiagramme besitzen.

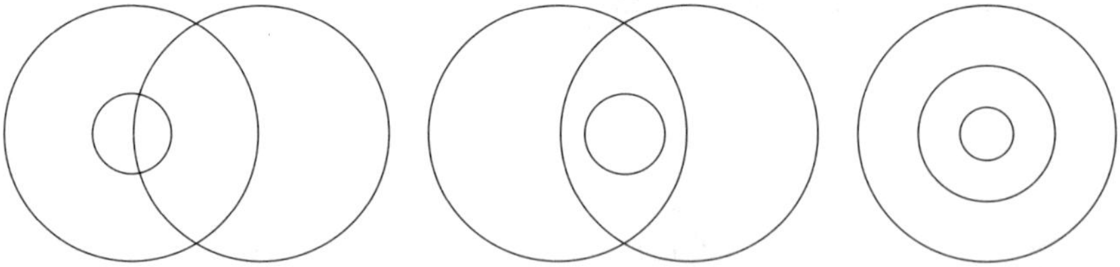

(5) Zeichnen Sie geeignete Venndiagramme zu den folgenden Teilermengen. Beachten Sie, daß bei Ihren Diagrammen kein Feld leer bleibt.

a) 24, 30, 42

b) 36, 72, 90

c) 18, 24, 54

(6) Bestimmen Sie jeweils drei verschiedene Lösungen

a) $ggT\ (24, \qquad) = 6$ b) $ggT\ (\qquad , 18) = 3$

c) $ggT\ (\qquad , \qquad) = 4$

(7) Welche der folgenden Aussagen sind wahr, welche falsch? Begründen Sie Ihre Lösung.

a) Zwei gerade Zahlen sind nie teilerfremd.

b) Zwei ungerade Zahlen sind immer teilerfremd.

c) Zwei aufeinanderfolgende natürliche Zahlen sind stets teilerfremd.

(8) Beweisen Sie mit Hilfe der entsprechenden Teilermengen:

Für alle $a, b \in \mathbb{N}$ gilt:

a) $ggT(1, a) = 1$

b) Aus $a \mid b$ folgt $ggT(a, b) = a$.

(9) Bestimmen Sie mit Hilfe der Primfaktorzerlegungen den größten gemeinsamen Teiler von

a) 198, 924 b) 195, 1463

(10) Bestimmen Sie mit Hilfe der Primfaktorzerlegungen jeweils die vier größten gemeinsamen Teiler (und damit auch den ggT) von

a) 396, 462, 3432 b) 1232, 1400, 5292

(11) Bestimmen Sie den ggT der folgenden Zahlen. Ziehen Sie zunächst einen möglichst großen gemeinsamen Faktor heraus.

a) 1750, 2250 b) 720, 1080

(12) Begründen Sie mit Hilfe der Eindeutigkeit der Primfaktorzerlegung natürlicher Zahlen, warum in Aufgabe 11 jeweils ein möglichst großer gemeinsamer Faktor bei der ggT–Bestimmung herausgezogen werden darf.

(13) Begründen Sie allgemein:

Für alle $a, b, n \in \mathbb{N}$ gilt: $ggT(n \cdot a, n \cdot b) = n \cdot ggT(a, b)$.

(14) Begründen Sie mit Hilfe der Eindeutigkeit der Primfaktorzerlegung:

Aus $a \mid b$ folgt $ggT(a,b) = a$.

(15) Bestimmen Sie mit Hilfe des Euklidischen Algorithmus die gemeinsamen Teiler und den ggT folgender Zahlen:

a) 784, 1218 b) 2864, 9648

c) 897, 231 d) 1984, 4638

(16) Führen Sie den Eindeutigkeitsbeweis von Satz 3 Schritt für Schritt für den Fall durch, daß $q_1 \leq q$ gilt.

(17) Bestimmen Sie zu der Startzahl 12, der Zielzahl 29 und den beiden Golfschlägern 4 und 5 zwei unterschiedlich lange Schlagabfolgen. Bestimmen Sie auch die minimale Schlagabfolge, und begründen Sie dies.

(18) Begründen Sie, daß Sie ausgehend von der Startzahl 26 die Zielzahl 42 mit den Golfschlägern 3 und 6 nie erreichen können.

(19) Bestimmen Sie mit Hilfe des Euklidischen Algorithmus den ggT folgender Zahlen, und stellen Sie anschließend jeweils den ggT als Linearkombination der gegebenen Zahlen dar:

a) 672, 539 b) 1001, 781

c) 6894, 1116

(20) Deuten Sie die Aufgabe 19 als mathematisches Golfspiel, geben Sie jeweils drei Zielzahlen an, die von der Startzahl 1 aus erreicht werden können und drei Zielzahlen, die von der Startzahl 1 aus nicht erreicht werden können, und begründen Sie dieses.

(21) Beweisen Sie:

$V(b) \subseteq V(a)$ gilt genau dann, wenn b ein Vielfaches von a ist.

(22) Definieren Sie mit Hilfe der betreffenden Schnittmenge von $V(a), V(b)$ und $V(c)$ die gemeinsamen Vielfachen von a, b und c. Definieren Sie das $kgV(a,b,c)$, und berechnen Sie das kgV von

a) 2, 3, 5 b) 4, 6, 15.

(23) Verdeutlichen Sie die beiden verschiedenen Diagrammtypen, die bei der Veranschaulichung der gemeinsamen Vielfachen von zwei natürlichen Zahlen mittels Venndiagrammen auftreten, durch jeweils ein Beispiel.

(24) Verdeutlichen Sie durch je ein Beispiel, daß im Bereich der ganzen Zahlen und der rationalen Zahlen eine dem Wohlordnungsprinzip von $\mathbb{N}$ („Jede nichtleere Teilmenge der natürlichen Zahlen besitzt ein kleinstes Element.“) entsprechende Aussage nicht gilt.

(25) Beweisen Sie durch Rückgriff auf die Definition 3, daß für alle $a, b \in \mathbb{N}$ gilt:

a) $kgV(1, a) = a$ b) $kgV(a, a) = a$

c) Aus $a \mid b$ folgt $kgV(a, b) = b$.

(26) Bestimmen Sie natürliche Zahlen, so daß wahre Aussagen entstehen:

a) $kgV(3, \quad) = 24$, b) $kgV(\quad, 5) = 10$,

c) $kgV(\quad, \quad) = 12$.

(27) Wie viele Karten muß ein Kartenspiel mindestens haben, damit man die Karten restlos sowohl auf 2 wie auch auf 3, 4, 5 und 6 Mitspieler verteilen kann? Nennen Sie drei weitere geeignete Kartenanzahlen.

(28) Zwei Zahnräder mit 36 und 30 Zähnen greifen ineinander. Wir markieren zwei Zähne, die im Augenblick aneinanderstoßen. Nach wieviel Umdrehungen der Räder stoßen die markierten Zähne das erste Mal wieder aneinander? Nach wieviel Umdrehungen die nächsten dreimal?

(29) Bestimmen Sie mit Hilfe der Primfaktorzerlegung jeweils die vier kleinsten gemeinsamen Vielfachen folgender Zahlen:

a) 90, 525 b) 231, 280.

(30) Begründen Sie:

Für alle $a, b, n \in \mathbb{N}$ gilt

$kgV(n \cdot a, n \cdot b) = n \cdot kgV(a, b)$.

(31) Erläutern Sie zunächst allgemein die kgV-Bestimmung mit Hilfe der Primfaktorzerlegung für drei natürliche Zahlen. Bestimmen Sie anschließend das kgV folgender Zahlen:

a) 18, 75, 245 b) 50, 63, 99.

(32) Begründen Sie (ohne Rückgriff auf Satz 10/10a):

Für alle teilerfremdem $a, b \in \mathbb{N}$ gilt:

$$kgV(a, b) = a \cdot b.$$

(33) Begründen Sie durch Rückgriff auf Vielfachenmengen, daß für alle $a, b, c \in \mathbb{N}$ gilt:

$$kgV(kgV(a, b), c) = kgV(a, kgV(b, c)).$$

(34) Beweisen Sie (ohne Rückgriff auf Satz 10/10a):

Für alle $a, b \in \mathbb{N}$ mit $a \mid b$ gilt:

$$ggT(a, b) \cdot kgV(a, b) = a \cdot b.$$

(35) Beweisen oder widerlegen Sie:

Für alle $a, b, c \in \mathbb{N}$ mit $ggT(a, b, c) = 1$ gilt:

$$kgV(a, b, c) = a \cdot b \cdot c.$$

(36) Beweisen oder widerlegen Sie:

Für alle $a, b, c \in \mathbb{N}$ mit $ggT(a, b, c) \neq 1$ gilt:

$$ggT(a, b, c) \cdot kgV(a, b, c) = a \cdot b \cdot c.$$

(37) Beweisen Sie:

Wenn a, b, c paarweise teilerfremd sind, dann gilt $kgV(a, b, c) = a \cdot b \cdot c$.

VI Teilbarkeitsregeln

Wir beschreiten in diesem Kapitel bei der Ableitung der Teilbarkeitsregeln einen klar strukturierten, sehr einprägsamen und leichten Weg, der von der üblichen Vorgehensweise deutlich abweicht und gegenüber dieser *viele Vorzüge* aufweist (für genauere Details vgl. VI.6.3). Wir gehen hierzu von der *Restgleichheit* (Kongruenz) gegebener Zahlen aus. Auf dieser Grundlage können wir sämtliche Teilbarkeitsregeln im dezimalen wie auch in beliebigen nichtdezimalen Stellenwertsystemen aus *einer* einheitlichen Grundidee ableiten, nämlich aus der Idee, die Basispotenzen des gegebenen Stellenwertsystems durch *möglichst kleine*, zu dem jeweiligen Teiler *restgleiche* Zahlen zu ersetzen. Genauer reicht sogar schon in vielen Fällen die Untersuchung *dreier* besonders leichter *Spezialfälle* aus. Bei dem *üblichen Weg* leitet man dagegen zunächst Teilbarkeitsregeln für die Zweier- und Fünferpotenzen ab, dann auf eine *andere* Art und Weise für die Zahlen 3 und 9, anschließend mittels eines *neuen* Ansatzes – etwa über die Märchenzahl 1001 – für 11 sowie eventuell für 7 und 13 sowie schließlich noch mittels *wiederum neuer* Überlegungen gegebenenfalls für ausgewählte Teiler in nichtdezimalen Stellenwertsystemen.

Wir beginnen dieses sechste Kapitel mit einigen kurzen Bemerkungen zur Darstellung der natürlichen Zahlen in *Stellenwertsystemen* mit verschiedenen Basen (*erster* Abschnitt) sowie mit der Definition der *Restgleichheitsrelation* und der Ableitung einiger für die Behandlung der Teilbarkeitsregeln wichtiger Eigenschaften (*zweiter* Abschnitt). Auf dieser Grundlage können wir dann Teilbarkeitsregeln *besonders* leicht ableiten, wenn speziell die Basis des betrachteten Stellenwertsystems (oder aber ihre zweite oder dritte Potenz) restgleich ist zur *Null*. In diesem Fall können wir die Frage der Teilbarkeit einer gegebenen Zahl allein schon an ihrer Endstelle (bzw. ihren letzten zwei oder drei Endstellen) entscheiden (*Endstellenregeln; dritter* Abschnitt). Ist die Basis (oder ihre zweite oder dritte Potenz) restgleich zur *Eins*, so können wir ebenfalls relativ leicht Teilbarkeitsregeln ableiten. Wir müssen in diesem Fall Quersummen untersuchen und gewinnen so die *Quersummenregeln* im dezimalen wie auch in nichtdezimalen Stellenwertsystemen (*vierter* Abschnitt). Ein dritter leichter Sonderfall liegt vor, wenn die Basis (oder ihre zweite oder dritte Potenz) restgleich ist zur -1. Bei der Bildung der Quersummen müssen wir jetzt abwechselnd (alternierend) addieren und subtrahieren und gewinnen so *alternierende Quersummenregeln* (*fünfter* Abschnitt). Wir beenden dieses Kapitel im *sechsten* Abschnitt mit einem *zusammenfassenden Überblick* über Teilbarkeitsregeln im Dezimalsystem und in nichtdezimalen Stellenwertsystemen sowie mit einer zusammenfassenden Darstellung von *Vorteilen* dieses Zugangsweges über die Restgleichheit gegenüber anderen Wegen.

1 Stellenwertsysteme – einige Bemerkungen

Wir notieren die Zahlen im täglichen Leben mit Hilfe des *dezimalen Stellenwertsystems*[1]. So ist beispielsweise 2222 eine Kurzschreibweise für $2 \cdot 10^3 + 2 \cdot 10^2 + 2 \cdot 10^1 + 2 \cdot 10^0$. *Ein* Charakteristikum unserer Zahlschrift ist also das Bündeln nach *Zehnerpotenzen*, nämlich nach Einern, Zehnern, Hundertern, Tausendern usw., daher die Bezeichnung *dezimales* Stellenwertsystem. Ein *anderes* Charakteristikum unserer Zahlschrift ist die *Stellenwertschreibweise*. So hat ein und dieselbe Ziffer je nach Stellung im Zahlwort einen unterschiedlichen Wert. So bedeutet die Ziffer 2 in 2222 an der ersten Stelle von rechts 2 Einer, also 2, an der zweiten Stelle 2 Zehner, also zwanzig, an der dritten Stelle 2 Hunderter, also zweihundert, und an der vierten Stelle von rechts 2 Tausender, also zweitausend. Jede Ziffer in unserer Zahlschrift übermittelt uns also zugleich *zwei* Informationen:

(1) Die *Ziffer* selbst gibt uns die *Anzahl* der Bündel der betreffenden Mächtigkeit an (*Zahlenwert* der Ziffer).

(2) Die *Stellung* der Ziffer innerhalb des Zahlwortes gibt die *Mächtigkeit* des zugehörigen Bündels an (*Stellenwert* der Ziffer).

Daher müssen bei der Ziffernschreibweise nicht besetzte Stellen durch *Nullen* gekennzeichnet werden.

Statt die natürlichen Zahlen nach *Zehner*potenzen gebündelt zu notieren, können wir sie auch gebündelt nach Potenzen *jeder anderen* natürlichen Zahl größer als eins aufschreiben. Nur die Zahl eins ist offensichtlich nicht brauchbar (Aufgabe 1). Als Beispiel betrachten wir die Darstellung von 46 mit Hilfe der *Dreier*potenzen $27 = 3^3, 9 = 3^2, 3 = 3^1$ und $1 = 3^0$.

$$\begin{aligned} 46 &= 1 \cdot 27 + 2 \cdot 9 + 0 \cdot 3 + 1 \cdot 1 \\ &= 1 \cdot 3^3 + 2 \cdot 3^2 + 0 \cdot 3 + 1 \cdot 3^0 \end{aligned}$$

Wir beginnen beim Bündeln mit der *höchsten* Dreierpotenz und arbeiten uns schrittweise bis zu den Einern vor. Sind Stellen – wie hier bei den Dreiern

[1] Für eine gründliche Darstellung vgl.: F. Padberg: Einführung die Mathematik I, Arithmetik, Heidelberg 1997, S. 7 - 38.

– *nicht* besetzt, kennzeichnen wir dies durch 0. Völlig analog zum dezimalen Stellenwertsystem können wir auch hier bei der Notation des Zahlwortes die Dreierpotenzen sowie die Summenzeichen fortlassen. Durch einen Index ③ kennzeichnen wir, daß wir hier 46 mit Hilfe von *Dreier*potenzen notiert haben und erhalten $46 = 1201_{③}$. Wir bezeichnen die Bündelungseinheit drei als *Basis* und lesen $1201_{③}$ als „eins-zwei-null-eins in der Basis drei". Ziffernfolgen *ohne* Index bezeichnen Zahlwörter im dezimalen Stellenwertsystem, also in der Basis zehn.

Zur weiteren Verdeutlichung der Stellenwertschreibweise in *unterschiedlichen* Basen notieren wir im folgenden die Zahl 50 in den Basen zwei bis zwölf:

$$\begin{aligned} 50 &= 1 \cdot 32 + 1 \cdot 16 + 0 \cdot 8 + 0 \cdot 4 + 1 \cdot 2 + 0 \cdot 1 \\ &= 1 \cdot 2^5 + 1 \cdot 2^4 + 0 \cdot 2^3 + 0 \cdot 2^2 + 1 \cdot 2 + 0 \cdot 2^0 = 110010_{②} \\ 50 &= 1 \cdot 27 + 2 \cdot 9 + 1 \cdot 3 + 2 \cdot 1 \\ &= 1 \cdot 3^3 + 2 \cdot 3^2 + 1 \cdot 3 + 2 \cdot 3^0 = 1212_{③} \end{aligned}$$

$$\begin{aligned} 50 &= 3 \cdot 16 + 0 \cdot 4 + 2 \cdot 1 = 3 \cdot 4^2 + 0 \cdot 4 + 2 \cdot 4^0 = 302_{④} \\ 50 &= 2 \cdot 25 + 0 \cdot 5 + 0 \cdot 1 = 2 \cdot 5^2 + 0 \cdot 5 + 0 \cdot 5^0 = 200_{⑤} \\ 50 &= 1 \cdot 36 + 2 \cdot 6 + 2 \cdot 1 = 1 \cdot 6^2 + 2 \cdot 6 + 2 \cdot 6^0 = 122_{⑥} \\ 50 &= 1 \cdot 49 + 0 \cdot 7 + 1 \cdot 1 = 1 \cdot 7^2 + 0 \cdot 7 + 1 \cdot 7^0 = 101_{⑦} \\ 50 &= 6 \cdot 8 + 2 \cdot 1 \qquad = 6 \cdot 8 + 2 \cdot 8^0 \qquad = 62_{⑧} \\ 50 &= 5 \cdot 9 + 5 \cdot 1 \qquad = 5 \cdot 9 + 5 \cdot 9^0 \qquad = 55_{⑨} \\ 50 &= 5 \cdot 10 + 0 \cdot 1 \qquad = 5 \cdot 10 + 0 \cdot 10^0 \qquad = 50 \\ 50 &= 4 \cdot 11 + 6 \cdot 1 \qquad = 4 \cdot 11 + 6 \cdot 11^0 \qquad = 46_{⑪} \\ 50 &= 4 \cdot 12 + 2 \cdot 1 \qquad = 4 \cdot 12 + 2 \cdot 12^0 \qquad = 42_{⑫} \end{aligned}$$

Statt durch wiederholtes und schrittweises Bündeln nach der jeweils höchsten Basispotenz können wir die Zahldarstellung in beliebigen Basen $b > 1$ auch wesentlich eleganter durch eine wiederholte Anwendung des Satzes von der Division mit Rest erhalten. Wir gehen auf diesen Weg hier nicht näher ein.[2]

An den vorstehenden Beispielen erkennen wir deutlich, daß die *Anzahl der Ziffern* in den verschiedenen Basen sehr unterschiedlich ist. So kommen wir in der Basis zwei mit den Ziffern 0 und 1, in der Basis fünf mit den Ziffern 0, 1, 2, 3 und 4 aus, während wir in der Basis zehn die zehn Ziffern 0, 1, 2, 3, 4, 5, 6, 7, 8 und 9 benötigen. Ist die Basis $b < 10$, so kommen wir also mit den b Ziffern

[2] Vgl. F. Padberg: Einführung in die Mathematik I, Arithmetik, Heidelberg 1997, S. 18ff.

$0, 1, 2, \ldots, b-1$ aus, die Ziffern $b, b+1, \ldots, 9$ sind überflüssig, während wir in Basen $b > 10$ aus Gründen der Eindeutigkeit neben den Ziffern 0 bis 9 weitere Ziffern bis $b-1$ einführen müssen (Aufgabe 4).

Durch die exemplarische Darstellung von 50 in den Basen zwei bis zwölf erscheint es uns plausibel, daß *jede* natürliche Zahl $b > 1$ als Basis von Stellenwertsystemen in Frage kommt. Für einen wirklichen Nachweis müssen wir jedoch zeigen, daß wir *jede* natürliche Zahl *a zumindestens auf eine Art* analog als Summe von Potenzen von b schreiben können, wie wir jede natürliche Zahl a im dezimalen Stellenwertsystem als Summe von Zehnerpotenzen schreiben können. Zusätzlich müssen wir noch zeigen, daß dies nur auf *genau eine* Art möglich ist, daß also die Darstellung von a in der Basis $b > 1$ jeweils *eindeutig* ist.[3]

Wir können nicht nur die *Zahlschreibweise* völlig analog in nichtdezimalen Stellenwertsystemen einführen wie wir es vom dezimalen Stellenwertsystem her gewohnt sind, sondern auch die schriftlichen Rechenverfahren für die *vier Grundrechenarten*. Wir gehen hierauf an dieser Stelle nicht genauer ein.[4]

2 Die Restgleichheitsrelation

Dividieren wir zwei gegebene natürliche oder ganze Zahlen beispielsweise durch 6, so können *zwei* verschiedene Fälle auftreten.

Fall 1

$$27 = 4 \cdot 6 + 3 \qquad -16 = (-3) \cdot 6 + 2$$
$$33 = 5 \cdot 6 + 3 \qquad -40 = (-7) \cdot 6 + 2$$

Beide Zahlen (27 und 33 bzw. -16 und -40) lassen bei Division durch 6 jeweils *denselben* Rest, nämlich 3 bzw. 2. Wir sagen hierfür kurz 27 und 33 sind *restgleich*[5] bei Division durch 6 bzw. -16 und -40 sind *restgleich* bei Division durch 6. Hierbei muß für den Rest die vom Satz von der Division mit Rest (V. 3.3 (Satz 3)) vertraute Normierung gelten: $0 \leq r < 6$. Wir schreiben die Restgleichheit kurz auf in der Form

[3] Für einen Beweis vgl. F. Padberg: Elementare Zahlentheorie, Heidelberg 1996, S. 95 ff.

[4] Vgl. F. Padberg: Einführung in die Mathematik I, Arithmetik, Heidelberg 1997, S. 20 - 38.

[5] In der Literatur sind hierfür auch die Bezeichnungen *kongruent* und *Kongruenzrelation* üblich.

$$27 \equiv 33\ (6) \qquad \text{bzw.} \qquad -16 \equiv -40\ (6).$$

Hierbei erinnert das Zeichen $\equiv$ für die Restgleichheit bewußt an das Gleichheitszeichen; denn zwischen beiden Relationen besteht ein enger Zusammenhang (s. u.).

Fall 2

$$\begin{array}{rcl} 28 & = & 4 \cdot 6 + 4 \\ 33 & = & 5 \cdot 6 + 3 \end{array} \qquad \begin{array}{rcl} -16 & = & (-3) \cdot 6 + 2 \\ -32 & = & (-6) \cdot 6 + 4 \end{array}$$

28 und 33 bzw. -16 und -32 lassen bei Division durch 6 jeweils verschiedene Reste. Daher sind 28 und 33 bei Division durch 6 *nicht* restgleich, und gleiches gilt auch für -16 und -32. Wir schreiben dies knapp auf in der Form

$$28 \not\equiv 33\ (6) \qquad \text{bzw.} \qquad -16 \not\equiv -32\ (6).$$

Wir definieren entsprechend:

Definition 1 (Restgleichheit)
Seien $a, b \in \mathbb{Z}, m \in \mathbb{N}$. Wir sagen:
a ist *restgleich* (kongruent) b bei Division durch m (Kurzschreibweise $a \equiv b\ (m)$) genau dann, wenn a und b bei Division durch m denselben Rest r mit $0 \leq r < m$ lassen. Andernfalls sagen wir: a ist *nicht restgleich* (inkongruent) b bei Division durch m ($a \not\equiv b\ (m)$). $a \equiv b\ (m)$ nennen wir eine *Kongruenz*.

Beispiele

34	$\equiv$	28 (3);	denn der Rest ist jeweils 1.
93	$\equiv$	79 (7);	denn der Rest ist jeweils 2.
56	$\equiv$	86 (10);	denn der Rest ist jeweils 6.
-37	$\equiv$	12 (7);	denn der Rest ist jeweils 5.
-38	$\not\equiv$	13 (7);	denn die Reste sind unterschiedlich (4 bzw. 6).
58	$\not\equiv$	14 (5);	denn die Reste sind unterschiedlich (3 bzw. 4).

Gleichungen dürfen wir *seitenweise addieren.* Gilt entsprechendes auch für Kongruenzen mit gleicher Divisionszahl?

$$20 \equiv 14\ (3) \qquad \text{(Rest jeweils 2)}$$

$$34 \equiv 25\ (3) \qquad \text{(Rest jeweils 1)}$$

Gilt auch $20 + 34 \equiv 14 + 25\ (3)$?

In diesem Beispiel gilt $54 \equiv 39\ (3)$; denn:

$$\left.\begin{array}{l} 54 = 18 \cdot 3 + 0 \\ 39 = 13 \cdot 3 + 0 \end{array}\right\} \text{(Rest jeweils 0)}$$

Weitere Beispiele führen zu der Vermutung:

Satz 1 (Seitenweise Addition von Kongruenzen)
Seien $a, b, c, d \in \mathbb{Z}, m \in \mathbb{N}$. Dann gilt:

$$\begin{array}{ll} \text{Aus} & a \equiv b\ (m) \\ \text{und} & c \equiv d\ (m) \\ \text{folgt} & a + c \equiv b + d\ (m) \end{array}$$

Beweis
Wegen $a \equiv b\ (m)$ lassen a und b bei Division durch m denselben Rest r_1, wegen $c \equiv d\ (m)$ lassen c und d bei Division durch m denselben Rest r_2.
Es gilt daher:[6]

$$\begin{array}{ll} a = q_1 \cdot m + r_1 & b = q_2 \cdot m + r_1 \\ c = q_3 \cdot m + r_2 & d = q_4 \cdot m + r_2 \end{array}$$

Für $a + c$ bzw. $b + d$ gilt also:

$$a + c = (q_1 + q_3) \cdot m + r_1 + r_2 \qquad b + d = (q_2 + q_4) \cdot m + r_1 + r_2$$

Ist $r_1 + r_2 < m$, so sehen wir direkt schon aus diesen beiden Gleichungen, daß gilt $a + c \equiv b + d\ (m)$. Ist $r_1 + r_2 = m$, so lassen $a + c$ und $b + d$ beide bei Division durch m denselben Rest, nämlich den Rest 0, also gilt auch in diesem Fall $a + c \equiv b + d\ (m)$.

[6] Der Satz von der Division mit Rest (V. 3.3 (Satz 3)) bleibt auch richtig, wenn wir in ihm $a \in \mathbb{N}$ durch $a \in \mathbb{Z}$ sowie $q \in \mathbb{N}_0$ durch $q \in \mathbb{Z}$ ersetzen. Vgl. auch: F. Padberg: Elementare Zahlentheorie, Heidelberg 1996, S. 57.

Ist $r_1 + r_2 > m$, so erhalten wir bei der Division von $r_1 + r_2$ durch m in beiden Gleichungen jeweils ein Vielfaches von m, das wir zu $(q_1 + q_3) \cdot m$ bzw. $(q_2 + q_4) \cdot m$ hinzufügen, sowie jeweils *denselben Rest*, also gilt auch in diesem Fall und damit in *allen* Fällen: $a + c$ und $b + d$ lassen bei Division durch m denselben Rest, also gilt stets:

$$\begin{array}{ll} \text{Aus} & a \equiv b\ (m) \text{ und } c \equiv d\ (m) \\ \text{folgt} & a + c \equiv b + d\ (m). \end{array}$$

Bemerkung

Satz 1 sagt also aus, daß wir Kongruenzen mit gleicher Divisionszahl *seitenweise addieren* dürfen – genauso wie wir es von Gleichungen her gewohnt sind. Wir dürfen auch völlig analog Kongruenzen seitenweise subtrahieren (vgl. Aufgabe 12).

Dürfen wir auch Kongruenzen mit gleicher Divisionszahl *seitenweise multiplizieren*? Betrachten wir zunächst zwei Beispiele:

$$\begin{array}{ll} 7 \equiv 4\ (3) & -5 \equiv 7\ (4) \\ 8 \equiv 5\ (3) & -11 \equiv 5\ (4) \end{array}$$

In beiden Beispielen dürfen wir seitenweise multiplizieren; denn es gilt $56 \equiv 20\ (3)$, da 56 und 20 bei Division durch 3 beide denselben Rest lassen, nämlich den Rest 2, und es gilt auch $55 \equiv 35\ (4)$, da sowohl 55 wie 35 den Rest 3 bei Division durch 4 lassen. Weitere Beispiele führen zu der Vermutung:

Satz 2 (Seitenweise Multiplikation von Kongruenzen)
Seien $a, b, c, d \in \mathbb{Z}, m \in \mathbb{N}$. Dann gilt:

$$\begin{array}{ll} \text{Aus} & a \equiv b\ (m) \\ \text{und} & c \equiv d\ (m) \\ \text{folgt} & a \cdot c \equiv b \cdot d\ (m) \end{array}$$

Beweis
Wegen $a \equiv b\ (m)$ lassen a und b bei Division durch m denselben Rest r_1, wegen $c \equiv d\ (m)$ lassen c und d bei Division durch m denselben Rest r_2, es gilt daher:

$$\begin{array}{ll} a = q_1 \cdot m + r_1 & b = q_2 \cdot m + r_1 \\ c = q_3 \cdot m + r_2 & d = q_4 \cdot m + r_2 \end{array}$$

Für $a \cdot c$ bzw. $b \cdot d$ gilt also:

$$\begin{aligned} a \cdot c &= (q_1 \cdot m + r_1) \cdot (q_3 \cdot m + r_2) \\ &= (q_1 \cdot q_3 \cdot m + q_1 \cdot r_2 + q_3 \cdot r_1) \cdot m \\ &\quad + r_1 \cdot r_2 \end{aligned} \qquad \begin{aligned} b \cdot d &= (q_2 \cdot m + r_1) \cdot (q_4 \cdot m + r_2) \\ &= (q_2 \cdot q_4 \cdot m + q_2 \cdot r_2 + q_4 \cdot r_1) \cdot m \\ &\quad + r_1 \cdot r_2 \end{aligned}$$

Ist $r_1 \cdot r_2 < m$, so können wir direkt aus diesen beiden Gleichungen schon ablesen, daß gilt $a \cdot c \equiv b \cdot d\ (m)$.
Ist $r_1 \cdot r_2 = m$ bzw. $r_1 \cdot r_2 > m$ können wir völlig analog wie beim Beweis von Satz 1 argumentieren. Wir haben somit gezeigt, daß in *allen* Fällen $a \cdot c$ und $b \cdot d$ bei Division durch m denselben Rest lassen, daß also stets gilt:

Aus $a \equiv b\ (m)$ und $c \equiv d\ (m)$
folgt $a \cdot c \equiv b \cdot d\ (m)$.

Bemerkung

Wir können also Kongruenzen mit gleicher Divisionszahl *seitenweise multiplizieren* – genauso wie wir es von Gleichungen her gewohnt sind. Für die Ableitung der Teilbarkeitsregeln in den nächsten Abschnitten reicht uns oft schon ein *Spezialfall* von Satz 2 aus, den wir daher als eigenen Satz 3 formulieren:

Satz 3 (Multiplizieren von Kongruenzen)
Seien $a, b \in \mathbb{Z}, m, n \in \mathbb{N}$. Dann gilt:
Aus $a \equiv b\ (m)$ folgt $n \cdot a \equiv n \cdot b\ (m)$.

Bemerkung

Da $n \equiv n\ (m)$ für alle $n \in \mathbb{N}$ gilt, liefert die Anwendung von Satz 2 direkt Satz 3. Wir können Satz 3 auch durch Rückgriff auf Satz 1 beweisen (vgl. Aufgabe 16). Satz 3 sagt aus, daß wir Kongruenzen mit gleicher Divisionszahl mit derselben natürlichen Zahl *multiplizieren* dürfen – genauso wie dies auch bei Gleichungen stets möglich ist. Dagegen können wir Kongruenzen mit gleicher Divisionszahl *nicht* unbefangen durch dieselbe natürliche Zahl *dividieren*, selbst wenn sie als Faktor in den Zahlen auf beiden Seiten der Kongruenz enthalten ist (vgl. Aufgabe 13).

Wir haben in diesem Abschnitt VI. 2 einige elementare Eigenschaften der Restgleichheits- oder Kongruenzrelation abgeleitet, die wir für die Ableitung der Teilbarkeitsregeln in den nächsten Abschnitten benötigen. Wir können die

Restgleichheitsrelation aber auch einsetzen, um die Endziffern beliebig hoher Potenzen natürlicher Zahlen zu bestimmen (vgl. Aufgabe 14). Die Kongruenzrelation wird ferner in der Zahlentheorie auch zur Einführung sogenannter *Restklassen* benutzt, die gut als übersichtliche Modelle für viele algebraische Strukturen dienen können.[7]

3 Teilbarkeitsregeln I : Endstellenregeln

Unser Ansatz zur Ableitung von Teilbarkeitsregeln beruht auf folgender Kernidee: Wir ersetzen jeweils die auf Teilbarkeit durch einen Teiler t zu untersuchende Zahl durch eine *möglichst kleine, restgleiche* Zahl. Ein besonders einfacher Fall liegt vor, wenn die zu untersuchende Zahl restgleich ist zu der durch ihre Endziffer bzw. zu der durch ihre beiden letzten (drei letzten) Endziffern beschriebenen Zahl. Da diese Zahl i. a. wesentlich kleiner ist als die Ausgangszahl, ist so die Frage der Teilbarkeit durch einen Teiler t deutlich leichter zu entscheiden. Man spricht in diesem Fall von *Endstellenregeln.*

Wir betrachten im folgenden zunächst Teilbarkeitsregeln im *dezimalen* Stellenwertsystem, jeweils anschließend aber auch Teilbarkeitsregeln in *nichtdezimalen* Stellenwertsystemen. Wir können so zu der wichtigen Einsicht gelangen, daß die *Teilbarkeit* zweier gegebener Zahlen nur von den betreffenden Zahlen, nicht aber von ihrer je nach Basis des Stellenwertsystems unterschiedlichen Schreibweise abhängt, während die *Teilbarkeitsregeln* für einen festen Teiler t und eine feste Zahl a je nach der Basis des betreffenden Stellenwertsystems durchaus sehr unterschiedlich sein können (vgl. VI. 6).

3.1 Dezimales Stellenwertsystem

Die Zahl 53478 ist im dezimalen Stellenwertsystem eine Kurzschreibweise für $5 \cdot 10^4 + 3 \cdot 10^3 + 4 \cdot 10^2 + 7 \cdot 10 + 8 \cdot 10^0$, entsprechend ist allgemein die Zahl $z_n z_{n-1} \ldots z_1 z_0$ eine Kurzschreibweise für $z_n \cdot 10^n + z_{n-1} \cdot 10^{n-1} + \ldots + z_1 \cdot 10 + z_0 \cdot 10^0$ mit $0 \leq z_i \leq 9$ für $i = 0, 1, \ldots, n$ und $z_n \neq 0$. Mit Hilfe des Summationszeichens $\sum$ läßt sich dies kürzer schreiben in der Form $\sum_{i=0}^{n} z_i \cdot 10^i$ (gelesen: Summe aller $z_i \cdot 10^i$ von $i = 0$ bis n). Das Summationszeichen $\sum_{i=0}^{n} z_i \cdot 10^i$ vermittelt uns die beiden Informationen, daß zunächst in $z_i \cdot 10^i$ für i der Reihe nach $0, 1, 2 \ldots, n$ eingesetzt werden muß und daß sodann diese $n + 1$ Teilprodukte

[7] Vgl. F. Padberg: Elementare Zahlentheorie, Heidelberg 1996, S. 61 ff.

$z_0 \cdot 10^0, z_1 \cdot 10^1, z_2 \cdot 10^2, \ldots, z_n \cdot 10^n$ addiert werden müssen.

Zentraler Baustein für die Ableitung einer *Teilbarkeitsregel für 2* ist die Aussage:
Aus $10 \equiv 0\ (2)$ folgt $10^i \equiv 0\ (2)$ für alle $i \in \mathbb{N}$, also insbesondere auch für $i = 1, 2, \ldots, n$.
Zunächst gilt offensichtlich $10 \equiv 0\ (2)$. Durch wiederholte Anwendung von Satz 3 und durch jeweiliges Multiplizieren der vorhergehenden Kongruenz mit 10 erhalten wir:

$$10 \equiv 0\ (2) \overset{\text{Satz 3}}{\underset{\cdot 10}{\Longrightarrow}} 10^2 \equiv 0\ (2) \overset{\text{Satz 3}}{\underset{\cdot 10}{\Longrightarrow}} 10^3 \equiv 0\ (2) \overset{\text{Satz 3}}{\underset{\cdot 10}{\Longrightarrow}} \ldots \overset{\text{Satz 3}}{\underset{\cdot 10}{\Longrightarrow}} 10^n \equiv 0\ (2).$$

Also gilt $10^i \equiv 0\ (2)$ für $i = 1, 2, \ldots, n$. Für $i = 0$ gilt dagegen diese Kongruenz nicht; denn $1 \not\equiv 0\ (2)$.

Multiplizieren wir die n Kongruenzen

$$10^i \equiv 0\ (2) \quad \text{für} \quad i = 1, 2 \ldots, n$$

jeweils mit der zugehörigen Ziffer z_i, so erhalten wir wegen Satz 3

$$z_i \cdot 10^i \equiv 0\ (2) \quad \text{für} \quad i = 1, 2, \ldots, n.$$

Da ferner trivialerweise gilt

$$z_0 \equiv z_0\ (2)$$

erhalten wir durch schrittweise seitenweise Addition (Satz 1) dieser $n+1$ Kongruenzen

$$\sum_{i=0}^{n} z_i \cdot 10^i \equiv z_0\ (2).$$

Also gilt: *Jede* natürliche Zahl a und ihre Endziffer[8] z_0 lassen bei Division durch 2 stets *denselben Rest*. Also läßt auch a bei Division durch 2 genau dann den *Rest Null*, wenn dies die Endziffer z_0 bei Division durch 2 läßt.
Also gilt: $2 \mid a$ genau dann, wenn $2 \mid z_0$ (z_0: Endziffer von a).

[8] Da keine Mißverständnisse zu befürchten sind, sprechen wir hier *nicht* von der durch die Endziffer z_0 dargestellten Zahl, was korrekter, jedoch umständlicher wäre.

Satz 4 (Teilbarkeitsregel für 2)
Eine natürliche Zahl a, dargestellt im dezimalen Stellenwertsystem, ist genau dann durch 2 teilbar, wenn ihre Endziffer durch 2 teilbar ist (d. h. wenn die Endziffer gerade ist).

Beispiele

$2 \mid 46578$; denn $2 \mid 8$.
$2 \nmid 4327$; denn $2 \nmid 7$.

Bemerkung

Der bei obiger Teilbarkeitsregel für 2 benutzte Ansatz funktioniert offenbar genau so für alle Teiler t, für die gilt $10 \equiv 0 \ (t)$. Dies sind *sämtliche* Teiler von 10, also neben 2 die Zahlen 1, 5 und 10. Wir können also mit demselben Ansatz – wir müssen nur jeweils 2 austauschen gegen 5 bzw. 10 – auch Teilbarkeitsregeln für 5 und 10 ableiten (vgl. Aufgabe 17).

Während wir Teilbarkeitsregeln für 2, 5 und 10 mit Hilfe dieses einheitlichen Ansatzes gewinnen können, funktioniert dies beispielsweise nicht mehr für 4; denn $10 \not\equiv 0 \ (4)$. Es gilt jedoch $10^2 \equiv 0 \ (4)$. Wir können als zentralen Baustein für die Ableitung einer *Teilbarkeitsregel für 4* folgende Aussage beweisen:

Aus $10^2 \equiv 0 \ (4)$ folgt $10^i \equiv 0 \ (4)$ für alle $i \geq 2$, also insbesondere auch für $i = 2, 3, 4, \ldots, n$.

Durch wiederholte Anwendung von Satz 3 beim Multiplizieren jeweils mit 10 erhalten wir:

$$10^2 \equiv 0 \ (4) \underset{\cdot 10}{\overset{\text{Satz 3}}{\Longrightarrow}} 10^3 \equiv 0 \ (4) \underset{\cdot 10}{\overset{\text{Satz 3}}{\Longrightarrow}} 10^4 \equiv 0 \ (4) \underset{\cdot 10}{\overset{\text{Satz 3}}{\Longrightarrow}} \ldots \underset{\cdot 10}{\overset{\text{Satz 3}}{\Longrightarrow}} 10^n \equiv 0 \ (4).$$

Also gilt $10^i \equiv 0 \ (4)$ für $i = 2, 3, \ldots, n$.
Multiplizieren der Kongruenzen $10^i \equiv 0 \ (4)$ für $i = 2, 3, \ldots, n$ jeweils mit der zugehörigen Ziffer z_i ergibt:

$$(*) \qquad z_i \cdot 10^i \equiv 0 \ (4) \quad \text{für} \quad i = 2, 3, \ldots, n.$$

Für $i = 0$ und $i = 1$ gilt die Kongruenz $10^i \equiv 0 \ (4)$ nicht mehr. Trivialerweise gilt jedoch $z_0 \equiv z_o \ (4)$ und $z_1 \cdot 10 \equiv z_1 \cdot 10 \ (4)$.

Durch schrittweise seitenweise Addition der $n-1$ Kongruenzen bei $(*)$ sowie der zwei Kongruenzen $z_0 \equiv z_0$ (4) und $z_1 \cdot 10 \equiv z_1 \cdot 10$ (4) erhalten wir:

$$\sum_{i=0}^{n} z_i \cdot 10^i \equiv z_1 \cdot 10 + z_0 \ (4)$$

Also gilt: Jede natürliche Zahl a und die aus ihren beiden Endziffern gebildete Zahl $z_1 \cdot 10 + z_0$ lassen bei Division durch 4 stets *denselben Rest.* Also läßt a bei Division durch 4 genau dann den *Rest Null,* wenn $z_1 \cdot 10 + z_0$ ebenfalls diesen Rest Null läßt. Daher gilt:

Satz 5 (Teilbarkeitsregel für 4)
Eine natürliche Zahl a, dargestellt im dezimalen Stellenwertsystem, ist genau dann durch 4 teilbar, wenn die aus ihren beiden Endziffern gebildete Zahl durch 4 teilbar ist.

Beispiele

$4 \mid 5792$; denn $4 \mid 92$.
$4 \nmid 25697$; denn $4 \nmid 97$.

Bemerkungen

(1) Durch die Kongruenz $\sum_{i=0}^{n} z_i \cdot 10^i \equiv z_1 \cdot 10 + z_0$ (4) verfügen wir über *mehr* Informationen über die Teilbarkeit natürlicher Zahlen durch 4 als wir in Satz 5 ausformuliert haben. Aufgrund der Kongruenz können wir anhand der aus den beiden Endziffern gebildeten Zahl *nicht nur* entscheiden, ob die Ausgangszahl durch 4 teilbar ist, sondern wir können *zusätzlich* im negativen Fall sogar angeben, welchen von Null verschiedenen *Rest* die Ausgangszahl bei Division durch 4 läßt.

(2) Der bei der Ableitung der obigen Teilbarkeitsregel für 4 benutzte Ansatz funktioniert so offensichtlich nicht nur speziell bei dem Teiler 4, sondern bei *allen* Teilern t, für die gilt $10^2 \equiv 0$ (t). Dies sind sämtliche Teiler von 100, also neben 4 die Zahlen 1, 2, 5, 10, 20, 25, 50, 100 (vgl. Aufgabe 18).

(3) Wir können aufgrund der Sätze 4 und 5 beispielsweise für den Teiler 2 *zwei verschiedene* Teilbarkeitsregeln ableiten.

(4) Wir können die vertraute Teilbarkeitsregel für 4 noch weiter *vereinfachen*. Wegen $10 \equiv 2\ (4)$ gilt auch $z_1 \cdot 10 \equiv z_1 \cdot 2\ (4)$ und damit $z_1 \cdot 10 + z_0 \equiv z_1 \cdot 2 + z_0\ (4)$. Statt also die aus den beiden Endziffern gebildete Zahl auf Teilbarkeit durch 4 zu untersuchen, können wir auch jeweils die deutlich *kleinere* Zahl $z_1 \cdot 2 + z_0$ untersuchen. Dem Vorteil, daß die Zahl $z_1 \cdot 2 + z_0$ kleiner ist, steht jedoch der *Nachteil* gegenüber, daß diese Teilbarkeitsregel für 4 schwerer zu behalten ist als die übliche Regel. Gleichzeitig erkennen wir aber auch schon an diesem Beispiel sowie am Beispiel der Teilbarkeitsregel für 5, daß es durchaus *verschiedene* Teilbarkeitsregeln für gegebene Teiler gibt, wir also nicht einfach von *der* Teilbarkeitsregel für einen gegebenen Teiler sprechen können.

Ausgehend von der als nächstes naheliegenden Kongruenz $10^3 \equiv 0\ (t)$ können wir für *sämtliche* Teiler von 1000, insbesondere also auch für die im Unterricht häufiger erwähnten Teiler 8 und 125, Teilbarkeitsregeln ableiten. So können wir leicht zeigen (vgl. Aufgabe 19), daß beispielsweise $z_i \cdot 10^i \equiv 0\ (8)$ für $i = 3, 4, \ldots, n$ gilt, daß ferner trivialerweise gilt $z_2 \cdot 10^2 + z_1 \cdot 10 + z_0 \equiv z_2 \cdot 10^2 + z_1 \cdot 10 + z_0\ (8)$ und damit insgesamt ableiten

$$\sum_{i=0}^{n} z_i \cdot 10^i \equiv z_2 \cdot 10^2 + z_1 \cdot 10 + z_0\ (8).$$

Also gilt:

Satz 6 (Teilbarkeitsregel für 8)
Eine natürliche Zahl a, dargestellt im dezimalen Stellenwertsystem, ist genau dann durch 8 teilbar, wenn die aus ihren drei Endziffern gebildete Zahl durch 8 teilbar ist.

Beispiele

$8 \mid 47240$; denn $8 \mid 240$.
$8 \nmid 5368411$; denn $8 \nmid 411$.

3.2 Nichtdezimale Stellenwertsysteme

Wir betrachten in diesem Abschnitt *exemplarisch* die Basis 8 und sprechen in den Aufgaben (vgl. die Aufgaben 20, 21, 23 und 24) *weitere* nichtdezimale Basen an. Die Zahl $3462_{⑧}$ ist in dem Stellenwertsystem mit der Basis 8 bekanntlich eine Kurzschreibweise für $3 \cdot 8^3 + 4 \cdot 8^2 + 6 \cdot 8 + 2 \cdot 8^0$, die Zahl

$z_n z_{n-1} \dots z_1 z_{0 \textcircled{8}}$ mit $0 \leq z_i \leq 7$ für $i = 0, 1 \dots, n$ und $z_n \neq 0$ eine Kurzschreibweise für $z_n \cdot 8^n + z_{n-1} \cdot 8^{n-1} + \dots + z_1 \cdot 8^1 + z_0 \cdot 8^0 = \sum_{i=0}^{n} z_i \cdot 8^i$.

Wir notieren Zahlen in nichtdezimalen Basen – soweit dies hilfreich ist – durch Rückgriff auf das uns gut vertraute dezimale Stellenwertsystem als Metasprache und damit im Beispiel der Basis 8 als Potenzen von 8. Selbstverständlich können wir auch stets statt der Potenzen von 8 Potenzen von $10_{\textcircled{8}}$ notieren und so die formale Analogie zur Basis 10 noch stärker betonen.

Im dezimalen Stellenwertsystem sind wir von der Kongruenz $10 \equiv 0\ (t)$ ausgegangen. Entsprechend gehen wir im Stellenwertsystem mit der Basis 8 von der Kongruenz

$$8 \equiv 0\ (t).$$

aus. Diese gilt für alle Teiler von 8, also für 1, 2, 4 und 8. Völlig analog wie im dezimalen Stellenwertsystem zeigen wir beispielsweise für den Teiler 4 in der Basis 8, daß

$$\text{aus } 8 \equiv 0\ (4) \text{ folgt } 8^i \equiv 0\ (4) \quad \text{für } i = 1, 2, \dots, n.$$

Durch wiederholte Anwendung von Satz 3 und durch Multiplizieren der Kongruenzen jeweils mit 8 erhalten wir nämlich:

$$8 \equiv 0\ (4) \overset{\text{Satz 3}}{\underset{\cdot 8}{\Longrightarrow}} 8^2 \equiv 0\ (4) \overset{\text{Satz 3}}{\underset{\cdot 8}{\Longrightarrow}} 8^3 \equiv 0\ (4) \overset{\text{Satz 3}}{\underset{\cdot 8}{\Longrightarrow}} \dots \overset{\text{Satz 3}}{\underset{\cdot 8}{\Longrightarrow}} 8^n \equiv 0\ (4).$$

Multiplizieren wir die n Kongruenzen

$$8^i \equiv 0\ (4) \quad \text{für} \quad i = 1, 2, \dots, n$$

jeweils mit der zugehörigen Ziffer z_i durch, so erhalten wir:

$$z_i \cdot 8^i \equiv 0\ (4) \quad \text{für} \quad i = 1, 2, \dots, n.$$

Da trivialerweise gilt

$$z_0 \equiv z_0\ (4),$$

erhalten wir durch schrittweise seitenweise Addition dieser insgesamt $n + 1$ Kongruenzen

$$\sum_{i=0}^{n} z_i \cdot 8^i \equiv z_0 \ (4).$$

Also gilt: *Jede* natürliche Zahl $a_{⑧}$, dargestellt in der Basis 8, und ihre Endziffer z_0 lassen bei Division durch 4 stets *denselben* Rest. Also läßt speziell auch $a_{⑧}$ bei Division durch 4 genau dann den *Rest Null*, wenn dies die Endziffer z_0 bei Division durch 4 läßt. Also gilt:

Satz 7 (Teilbarkeitsregel für 4 in der Basis 8)
Eine natürliche Zahl $a_{⑧}$, dargestellt in der Basis 8, ist genau dann durch 4 teilbar, wenn ihre Endziffer durch 4 teilbar ist.

Beispiele

$$4 \mid 6570_{⑧}; \text{ denn } 4 \mid 0.$$
$$4 \mid 2514_{⑧}; \text{ denn } 4 \mid 4.$$
$$4 \nmid 6573_{⑧}; \text{ denn } 4 \nmid 3.$$

Bemerkungen

(1) Am Beispiel der Teilbarkeitsregeln für 4 (Satz 5, Satz 7) erkennen wir schon deutlich, daß Teilbarkeitsregeln – im Unterschied zur Teilbarkeit! – *abhängig* sind von dem benutzten *Stellenwertsystem*. Im dezimalen Stellenwertsystem können wir die Teilbarkeit einer Zahl durch 4 keineswegs an der Endziffer, sondern nur an der aus den *beiden* Endziffern gebildeten Zahl überprüfen, in der Basis 8 dagegen allein schon anhand der Endziffer.

(2) Entsprechend wie wir im dezimalen Stellenwertsystem – ausgehend von der Kongruenz $10^2 \equiv 0 \ (t)$ – für alle Teiler von 100 Teilbarkeitsregeln mit Hilfe der aus den beiden Endziffern gebildeten Zahl formulieren und beweisen können (vgl. Satz 5 und die nachfolgenden Bemerkungen), können wir auch im Stellenwertsystem mit der Basis 8 ausgehend von der Kongruenz $8^2 \equiv 0 \ (t)$ für alle Teiler von 8^2 Teilbarkeitsregeln mit Hilfe der aus den *beiden Endziffern* in der Basis 8 gebildeten Zahl formulieren und beweisen. Wir müssen nur im Beweisgang von Satz 5 jeweils 10 durch 8 ersetzen (vgl. Aufgabe 22).

(3) Entsprechend wie wir im dezimalen Stellenwertsystem – ausgehend von der Kongruenz $10^3 \equiv 0\ (t)$ – für alle Teiler von 1000 Teilbarkeitsregeln mit Hilfe der aus den drei letzten Ziffern gebildeten Zahl formulieren und beweisen können (vgl. Satz 6), können wir auch im Stellenwertsystem mit der Basis 8 ausgehend von der Kongruenz $8^3 \equiv 0\ (t)$ für alle Teiler von 8^3 Teilbarkeitsregeln mit Hilfe der aus den *drei letzten* Ziffern in der Basis 8 gebildeten Zahl formulieren und beweisen (vgl. Aufgabe 24).

4 Teilbarkeitsregeln II: Quersummenregeln

4.1 Dezimales Stellenwertsystem

Gilt für gegebene Teiler t $\quad 10 \equiv 0\ (t)$ bzw. $10^2 \equiv 0\ (t)$ bzw. $10^3 \equiv 0\ (t)$, so hängt die auf Teilbarkeit zu untersuchende, möglichst kleine, restgleiche Zahl sehr eng mit der gegebenen Zahl zusammen – wir müssen nämlich nur jeweils die *aus den Endstellen* gebildete Zahl betrachten, die offensichtlich (bei hinreichender Stellenanzahl) stets kleiner ist als die Ausgangszahl. Für beispielsweise die Teiler 3 und 9 kann es aber *keine* so einfach gebaute *Endstellenregel* geben; denn wegen $10 = 2 \cdot 5$ kann auch für noch so hohe Zehnerpotenzen 10^n *nie* $10^n \equiv 0\ (9)$ bzw. $10^n \equiv 0\ (3)$ gelten (vgl. Aufgabe 27). Dennoch besteht ein einfacher Zusammenhang zwischen der Basis 10 des dezimalen Stellenwertsystems und den Teilern 3 und 9. Es gilt nämlich $10 \equiv 1\ (9)$ und $10 \equiv 1\ (3)$.

Zentraler Baustein für die Ableitung einer *Teilbarkeitsregel für 9* (und entsprechend auch für 3; vgl. Aufgabe 28) ist die Aussage:

$$\text{Aus } 10 \equiv 1\ (9) \text{ folgt } 10^i \equiv 1\ (9) \text{ für } i = 1, 2, \ldots, n.$$

Zunächst gilt offensichtlich $\quad 10 \equiv 1\ (9)$. Durch wiederholte Anwendung von Satz 2 (Seitenweise Multiplikation von Kongruenzen) erhalten wir:

$$\begin{array}{lll}
10 \equiv 1\ (9) & \text{und } 10 \equiv 1\ (9) & \overset{\text{Satz 2}}{\Longrightarrow} 10^2 \equiv 1\ (9) \\
10^2 \equiv 1\ (9) & \text{und } 10 \equiv 1\ (9) & \overset{\text{Satz 2}}{\Longrightarrow} 10^3 \equiv 1\ (9) \\
10^3 \equiv 1\ (9) & \text{und } 10 \equiv 1\ (9) & \overset{\text{Satz 2}}{\Longrightarrow} 10^4 \equiv 1\ (9) \\
10^4 \equiv 1\ (9) & & \\
\quad\vdots & & \\
10^n \equiv 1\ (9) & &
\end{array}$$

Also gilt $10^i \equiv 1\ (9)$ für $i = 1, 2, \ldots, n$. Wegen $10^0 = 1$ gilt diese Kongruenz auch für $i = 0$. Multiplizieren wir die $n + 1$ Kongruenzen

$$10^i \equiv 1\ (9) \quad \text{für} \quad i = 0, 1, 2, \dots, n$$

jeweils mit der zugehörigen Ziffer z_i durch, so erhalten wir wegen Satz 3

$$z_i \cdot 10^i \equiv z_i\ (9) \quad \text{für } i = 0, 1, 2, \dots, n.$$

Durch schrittweise Addition (Satz 1) dieser $n + 1$ Kongruenzen erhalten wir:

$$\sum_{i=0}^{n} z_i \cdot 10^i \equiv \sum_{i=0}^{n} z_i\ (9).$$

Bezeichnen wir die linke Zahl kurz durch a, die rechte Zahl $\sum_{i=0}^{n} z_i$ als *Quersumme von a* (kurz $Q\ (a)$), so haben wir bewiesen:

Jede natürliche Zahl a, dargestellt im dezimalen Stellenwertsystem, und ihre Quersumme $Q\ (a)$ lassen bei Division durch 9 stets *denselben Rest.* Also läßt a bei Division durch 9 genau dann den *Rest Null*, wenn die zugehörige Quersumme $Q\ (a)$ bei Division durch 9 den Rest Null läßt. Also gilt: $9 \mid a$ genau dann, wenn $9 \mid Q\ (a)$.

Satz 8 (Teilbarkeitsregel für 9)
Eine natürliche Zahl a, dargestellt im dezimalen Stellenwertsystem, ist genau dann durch 9 teilbar, wenn ihre Quersumme $Q(a)$ durch 9 teilbar ist.

Beispiele

$9 \mid 27369$; denn $Q(27369) = 27$ und $9 \mid 27$.
$9 \nmid 26458$; denn $Q(26458) = 25$ und $9 \nmid 25$.

Bemerkungen

(1) Eine entsprechende Beweisführung ist für *alle* Teiler t mit $10 \equiv 1(t)$ möglich, sie funktioniert in diesem Fall also zusätzlich nur für den Teiler 3.

(2) Entsprechend wie bei den Endstellenregeln können wir auch hier für alle Teiler t mit $10^2 \equiv 1\ (t)$, also für alle Teiler von 99, Teilbarkeitsregeln 2. Ordnung ableiten. Durch diesen Ansatz erhalten wir hier z. B. eine Teilbarkeitsregel für 11. Bezeichnen wir beispielsweise $38 + 49 + 56$ als

Quersumme zweiter Ordnung von 564 938, und definieren wir entsprechend allgemein *Quersummen zweiter Ordnung*, so können wir folgende **Teilbarkeitsregel für 11** ableiten (vgl. Aufgabe 30):

Eine natürliche Zahl, dargestellt im dezimalen Stellenwertsystem, ist genau dann durch 11 teilbar, wenn ihre Quersumme zweiter Ordnung durch 11 teilbar ist.

So gilt $11 \mid 653\,466$; denn die Quersumme zweiter Ordnung von 653 466 ist $66 + 34 + 65 = 165$ und $11 \mid 165$.

Dagegen gilt $11 \nmid 234\,578$; denn $78 + 45 + 23 = 146$ und $11 \nmid 146$.

(3) Für alle Teiler t mit $10^3 \equiv 1\ (t)$, also für alle Teiler von 999, können wir entsprechend auch *Quersummenregeln dritter Ordnung* formulieren und beweisen.

4.2 Nichtdezimale Stellenwertsysteme

Wir betrachten in diesem Abschnitt *exemplarisch* die Basis 7 und sprechen in den Aufgaben (vgl. die Aufgaben 32, 33, 34) *weitere* nichtdezimale Basen an. Entsprechend wie wir im dezimalen Stellenwertsystem von der Kongruenz $10 \equiv 1\ (t)$ ausgegangen sind, gehen wir im Stellenwertsystem mit der Basis 7 von der Kongruenz

$$7 \equiv 1\ (t)$$

aus. Diese gilt für $t = 1, 2, 3$ und 6, also für alle Teiler von 6 $(= 7 - 1)$. Völlig analog wie im dezimalen Stellenwertsystem zeigen wir beispielsweise für den Teiler 2 in der Basis 7, daß aus

$$7 \equiv 1\ (t) \quad \text{folgt} \quad 7^i \equiv 1\ (t) \quad \text{für} \quad i = 1, 2, \ldots, n.$$

Zunächst gilt offensichtlich $7 \equiv 1\ (2)$. Durch wiederholte Anwendung von Satz 2 (Seitenweise Multiplikation von Kongruenzen) erhalten wir:

$$\begin{array}{lll}
7 \equiv 1\ (2) & \text{und } 7 \equiv 1\ (2) & \overset{\text{Satz 2}}{\Longrightarrow} 7^2 \equiv 1\ (2) \\
7^2 \equiv 1\ (2) & \text{und } 7 \equiv 1\ (2) & \overset{\text{Satz 2}}{\Longrightarrow} 7^3 \equiv 1\ (2) \\
7^3 \equiv 1\ (2) & \text{und } 7 \equiv 1\ (2) & \overset{\text{Satz 2}}{\Longrightarrow} 7^4 \equiv 1\ (2) \\
7^4 \equiv 1\ (2) & & \\
\quad\vdots & & \\
7^n \equiv 1\ (2) & &
\end{array}$$

Also gilt $7^i \equiv 1\ (2)$ für $i = 1, 2, \ldots, n$. Wegen $7^0 = 1$ gilt diese Kongruenz auch für $i = 0$. Multiplizieren wir die $n + 1$ Kongruenzen

$$7^i \equiv 1\ (2) \quad \text{für} \quad i = 0, 1, 2, \ldots, n$$

jeweils mit der zugehörigen Ziffer z_i durch, so erhalten wir wegen Satz 3

$$z_i \cdot 7^i \equiv z_i\ (2) \quad \text{für} \quad i = 0, 1, 2, \ldots, n.$$

Durch schrittweise Addition (Satz 1) dieser $n+1$ Kongruenzen erhalten wir:

$$\sum_{i=0}^{n} z_i \cdot 7^i \equiv \sum_{i=0}^{n} z_i\ (2)$$

Bezeichnen wir die linke Zahl kurz durch $a_{⑦}$, die rechte Zahl $\sum_{i=0}^{n} z_i$ als *Quersumme* von $a_{⑦}$ (kurz: $Q(a_{⑦})$), so haben wir bewiesen:

Jede natürliche Zahl $a_{⑦}$, dargestellt im Stellenwertsystem mit der Basis 7, und ihre Quersumme $Q(a_{⑦})$ lassen bei Division durch 2 stets *denselben Rest*. Also läßt $a_{⑦}$ bei Division durch 2 genau dann den Rest *Null*, wenn die zugehörige Quersumme $Q(a_{⑦})$ bei Division durch 2 den Rest Null läßt. Also gilt:

Satz 9 (Teilbarkeitsregel für 2 in der Basis 7)
Eine natürliche Zahl $a_{⑦}$, dargestellt in der Basis 7, ist genau dann durch 2 teilbar, wenn ihre Quersumme $Q(a_{⑦})$ durch 2 teilbar ist.

Beispiele

$$2 \mid 1463_{⑦}; \text{ denn } Q(1463_{⑦}) = 14 \text{ und } 2 \mid 14.$$

$$2 \nmid 2355_{⑦}; \text{ denn } Q(2355_{⑦}) = 15 \text{ und } 2 \nmid 15.$$

Bemerkungen

(1) Satz 9 verdeutlicht erneut die Abhängigkeit der Teilbarkeitsregeln von der benutzten Basis. Während die übliche Teilbarkeitsregel für zwei im *dezimalen* Stellenwertsystem eine besonders einfache *Endstellenregel* ist, ist die Teilbarkeitsregel für zwei in der Basis 7 dagegen eine *Quersummenregel.*

(2) Im dezimalen Stellenwertsystem gilt für den Teiler $9(= 10 - 1)$ sowie für alle Teiler von 9 eine Quersummenregel (Satz 8). Im Stellenwertsystem mit der Basis 7 gilt analog für $6(= 7 - 1)$ sowie für alle Teiler von 6 eine entsprechende Quersummenregel. Wir können leicht zeigen, daß *allgemein* bei einem Stellenwertsystem mit einer gegebenen Basis $b > 1$ für

den um 1 kleineren Teiler $b-1$ sowie für alle Teiler von $b-1$ jeweils eine entsprechende Quersummenregel gilt (vgl. Aufgabe 35).

(3) Entsprechend wie im dezimalen Stellenwertsystem können wir auch in nichtdezimalen Stellenwertsystemen *Quersummenregeln zweiter Ordnung* ableiten, so z. B. in der Basis 7 für alle Teiler t mit $7^2 \equiv 1(t)$, also für alle Teiler von 48 (vgl. Aufgabe 36).

(4) Auch in nichtdezimalen Stellenwertsystemen können wir *Quersummenregeln dritter Ordnung* ableiten, so zum Beispiel in der Basis 7 für alle Teiler t mit $7^3 \equiv 1(t)$, also für alle Teiler von 342.

5 Teilbarkeitsregeln III: Alternierende Quersummenregeln

5.1 Dezimales Stellenwertsystem

Durch die *bisher* behandelten Regeltypen (Endstellenregeln, Quersummenregeln) verfügen wir bislang im dezimalen Stellenwertsystem im Bereich der Teiler von 2 bis 10 über Teilbarkeitsregeln für 2, 4, 5, 8 und 10 (Endstellenregeln) sowie für 3 und 9 (Quersummenregeln). Es *fehlen* in diesem Bereich noch Teilbarkeitsregeln für die Teiler 6 und 7. Durch die *Kombination* der Teilbarkeitsregeln für 2 und 3 gewinnen wir leicht eine Teilbarkeitsregel für 6: Eine natürliche Zahl a ist genau dann durch 6 teilbar, wenn sie durch 2 und 3 teilbar ist (vgl. Aufgabe 37). Da 7 als Primzahl unzerlegbar ist, können wir hier *nicht* analog vorgehen.

Wir haben bislang ausgehend von den drei besonders einfachen Kongruenzen $10 \equiv 0(t), 10^2 \equiv 0(t)$ und $10^3 \equiv 0(t)$ im Abschnitt VI.3 *Endstellen*regeln sowie ausgehend von den drei ebenfalls relativ einfachen Kongruenzen $10 \equiv 1(t), 10^2 \equiv 1(t)$ und $10^3 \equiv 1(t)$ im Abschnitt VI.4 *Quersummen*regeln für das dezimale Stellenwertsystem abgeleitet. Die aus diesen Kongruenzen resultierenden Teilbarkeitsregeln sind *darum* besonders einfach, weil wir beim Potenzieren sowohl von 0 wie auch von 1 stets unverändert 0 bzw. 1 erhalten. Die beiden Zahlen 0 und 1 sind aber auch schon die einzigen natürlichen Zahlen, für die dieses *voll* zutrifft. Daneben besitzt nur noch die Zahl -1 eine vergleichbare Eigenschaft. Für -1 gilt zwar *nicht*, daß sie beim Potenzieren stets unverändert bleibt, für -1 gilt jedoch, daß wir beim Potenzieren hier *abwechselnd* (alternierend) 1 und -1 erhalten. Daher liegt es nahe, ausgehend von den Kongruenzen $10 \equiv -1(t)$ oder $10^2 \equiv -1(t)$ oder $10^3 \equiv -1(t)$ nach

Teilbarkeitsregeln für weitere Teiler zu suchen. Hierbei können wir mit Hilfe der letztgenannten Kongruenz $10^3 \equiv -1(7)$ auch eine bislang noch fehlende Teilbarkeitsregel für 7 ableiten (vgl. S. 160).

Wir beginnen mit der Kongruenz $10 \equiv -1(t)$. Es gilt $10 \equiv -1(11)$.

Zentraler Baustein für die Ableitung einer (weiteren) *Teilbarkeitsregel für 11* ist die Aussage:

Aus $10 \equiv -1(11)$ folgt $10^i \equiv (-1)^i(11)$ für $i = 1, 2, \ldots, n$.

Wir gewinnen diese Aussage schrittweise durch die Anwendung von Satz 2 (Seitenweise Multiplikation von Kongruenzen) auf die Kongruenz $10 \equiv -1(11)$:

$$\begin{array}{llll}
10 \equiv -1\ (11) & \text{und} \quad 10 \equiv -1\ (11) & \overset{\text{Satz 2}}{\Longrightarrow} & 10^2 \equiv 1\ (11). \\
10^2 \equiv 1\ (11) & \text{und} \quad 10 \equiv -1\ (11) & \overset{\text{Satz 2}}{\Longrightarrow} & 10^3 \equiv -1\ (11). \\
10^3 \equiv -1\ (11) & \text{und} \quad 10 \equiv -1\ (11) & \overset{\text{Satz 2}}{\Longrightarrow} & 10^4 \equiv 1\ (11). \\
10^4 \equiv 1\ (11) & & & \\
\quad\vdots & & & \\
10^n \equiv 1\ (11) & \text{,falls } n \text{ gerade ist.} & & \\
10^n \equiv -1\ (11) & \text{,falls } n \text{ ungerade ist.} & &
\end{array}$$

Also gilt insgesamt für $i = 1, 2, \ldots, n$:

$$10^i \equiv (-1)^i\ (11).$$

Wegen $10^0 = 1$ und $(-1)^0 = 1$ gilt sogar

$$10^i \equiv (-1)^i(11) \text{ für } i = 0, 1, 2, \ldots, n.$$

Multiplizieren wir diese $n + 1$ Kongruenzen jeweils mit der zugehörigen Ziffer z_i durch, so erhalten wir:

$$z_i \cdot 10^i \equiv (-1)^i \cdot z_i(11) \text{ für } i = 0, 1, 2, \ldots, n.$$

Die schrittweise seitenweise Addition ergibt:

$$\sum_{i=0}^{n} z_i \cdot 10^i \equiv \sum_{i=0}^{n} (-1)^i \cdot z_i\ (11).$$

Bezeichnen wir die linke Zahl kurz durch a, die rechte Zahl $\sum_{i=0}^{n}(-1)^i \cdot z_i$ als *alternierende Quersumme* von a (kurz: $Q'(a)$), so haben wir bewiesen:

Jede natürliche Zahl a, dargestellt im dezimalen Stellenwertsystem, und ihre alternierende Quersumme $Q'(a)$ lassen bei Division durch 11 stets *denselben Rest.* Daher läßt a bei Division durch 11 genau dann den *Rest Null*, wenn die zugehörige alternierende Quersumme $Q'(a)$ bei Division durch 11 den Rest Null läßt.
Also gilt:

Satz 10 (Teilbarkeitsregel für 11)
Eine natürliche Zahl a, dargestellt im dezimalen Stellenwertsystem, ist genau dann durch 11 teilbar, wenn ihre alternierende Quersumme $Q'(a)$ durch 11 teilbar ist.

Beispiele

$11 \mid 81532$; denn $Q'(81532) = 2 - 3 + 5 - 1 + 8 = 11$ und $11 \mid 11$.

$11 \nmid 642583$; denn $Q'(642583) = 3 - 8 + 5 - 2 + 4 - 6 = -4$ und $11 \nmid (-4)$.

Bemerkungen

(1) Durch den Satz 10 und durch die Bemerkung (2) im Anschluß an den Satz 8 verfügen wir über *zwei verschiedene* Teilbarkeitsregeln für den Teiler 11 im *dezimalen* Stellenwertsystem, nämlich über vorstehende alternierende Quersummenregel sowie über eine Quersummenregel zweiter Ordnung.

(2) In engem Zusammenhang mit den Teilbarkeitsregeln für 9 und 11 stehen zwei *Rechenproben*, die sogenannte *Neuner-* und *Elferprobe*. Beim Beweis der Sätze 8 und 10 haben wir nämlich abgeleitet, daß gilt

$$a \equiv Q(a)\ (9) \text{ und } a \equiv Q'(a)\ (11).$$

Daher gelten für Produkte $a \cdot b$ insbesondere auch stets folgende Kongruenzen:

$a \equiv Q(a)\ (9), \quad b \equiv Q(b)\ (9)$, also auch $a \cdot b \equiv Q(a) \cdot Q(b)\ (9)$ (Satz 2).

Ferner gilt $a \cdot b \equiv Q(a \cdot b)\ (9)$ und daher insgesamt:

(1) $Q(a \cdot b) \equiv Q(a) \cdot Q(9)\ (9)$

Bezüglich 11 gilt analog (vgl. Aufgabe 40):

(2) $Q'(a \cdot b) \equiv Q'(a) \cdot Q'(b)\ (11)$.

Gelten die Kongruenzen (1) oder (2) *nicht* bei einem gegebenen Produkt, so ist die Rechnung mit Sicherheit *falsch*. *Gelten* sie hingegen in einem gegebenen Produkt, so ist das Produkt nur mit einer ziemlich hohen Wahrscheinlichkeit – jedoch *nicht* mit Sicherheit! – richtig; denn unterscheiden sich das fehlerhafte und das richtige Ergebnis um ein Vielfaches von 9 oder 11, so wird der Fehler durch diese Kongruenzen nicht aufgedeckt (vgl. Aufgabe 41 und 42).

Beispiele

(1) $798 \cdot 546 = 435718$

$Q(798) = 24 \qquad Q(546) = 15 \qquad Q(435718) = 28$

$Q(435718) \not\equiv Q(798) \cdot Q(546)\ (9)$

Die Rechnung ist mit Sicherheit falsch.[9]

(2) $798 \cdot 546 = 435798$

$Q(798) = 24 \qquad Q(546) = 15 \qquad Q(435798) = 36$

$Q(435798) \equiv Q(798) \cdot Q(546)\ (9)$

Die Rechnung ist wahrscheinlich richtig. Die gleichzeitige Anwendung der Elferprobe ergibt:

$Q'(798) = 6 \qquad Q'(546) = 7 \qquad Q'(435798) = 0$

$Q'(435798) \not\equiv Q'(798) \cdot Q'(546)\ (11)$

Die Rechnung ist also trotz positiver Neunerprobe dennoch *falsch*.

Wir haben bislang bei der Suche nach weiteren Teilbarkeitsregeln die Kongruenz $10 \equiv -1(t)$ für $t = 11$ untersucht. Im folgenden werden wir noch die Kongruenz $10^2 \equiv -1(t)$ und $10^3 \equiv -1(t)$ etwas genauer betrachten. Während uns jedoch die Kongruenz $10^2 \equiv -1(t)$ nur für die Primzahl 101 eine (uninteressante) Teilbarkeitsregel liefert, können wir durch die Kongruenz $10^3 \equiv -1(t)$ endlich eine – bislang noch fehlende – Teilbarkeitsregel für 7 und daneben u. a.

[9]Die Rechnung vereinfacht sich oft stark, wenn wir in obiger Kongruenz von zwei- oder mehrziffrigen Quersummen jeweils wieder so lange die Quersumme bilden, bis sie einziffrig ist (vgl. Aufgabe 44).

noch eine (weitere) Teilbarkeitsregel für 11 und 13 gewinnen. Wir beschränken uns hier auf die *Teilbarkeitsregel für 7* (vgl. Aufgabe 45):

$$
\begin{array}{llll}
10^3 \equiv -1\ (7) & \overset{\text{Satz 2}}{\Longrightarrow} 10^{3i} & \equiv (-1)^i\ (7) & \text{für } i = 1, 2, \dots, \\
10^{3i} \equiv (-1)^i\ (7) & \underset{\cdot 10}{\overset{\text{Satz 3}}{\Longrightarrow}} 10^{3i+1} & \equiv (-1)^i \cdot 10\ (7) & \text{für } i = 1, 2, \dots, \\
10^{3i} \equiv (-1)^i\ (7) & \underset{\cdot 100}{\overset{\text{Satz 3}}{\Longrightarrow}} 10^{3i+2} & \equiv (-1)^i \cdot 100\ (7) & \text{für } i = 1, 2, \dots .
\end{array}
$$

Die drei rechts stehenden Kongruenzen haben folgenden Effekt:
Zerlegen wir eine gegebene Zahl von rechts her in Dreierblöcke (wobei der von rechts aus gesehen letzte Block auch aus nur einer oder zwei Ziffern bestehen darf), so sind sämtliche Zehnerpotenzen jeweils restgleich zu 1 oder -1 bzw. zu 10 oder -10 bzw. zu 100 oder -100, und hierdurch sind die Vorzeichen dieser Dreierblöcke abwechselnd (alternierend) „ + “ oder „ − “ , so wie es das folgende Beispiel verdeutlicht:

$$469.538.685 = (4 \cdot 10^8 + 6 \cdot 10^7 + 9 \cdot 10^6) + (5 \cdot 10^5 + 3 \cdot 10^4 + 8 \cdot 10^3) + 685$$

$$
\begin{array}{ll}
4 \cdot 10^8 \equiv 4 \cdot 100\ (7) & 5 \cdot 10^5 \equiv 5 \cdot (-100)\ (7) \\
6 \cdot 10^7 \equiv 6 \cdot 10\ \ (7) & 3 \cdot 10^4 \equiv 3 \cdot (-10)\ \ (7) \\
9 \cdot 10^6 \equiv \qquad 9\ (7) & 8 \cdot 10^3 \equiv 8 \cdot (-1)\ \ \ (7)
\end{array}
$$

also: $4 \cdot 10^8 + 6 \cdot 10^7 + 9 \cdot 10^6 \equiv 469\ (7)$ $\qquad 5 \cdot 10^5 + 3 \cdot 10^4 + 8 \cdot 10^3 \equiv -538\ (7)$

Da trivialerweise $685 \equiv 685\ (7)$ gilt, gilt insgesamt für die gegebene Zahl (Satz 1):

$$469.538.685 \equiv 685 - 538 + 469\ (7).$$

Statt also die sehr große Ausgangszahl auf Teilbarkeit durch 7 zu untersuchen, reicht es aus, die viel kleinere, restgleiche Zahl $685 - 538 + 469$ (also die zugehörige *alternierende Quersumme dritter Ordnung*, kurz: $Q'_3(a)$) auf Teilbarkeit durch 7 zu untersuchen. Entsprechend können wir bei beliebig großen natürlichen Zahlen mit mindestens 4 Stellen vorgehen. Wir haben hiermit abgeleitet:

Satz 11 (Teilbarkeitsregel für 7)
Eine natürliche Zahl a, dargestellt im dezimalen Stellenwertsystem, ist genau dann durch 7 teilbar, wenn ihre alternierende Quersumme dritter Ordnung $Q'_3(a)$ durch 7 teilbar ist.

Beispiele

$$\begin{aligned}
7 \mid 589.648.276; \quad & \text{denn } Q_3'(589.648.276) = 276 - 648 + 589 \\
& = 217 \quad \text{und} \quad 7 \mid 217. \\
7 \mid 61.284.776; \quad & \text{denn } Q_3'(61.284.776) = 776 - 284 + 61 \\
& = 553 \quad \text{und} \quad 7 \mid 553. \\
7 \mid 4.578; \quad & \text{denn } Q_3'(4.578) = 578 - 4 = 574 \\
& \text{und} \quad 7 \mid 574.
\end{aligned}$$

5.2 Nichtdezimale Stellenwertsysteme

Wir betrachten hier *exemplarisch* die Basis 3. Entsprechend wie wir im dezimalen Stellenwertsystem von der Kongruenz $10 \equiv -1(t)$ ausgehen, gehen wir im Stellenwertsystem mit der Basis 3 von der Kongruenz

$$3 \equiv -1 \ (t)$$

aus. Diese gilt für $t = 1, 2, 4$, also für alle Teiler von $4(= 3 + 1)$. Entsprechend wie im dezimalen Stellenwertsystem zeigen wir beispielsweise für den Teiler 4 in der Basis 3, daß aus

$$3 \equiv -1 \ (4) \text{ folgt } 3^i \equiv (-1)^i \ (4) \text{ für } i = 1, 2, \ldots, n.$$

Zunächst gilt $3 \equiv -1 \ (4)$. Durch schrittweise Anwendung von Satz 2 erhalten wir:

$$\begin{aligned}
3 &\equiv -1 \ (4) \quad \text{und} \quad 3 \equiv -1 \ (4) \overset{\text{Satz 2}}{\Longrightarrow} \quad 3^2 \equiv \ \ 1 \ (4). \\
3^2 &\equiv \ \ 1 \ (4) \quad \text{und} \quad 3 \equiv -1 \ (4) \overset{\text{Satz 2}}{\Longrightarrow} \quad 3^3 \equiv -1 \ (4). \\
3^3 &\equiv -1 \ (4) \quad \text{und} \quad 3 \equiv -1 \ (4) \overset{\text{Satz 2}}{\Longrightarrow} \quad 3^4 \equiv \ \ 1 \ (4). \\
3^4 &\equiv \ \ 1 \ (4) \\
&\vdots \\
3^n &\equiv \ \ 1 \ (4) \qquad \text{,falls } n \text{ gerade ist.} \\
3^n &\equiv -1 \ (4) \qquad \text{,falls } n \text{ ungerade ist.}
\end{aligned}$$

Also gilt insgesamt für $i = 1, 2, \ldots, n$:

$$3^i \equiv (-1)^i \ (4)$$

Wegen $3^0 = 1$ und $(-1)^0 = 1$ gilt sogar

$$3^i \equiv (-1)^i (4) \text{ für } i = 0, 1, 2, \dots, n.$$

Durch Multiplikation mit der zugehörigen Ziffer z_i erhalten wir:

$$z_i \cdot 3^i \equiv (-1)^i \cdot z_i \ (4) \text{ für } i = 0, 1, 2, \dots, n.$$

Schrittweise Addition dieser $n + 1$ Kongruenzen ergibt

$$\sum_{i=0}^{n} z_i \cdot 3^i \equiv \sum_{i=0}^{n} (-1)^i \cdot z_i \ (4).$$

Bezeichnen wir die linke Zahl mit $a_{③}$ und die rechte Zahl $\sum_{i=0}^{n} (-1)^i \cdot z^i$ als *alternierende Quersumme von $a_{③}$* (kurz: $Q'(a_{③})$, so haben wir hiermit bewiesen:

Jede natürliche Zahl $a_{③}$, dargestellt in der Basis 3, und ihre alternierende Quersumme $Q'(a_{③})$ lassen bei Division durch 4 stets *denselben Rest*, also auch stets gemeinsam den *Rest Null*, also gilt:

Satz 12 (Teilbarkeitsregel für 4 in der Basis 3)
Eine natürliche Zahl $a_{③}$, dargestellt in der Basis 3, ist genau dann durch 4 teilbar, wenn ihre alternierende Quersumme $Q'(a_{③})$ durch 4 teilbar ist.

Beispiele

$4 \mid 2101_{③}$; denn $Q'(2101_{③}) = 1 - 0 + 1 - 2 = 0$
und $4 \mid 0$.
$4 \nmid 22012_{③}$; denn $Q'(22012_{③}) = 2 - 1 + 0 - 2 + 2 = 1$
und $4 \nmid 1$.

Bemerkungen

(1) Im dezimalen Stellenwertsystem gilt für den Teiler $11 (= 10 + 1)$ eine alternierende Quersummenregel (Satz 10), in der Basis 3 für den Teiler $4 (= 3 + 1)$ sowie für alle Teiler von 4 ebenfalls eine alternierende Quersummenregel. Wir können leicht zeigen, daß *allgemein* bei einem Stellenwertsystem mit einer gegebenen Basis $b > 1$ für den um 1 größeren Teiler $b + 1$ (sowie für alle Teiler von $b + 1$) eine entsprechende alternierende Quersummenregel gilt (vgl. Aufgabe 47).

(2) Entsprechend wie im dezimalen Stellenwertsystem können wir auch in

nichtdezimalen Stellenwertsystemen, so z. B. in der Basis 3, für alle Teiler t mit $3^2 \equiv -1\ (t)$, also für alle Teiler von 10 (vgl. Aufgabe 48), alternierende Quersummenregeln *zweiter* Ordnung sowie für alle Teiler mit $3^3 \equiv -1\ (t)$, also für alle Teiler von 28, alternierende Quersummenregeln *dritter* Ordnung ableiten.

6 Zusammenfassender Überblick

6.1 Überblick über Teilbarkeitsregeln im Dezimalsystem

In der nachfolgenden Tabelle listen wir für gebräuchliche Teiler t jeweils knapp zunächst den *Regeltyp*, sodann die zu einer gegebenen Zahl $a = \sum_{i=0}^{n} z_i \cdot 10^i$ *restgleiche kleinere Zahl* auf, die wir jeweils untersuchen sowie zum Abschluß *grundlegende Kongruenzen* (Bausteine) für die Ableitung dieser Teilbarkeitsregeln. Neben den im Schulunterricht gebräuchlichen Teilern in der ersten Zeile der ersten Spalte notieren wir dort in der zweiten Zeile *sämtliche* Zahlen, für die dieser Regeltyp gilt.

Teiler	Regeltyp	a ist restgleich zu	Bausteine
2, 5, 10 $T(10)$	Endstellenregel (1. Ordnung) $E1$	z_0	$10 \equiv 0\ (t) \Rightarrow 10^i \equiv 0\ (t)$ für $i = 1, 2, \ldots, n$. $z_0 \equiv z_0\ (t)$.
4, 25 $T(100)$	Endstellenregel (2. Ordnung) $E2$	$z_1 \cdot 10 + z_0$	$10^2 \equiv 0\ (t) \Rightarrow 10^i \equiv 0\ (t)$ für $i = 2, 3, \ldots, n$. $z_1 \cdot 10 + z_0 \equiv z_1 \cdot 10 + z_0\ (t)$.
8, 125 $T(1000)$	Endstellenregel (3. Ordnung) $E3$	$z_2 \cdot 10^2 + z_1 \cdot 10 + z_0$	$10^3 \equiv 0\ (t) \Rightarrow 10^i \equiv 0\ (t)$ für $i = 3, 4 \ldots, n$. $z_2 \cdot 10^2 + z_1 \cdot 10 + z_0$ $\equiv z_2 \cdot 10^2 + z_1 \cdot 10 + z_0\ (t)$,
3, 9 $T(9)$	Quersummenregel (1. Ordnung) $Q1$	$\sum_{i=0}^{n} z_i$	$10 \equiv 1(t) \Rightarrow 10^i \equiv 1(t)$ für $i = (0), 1, 2, \ldots, n$.
11 $T(99)$	Quersummenregel (2. Ordnung) $Q2$	$z_0z_1 + z_2z_3 +$ $z_4z_5 + \ldots$	$10^2 \equiv 1(t) \Rightarrow 10^{2i} \equiv 1(t)$, $10^{2i+1} \equiv 10(t)$ für $i = (0), 1, 2, \ldots$

Teiler	Regeltyp	a ist restgleich zu	Bausteine
– $T(999)$	Quersummenregel (3. Ordnung) $Q3$	$z_0z_1z_2 + z_3z_4z_5$ $+z_6z_7z_8 + \ldots$	$10^3 \equiv 1(t) \Rightarrow 10^{3i} \equiv 1(t)$, $10^{3i+1} \equiv 10(t)$, $10^{3i+2} \equiv 100(t)$ für $i = (0), 1, 2, \ldots$
11 $T(11)$	Alternierende Quersummenregel (1. Ordnung) $A1$	$\sum_{i=0}^{n}(-1)^i z_i$	$10 \equiv -1(t) \Rightarrow 10^i \equiv (-1)^i(t)$, für $i = (0), 1, 2, \ldots, n$.
– $T(101)$	Alternierende Quersummenregel (2. Ordnung) $A2$	$z_0z_1 - z_2z_3+$ $z_4z_5 - \ldots$	$10^2 \equiv -1(t) \Rightarrow 10^{2i} \equiv (-1)^i(t)$, $10^{2i+1} \equiv (-1)^i \cdot 10(t)$ für $i = (0), 1, 2, \ldots$
7, 11, 13 $T(1001)$	Alternierende Quersummenregel (3. Ordnung) $A3$	$z_0z_1z_2 - z_3z_4z_5+$ $z_6z_7z_8 - \ldots$	$10^3 \equiv -1(t) \Rightarrow 10^{3i} \equiv (-1)^i(t)$, $10^{3i+1} \equiv (-1)^i \cdot 10(t)$, $10^{3i+2} \equiv (-1)^i \cdot 100(t)$ für $i = (0), 1, 2, \ldots$
6	Kombinationsregel (2, 3) K	siehe $E1$ und $Q1$	siehe $E1$ und $Q1$

Bemerkung

Ersetzen wir in den grundlegenden Kongruenzen (*Bausteinen*) jeweils 10 durch eine andere feste Basis $b > 1$, so können wir auf diese Art völlig analog zu unserer Vorgehensweise im dezimalen Stellenwertsystem Teilbarkeitsregeln in Stellenwertsystemen mit *beliebigen* Basen $b > 1$ ableiten (vgl. auch VI.6.2).

6.2 Teilbarkeitsregeln für 2 bis 10 in den Basen 2 bis 10

In der folgenden Tabelle listen wir systematisch die Regeltypen für Teilbarkeitsregeln von 2 bis 10 in den Basen 2 bis 10 auf, die wir sämtlich mit den zur Verfügung gestellten Mitteln ableiten können. Anschließend ziehen wir aus dieser Übersicht einige Folgerungen. Wir verwenden als Kürzel die Bezeichnungen aus dem Abschnitt 6.1 ($E1, E2, E3, Q1, Q2, Q3, A1, A2, A3, K$).

TEILER ↓	Basis 2	3	4	5	6	7	8	9	10
2	E1	Q1	E1	Q1	E1	Q1	E1	Q1	E1
3	A1	E1	Q1	A1	E1	Q1	A1	E1	Q1
4	E2	A1	E1	Q1	E2	A1	E1	Q1	E2
5	A2	A2	A1	E1	Q1	A2	A2	A1	E1
6	K	K	K	A1	E1	Q1	K	K	K
7	Q3	A3	Q3	A3	A1	E1	Q1	Q3	A3
8	E3	Q2	E2	Q2	E3	A1	E1	Q1	E3
9	A3	E2	Q3	A3	E2	Q3	A1	E1	Q1
10	K	A2	K	K	K	A2	K	A1	E1

Wir können aus der Tabelle folgende Schlüsse ziehen:

(1) Allein durch die Untersuchung der *drei Sonderfälle* $b^i \equiv 0(t)$, $b^i \equiv 1(t)$ und $b^i \equiv -1(t)$ für $i = 1,2$ und 3, erhalten wir schon direkt bzw. durch Kombination zweier Regeln *sämtliche* Teilbarkeitsregeln für die Teiler zwei bis zehn in den Basen zwei bis zehn. Es liegt die Frage nahe, ob wir durch diese drei Sonderfälle schon *sämtliche* Teilbarkeitsregeln in *beliebigen* Basen $b > 1$ ableiten können (vgl. Aufgabe 49).

(2) Betrachten wir die Tabelle *zeilenweise*, so erkennen wir sehr deutlich, daß Teilbarkeitsregeln – im deutlichen Unterschied zur Teilbarkeit! – je nach der Basis des betrachteten Stellenwertsystems *äußerst unterschiedlich* sind. So ist schon beispielsweise bei dem Teiler drei selbst der Regeltyp je nach der betrachteten Basis völlig unterschiedlich: Wir finden hier abwechselnd Endstellen-, Quersummen- und alternierende Quersummenregeln.

(3) Analysieren wir die *Zeilen* in der Tabelle jeweils noch genauer, so erkennen wir eine deutliche *Periodizität* in der Abfolge der Regeltypen. So hat der Teiler *zwei* bei jeweils um eins steigender Basis abwechselnd den

Regeltyp $E1$ und $Q1$, hat der Teiler *drei* stets periodisch die drei Regeltypen $A1, E1, Q1$ (jeweils in dieser Abfolge) oder hat der Teiler *fünf* stets periodisch die fünf Regeltypen $A2, A2, A1, E1, Q1$ (jeweils in dieser Abfolge). Die „Periodenlänge" beträgt also (im Rahmen dieser Tabelle) zwei bei dem Teiler zwei, drei bei dem Teiler drei und fünf bei dem Teiler fünf. Es stellt sich die Frage, ob dies nur rein zufällig ist oder so *systematisch* auftritt (vgl. Aufgabe 50).

(4) Untersuchen wir die Tabelle *spaltenweise*, so erkennen wir schon in diesem begrenzten Ausschnitt deutliche Unterschiede der verschiedenen Basen in ihrer *Eignung* für Teilbarkeitsuntersuchungen. So können wir beispielsweise in der Basis 6 die besonders einfachen Endstellenregeln innerhalb des betrachteten Ausschnittes *sechsmal* einsetzen, dagegen bei den beiden unmittelbar benachbarten Primzahlbasen 5 und 7 nur jeweils *einmal.*

6.3 Vorteile des Zugangsweges über die Restgleichheit

Wir beenden dieses Kapitel VI *Teilbarkeitsregeln* mit einer systematischen Zusammenfassung der *Vorteile* dieses Zugangsweges über die Restgleichheit (Kongruenz) gegenüber den traditionell üblichen Wegen:

(1) *Sämtliche* Teilbarkeitsregeln lassen sich – nicht nur im Dezimalsystem, sondern auch in beliebigen nichtdezimalen Stellenwertsystemen – leicht und übersichtlich mit Hilfe einer *einzigen Grundidee* ableiten, nämlich die Basispotenzen jeweils durch *möglichst kleine, restgleiche* Zahlen zu ersetzen. Mit den drei besonders leichten *Sonderfällen*, daß die Basispotenzen spätestens ab der dritten Potenz restgleich sind zu 0, 1 oder -1 können wir sogar schon sehr viele Teilbarkeitsregeln ableiten, wie die Tabelle im vorigen Abschnitt 6.2 sehr plastisch belegt. Bei diesem Zugangsweg sind also – im Unterschied zu den traditionell üblichen Wegen – *nicht* jeweils neue Ansätze für verschiedene Teilbarkeitsregeln nötig.

(2) Der enge Zusammenhang der vertrauten Teilbarkeitsregeln mit dem *dezimalen* Stellenwertsystem ist aufgrund der Ableitung völlig evident, eine analoge Übertragung auf nichtdezimale Stellenwertsysteme leicht möglich. So kann bei diesem Ansatz leicht und gut verdeutlicht werden, daß Teilbarkeitsregeln – im Unterschied zur Teilbarkeit oder auch zu den Summen- und Produktregeln – trotz eines festen Teilers je nach Basis des Stellenwertsystems extrem unterschiedlich sind.

(3) Wir können bei diesem Ansatz in seiner allgemeineren Form *selbständig* Teilbarkeitsregeln für beliebige Teiler ableiten.

(4) Der Weg über die Restgleichheit erlaubt die *Vereinfachung* bekannter Teilbarkeitsregeln durch eine Reduzierung des Rechenaufwandes, wie wir am Beispiel der Teilbarkeitsregel für 4 in VI.3.1 gesehen haben.

(5) Die Ursachen für die *Zusammenhänge* zwischen verschiedenen Teilbarkeitsregeln für einen *festen* Teiler t (Beispiel $A1$ und $E2$ für 11 im dezimalen Stellenwertsystem) lassen sich bei diesem Zugangsweg leicht aufdecken.

(6) Der in diesem Kapitel benutzte Ableitungsweg zu den Teilbarkeitsregeln gestattet schließlich nicht nur eine *Grobklassifizierung* der zu untersuchenden Zahlen nach *teilbar* bzw. *nicht teilbar*, sondern ermöglicht im zweiten Fall sogar die Bestimmung des auftretenden *Restes*.

7 Aufgaben

(1) Begründen Sie, daß die Zahl eins als Basis für ein Stellenwertsystem unbrauchbar ist.

(2) Erläutern Sie, daß $10^0 = 1$ gilt.

(3) Notieren Sie die Zahl 178 in den Basen zwei bis zwölf.

(4) Verdeutlichen Sie am Beispiel der Darstellung von 286 in der Basis zwölf, daß aus Gründen der Eindeutigkeit 10 als Ziffer für zehn und 11 als Ziffer für elf nicht sinnvoll ist.

(5) Nennen Sie jeweils fünf natürliche Zahlen, die restgleich sind zu 7 bei Division durch 8 sowie fünf natürliche Zahlen, die nicht restgleich sind zu 7 bei Division durch 8.

(6) Nennen Sie jeweils fünf negative ganze Zahlen, die restgleich sind zu 8 bei Division durch 9 sowie fünf negative ganze Zahlen, die nicht restgleich sind zu 8 bei Division durch 9, und begründen Sie dies jeweils.

(7) Beweisen Sie:

Seien $a, b \in \mathbb{Z}, m \in \mathbb{N}$. Dann gilt:
Aus $a \equiv b\ (m)$ folgt $m \mid (a - b)$.

(8) Beweisen Sie:

Seien $a, b \in \mathbb{Z}, m \in \mathbb{N}$. Dann gilt:
Aus $m \mid (a-b)$ folgt $a \equiv b\ (m)$.

(9) Beweisen Sie:

Seien $a, b \in \mathbb{Z}, m \in \mathbb{N}$. Dann gilt:

$a \equiv b\ (m)$ gilt genau dann, wenn stets eine Zahl $q \in \mathbb{Z}$ existiert mit $a = b + q \cdot m$.

(10) Beweisen oder widerlegen Sie:

a) Aus $a \equiv b\ (m)$ folgt $a^2 \equiv b^2\ (m)$.

b) Aus $a^2 \equiv b^2\ (m)$ folgt $a \equiv b\ (m)$.

(11) Erläutern Sie:

Es sei $m \in \mathbb{N}, a \in \mathbb{Z}$. Dann gilt:

$m \mid a$ genau dann, wenn $a \equiv 0\ (m)$.

(12) Beweisen Sie:

Seien $a, b, c, d \in \mathbb{Z}, m \in \mathbb{N}$. Dann gilt:

Aus $a \equiv b\ (m)$ und $c \equiv d\ (m)$ folgt $a - c \equiv b - d\ (m)$.

(13) Verdeutlichen Sie an Beispielen, daß aus $z \cdot a \equiv z \cdot b\ (m)$ *nicht* folgt $a \equiv b\ (m)$. Nennen Sie drei Beispiele, bei denen wir seitenweise durch z dividieren dürfen und wo dennoch die Restgleichheit erhalten bleibt und drei Beispiele, wo dieses nicht geht.

(14) a) Auf welche Ziffer endet die Zahl 3^4, auf welche Ziffer die Zahl 3^{85} im Dezimalsystem?

b) Welchen Rest läßt 2^4 bei Division durch 5, welche Reste lassen 2^{404} bzw. 2^{406} bei Division durch 5 im Dezimalsystem?

(15) Beweisen Sie:

Alle ungeraden Quadratzahlen lassen bei Division durch 8 im Dezimalsystem den Rest 1.

(16) Begründen Sie Satz 3 durch wiederholte Anwendung von Satz 1.

(17) Formulieren und beweisen Sie im dezimalen Stellenwertsystem eine Teilbarkeitsregel für a) 5, b) 10.

(18) Formulieren und beweisen Sie im dezimalen Stellenwertsystem eine Teilbarkeitsregel für a) 25, b) 50.

(19) Beweisen Sie Schritt für Schritt Satz 6.

(20) Formulieren und beweisen Sie eine Teilbarkeitsregel für 3 in der Basis 6.

(21) Formulieren und beweisen Sie eine Teilbarkeitsregel für 2 in der Basis 6.

(22) Formulieren und beweisen Sie eine Teilbarkeitsregel für $16 (= 20_{⑧})$ in der Basis 8.

(23) Formulieren und beweisen Sie eine Teilbarkeitsregel für 9 in der Basis 6.

(24) Formulieren und beweisen Sie eine Teilbarkeitsregel für 128 in der Basis 8.

(25) Formulieren und beweisen Sie eine Teilbarkeitsregel für 8 in der Basis 6.

(26) Nennen Sie alle Fehler der folgenden fehlerhaften Formulierung der Teilbarkeitsregel für 4:

Eine Zahl a teilt 4, wenn die letzten beiden Ziffern von a durch 4 teilbar sind.

(27) Begründen Sie, daß für noch so hohe Zehnerpotenzen 10^n nie gelten kann $10^n \equiv 0\ (9)$ oder $10^n \equiv 0\ (3)$.

(28) Formulieren und beweisen Sie im Dezimalsystem eine Teilbarkeitsregel für 3.

(29) Begründen Sie, daß die Restgleichheitsrelation transitiv ist.

(30) Beweisen Sie:
Eine natürliche Zahl, dargestellt im dezimalen Stellenwertsystem, ist genau dann durch 11 teilbar, wenn ihre Quersumme zweiter Ordnung durch 11 teilbar ist.

(31) Formulieren und beweisen Sie eine Teilbarkeitsregel für 36 in der Basis 7.

(32) Formulieren und beweisen Sie eine Teilbarkeitsregel für 8 in der Basis 9.

(33) Formulieren und beweisen Sie eine Teilbarkeitsregel für 4 in der Basis 9.

(34) Formulieren und beweisen Sie eine Teilbarkeitsregel in der Basis 5 für a) 4, b) 2.

(35) Beweisen Sie:
Eine natürliche Zahl $a_{ⓑ}$, dargestellt in der Basis $b > 1$, ist genau dann durch die Zahl $b-1$ teilbar, wenn die Zahl $b-1$ ihre Quersumme $Q(a_{ⓑ})$ teilt.

(36) Formulieren und beweisen Sie eine Teilbarkeitsregel für 4 in der Basis 7.

(37) Beweisen Sie:
Eine natürliche Zahl a ist genau dann durch 6 teilbar, wenn sie durch 2 und 3 teilbar ist.

(38) Beweisen oder widerlegen Sie:
Eine natürliche Zahl ist genau dann durch 12 teilbar, wenn sie

(a) durch 3 und 4 teilbar ist,

(b) durch 2 und 6 teilbar ist.

(39) Beweisen Sie:
Es gelte $t = t_1 \cdot t_2$, wobei t_1 und t_2 zueinander teilerfremd sind.
Dann gilt:
Eine natürliche Zahl a ist genau dann durch t teilbar, wenn sie durch t_1 und t_2 teilbar ist.

(40) Beweisen Sie:
Für alle $a, b \in \mathbb{N}$ gilt:
$Q'(a \cdot b) \equiv Q'(a) \cdot Q'(b)$ (11).

(41) Nennen Sie je ein fehlerhaftes Produkt mit zwei dreiziffrigen Faktoren, bei denen der Rechenfehler

a) nur bei der Neunerprobe, nicht jedoch bei der Elferprobe auffällt,

b) nur bei der Elferprobe, nicht jedoch bei der Neunerprobe auffällt,

c) sowohl bei der Neuner- wie bei der Elferprobe nicht auffällt.

(42) Begründen Sie:

a) Bei der Neunerprobe wird ein Rechenfehler nie aufgedeckt, wenn sich richtiges und fehlerhaftes Ergebnis um ein ganzzahliges Vielfaches $z \cdot 9$ (mit $z \in \mathbb{Z}, z \neq 0$) voneinander unterscheiden.

b) Bei der Elferprobe wird ein Rechenfehler nie aufgedeckt, wenn sich richtiges und fehlerhaftes Ergebnis um ein ganzzahliges Vielfaches $z \cdot 11$ (mit $z \in \mathbb{Z}, z \neq 0$) voneinander unterscheiden.

(43) Überprüfen Sie jeweils mittels der Neuner- und Elferprobe:

a) $377194 : 637 = 592$

b) $797885 : 825 = 967$

c) $512172 : 694 = 738$

(44) Begründen Sie:

Für alle $a \in \mathbb{N}$ gilt:

a) $Q(Q(a)) \equiv a \ (9)$.

b) $Q'(Q'(a)) \equiv a \ (11)$.

(45) Formulieren und beweisen Sie eine Teilbarkeitsregel für 13 im dezimalen Stellenwertsystem.

(46) Beweisen Sie eine Teilbarkeitsregel für 5 in der Basis 4.

(47) Beweisen Sie:

Eine natürliche Zahl $a_{ⓑ}$, dargestellt in der Basis $b > 1$, ist genau dann durch die Zahl $b+1$ teilbar, wenn die Zahl $b+1$ ihre alternierende Quersumme $Q'(a_{ⓑ})$ teilt.

(48) Beweisen Sie eine Teilbarkeitsregel für 5 in der Basis 3.

(49) Untersuchen Sie, inwieweit Sie durch Rückgriff auf die drei Sonderfälle $b^i \equiv 0 \ (t), b^i \equiv 1 \ (t)$ und $b^i \equiv -1 (t)$ für $i = 1, 2, 3$ Teilbarkeitsregeln für elf in den Basen zwei bis zehn ableiten können.

(50) Begründen Sie, daß die „Periodenlänge“ für einen Teiler t jeweils höchstens t beträgt (vgl. die Tabelle in VI.6.2).

VII Praktische Anwendungen

Wir beenden diesen Band mit einem Kapitel über praktische Anwendungen der Zahlentheorie/Arithmetik. Die in den Supermärkten an (fast) allen Artikeln vorfindbaren Europäischen Artikelnummern EAN (*erster* Abschnitt) sowie die bei Büchern eingesetzten Internationalen Standardbuchnummern ISBN (*zweiter* Abschnitt) bewirken im Handel eine starke Rationalisierung. Wir zeigen in diesem Kapitel auf, wie dennoch häufige Ablese- oder insbesondere *Eingabefehler* bei diesen beiden – und analog auch bei vielen anderen – Numerierungssystemen durch relativ leichte Prüfziffernverfahren mehr oder weniger häufig *aufgedeckt* werden. Hierbei erweist sich das ISBN-Verfahren – das mittlerweile in ähnlicher Form auch bei vielen Banken eingesetzt wird – als wesentlich *sicherer* als das EAN-Verfahren. Bei der *Begründung* der Aussage über die Sicherheit dieser beiden Verfahren greifen wir nur auf einfache, in den vorhergehenden Kapiteln abgeleitete Sätze zurück.

1 Die Europäische Artikelnummer EAN

1.1 Aufbau und Zielsetzung

Wenn wir in einem größeren Supermarkt einkaufen, so werden die von uns gekauften Artikel an der Computerkasse im Regelfall mit einem speziellen Lesegerät – einem Scanner – abgetastet. Wie von Geisterhand gesteuert, druckt dann die Kasse die Artikelbezeichnung und den Preis aus. Grundlage hierfür ist die Europäische Artikelnummer EAN, die auf den Artikeln unseres Einkaufs in Form eines Balkencodes („Zebrastreifen") und als Ziffernfolge aufgedruckt ist.

Vergleichen wir die Artikelnummern auf den folgenden Produkten:

- Heidelbeerkonfitüre Schwartau Extra (4011800111007),
- Seitenbacher-Müsli (4008391041721),
- Appel Heringsfilet (4020500966015),
- Vaihinger Ananassaft (4021375001740),
- MUH Milch light (4100290000394) und
- Iglo Schlemmer-Filet (4056100042217),

so fallen bei allen Unterschieden folgende *Gemeinsamkeiten* auf: Sämtliche Artikelnummern umfassen 13 Ziffern, und alle beginnen mit der Anfangsziffer 4, fast alle sogar mit den beiden Anfangsziffern 40, nur eine mit den beiden Anfangsziffern 41. Dennoch ist der Start der Artikelnummern mit 40 oder 41 keineswegs typisch für *alle* Artikel, sondern hängt mit der speziellen Auswahl obiger Produkte zusammen. Alle Produkte stammen nämlich aus *Deutschland.*

Die beiden ersten Ziffern der EAN geben das Herstellerland an, und Deutschland hat u. a. die Ländernummern 40 und 41. Artikel, die beispielsweise in den USA/Kanada hergestellt werden, beginnen dagegen mit den Ziffern 00 bis 09, Artikel aus Frankreich mit 30 bis 37 oder Artikel aus Italien mit 80 und 81, um nur einige Beispiele zu nennen (Aufgabe 1). Genauer umfaßt jede Europäische Artikelnummer[1] folgende Informationen, wie wir am Beispiel der EAN des Iglo Schlemmer-Filets (4056100042217) genauer darstellen wollen: Die *beiden* ersten Ziffern (im Beispiel: 40) geben das *Herstellerland* an (Deutschland), die nächsten *fünf* Ziffern (im Beispiel: 56 100) den *Hersteller* Iglo, die folgenden *fünf* Ziffern (im Beispiel: 04221) die *Artikelnummer* des Herstellers für sein Produkt Schlemmer-Filet und die letzte Ziffer (im Beispiel: 7) ist eine sogenannte *Prüfziffer.* Die Europäische Artikelnummer EAN hat also im Regelfall folgenden *Aufbau:*

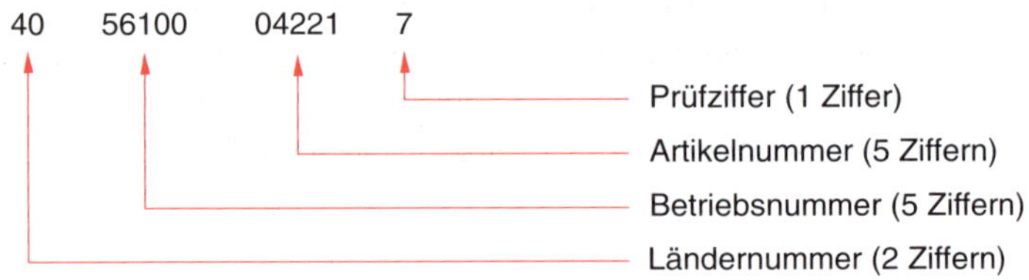

Die EAN kann im Handel vielfältig eingesetzt werden und hat sich daher rasch durchgesetzt. Sie liefert eine *eindeutige, knappe Artikelbeschreibung* und kann daher an den Kassen das fehleranfällige und personalintensive *Eintippen von Preisen* durch ein fehlerfreieres und insgesamt billigeres maschinelles Einlesen der EAN per Scanner ersetzen. Gleichzeitig können die Kassenzettel wesentlich *informativer* gestaltet werden (Artikelbezeichnung *und* Preis). Die Abfertigung an den Kassen geht schneller, die Anforderungen an das Personal sind geringer, daher können so zusätzlich *Personalkosten* eingespart werden. Die EAN

[1]Nur einige besonders kleine Produkte haben achtstellige Nummern.

reduziert auch drastisch den Zeitaufwand (und damit ebenfalls Personalkosten!) für die *Preisauszeichnung* der Artikel. Preisetiketten an den einzelnen Artikeln sind nicht mehr nötig, es genügt *ein* Preisschild am Regal. Da auch dieses durch den Kassencomputer gedruckt werden kann, lassen sich so zusätzlich Preisänderungen (*Sonderangebote)* sehr kurzfristig und ohne größeren Zeit- und damit Kostenaufwand realisieren. Die Computerkassensysteme liefern artikelgenaue Verkaufsstatistiken. So ist ohne Aufwand die *Umschlaghäufigkeit* einzelner Artikel bekannt, und diese Kenntnis läßt sich leicht für Sonderangebote nutzen. Der *Warenbestand* im Supermarkt läßt sich leicht und schnell mit tragbaren Computern und Lesestiften über die EAN ermitteln. Aber auch *Bestellungen* werden so wesentlich vereinfacht. Da die EAN beim Lieferanten wie beim Handel einheitlich ist, kann die Warenbestellung per Computer automatisch durchgeführt werden, wenn die jeweiligen Mindestbestandzahlen unterschritten werden.

1.2 Die EAN-Prüfziffer

Die letzte Ziffer in der EAN ist eine sogenannte Prüfziffer. Was ist eine Prüfziffer, und wozu dient sie?
Schreiben wir in einem Text ein *Wort* falsch, schreiben wir also z. B. Anto statt Auto (*ein* falscher Tastendruck) oder Atuo statt Auto (Vertauschung der beiden benachbarten Buchstaben *u* und *t*, also ein sogenannter *Drehfehler*, der beim Schreiben auf einer Tastatur ebenfalls häufiger vorkommt), so fallen uns diese Fehler beim Lesen in der Regel sofort auf, weil das so geschriebene Wort im Deutschen nicht existiert oder im Kontext des betreffenden Satzes keinen Sinn ergibt. Unterläuft uns dagegen bei der EAN ein entsprechender Fehler, daß wir also eine *Ziffer* falsch eingeben oder zwei benachbarte Ziffern irrtümlich vertauschen, so fehlen uns diese bei Texten vorhandenen Sicherungen; denn die falsche wie die richtige Ziffernfolge wirken beide „richtig“. Um auch bei Ziffernfolgen solche Fehler (wie sie etwa bei der Eingabe einer längeren Ziffernfolge per Tastatur in einen Computer oder auch – natürlich viel seltener – durch Beschädigungen am Balkencode der EAN auftreten können) aufdecken zu können, verwendet man heute in vielen Bereichen des täglichen Lebens Prüfziffernsysteme – ohne daß dies uns im allgemeinen bewußt ist.

Bei der EAN funktioniert dies Prüfziffernsystem folgendermaßen: Aus den drei ersten Bestandteilen der EAN (Ländernummer, Betriebsnummer, Artikelnummer), also aus den ersten 12 Ziffern, wird die *Prüfziffer* nach folgendem Verfahren berechnet:

Die einzelnen Ziffern werden zunächst von links nach rechts abwechselnd mit den Faktoren 1 und 3 multipliziert und diese Produkte addiert. Im Beispiel der EAN des Iglo Schlemmer–Filets (*ohne* Prüfziffer) erhalten wir:

$$\begin{array}{cccccccccccccc}
4 & 0 & 5 & 6 & 1 & 0 & 0 & 0 & 4 & 2 & 2 & 1 & & \\
\downarrow\cdot 1 & \downarrow\cdot 3 & \downarrow\cdot 1 & \downarrow\cdot 3 & \downarrow\cdot 1 & \downarrow\cdot 3 & \downarrow\cdot 1 & \downarrow\cdot 3 & \downarrow\cdot 1 & \downarrow\cdot 3 & \downarrow\cdot 1 & \downarrow\cdot 3 & & \\
 & & & & & & & & & & & & & \\
4+ & 0+ & 5+ & 18+ & 1+ & 0+ & 0+ & 0+ & 4+ & 6+ & 2+ & 3= & 43 &
\end{array}$$

Diese Zahl wird zum nächsten Vielfachen von 10 ergänzt, also in unserem Beispiel um 7 auf 50. Wir erhalten so als Prüfziffer die Zahl 7. Allgemein ergibt sich also die Prüfziffer einer EAN durch die Ergänzung der Summe der ersten 12 Produkte zum nächsten Vielfachen von 10. Ist diese Summe schon ein Vielfaches von 10, so wird 0 als Prüfziffer verwandt (Aufgabe 3). Die Bestimmung der Prüfziffer läßt sich *vereinfachen*, indem wir die Ziffern an den – von links gezählt – geraden Stellen addieren, ihre Summe mit 3 multiplizieren und hierzu die restlichen Ziffern (an den ungeraden Stellen) addieren (vgl. Aufgabe 4).

Die Prüfung einer *vollständigen* EAN funktioniert folgendermaßen:
Die einzelnen Ziffern in der EAN – einschließlich der Prüfziffer – werden abwechselnd von links nach rechts mit den Faktoren 1 und 3 multipliziert und die so erhaltenen Produkte addiert.[2] Ist die so erhaltene Summe – die *Prüfsumme* – ein Vielfaches von 10, also durch 10 ohne Rest teilbar, so wird die EAN von den Prüfziffergeräten angenommen, ein optisches oder akustisches Signal ertönt.

Beispiel

$$\begin{array}{ccccccccccccc}
4 & 0 & 2 & 1 & 3 & 7 & 5 & 0 & 0 & 1 & 7 & 4 & 0 \\
\downarrow\cdot 1 & \downarrow\cdot 3 & \downarrow\cdot 1 & \downarrow\cdot 3 & \downarrow\cdot 1 & \downarrow\cdot 3 & \downarrow\cdot 1 & \downarrow\cdot 3 & \downarrow\cdot 1 & \downarrow\cdot 3 & \downarrow\cdot 1 & \downarrow\cdot 3 & \downarrow\cdot 1 \\
 & & & & & & & & & & & & \\
4+ & 0+ & 2+ & 3+ & 3+ & 21+ & 5+ & 0+ & 0+ & 3+ & 7+ & 12+ & 0=60
\end{array}$$

Die Prüfsumme ist 60, also ein Vielfaches von 10 bzw. eine durch 10 ohne Rest teilbare Zahl, das Prüfzifferngerät akzeptiert daher diese EAN.

Das Prüfziffernverfahren hat also den Sinn, die bei Ziffernfolgen – im Gegensatz zu Worten – nur schwer oder überhaupt nicht erkennbaren Fehler aufzudecken.

[2] Es kann natürlich auch hier das vereinfachte Verfahren benutzt werden.

Deckt das EAN-Prüfziffernverfahren *alle* Fehler auf oder deckt es zumindest alle *häufiger* vorkommenden Fehler auf? Wir werden dies in dem nächsten Abschnitt genauer untersuchen.

1.3 Sicherheit des EAN-Prüfziffernsystems

Was sind die häufigsten Fehler, die beim Notieren von Ziffernfolgen auftreten? Am Beispiel der fiktiven (und recht kurzen) Ausgangszahl 4711 soll uns die folgende, auf eine empirische Untersuchung zurückgehende Tabelle Hinweise zur *Häufigkeitsverteilung* der wichtigsten Fehler bei *manueller* Eingabe geben:

Fehlertyp:	*Beispiel:*	*Häufigkeit:*
(1) *Eine* Ziffer falsch	4713	60 %
(2) Zu viele, zu wenige Ziffern	471 oder 47111	25 %
(3) *Zwei* oder mehr Ziffern falsch	4812	8 %
(4) Vertauschen benachbarter Ziffern (Drehfehler)	7411	5 %
(5) Vertauschen benachbarter Zweierblöcke	1147	1 %

Bemerkungen

(1) Die Häufigkeit der verschiedenen Fehler ist natürlich stark von der eingebenden Person abhängig. Allgemein gilt jedoch: Die absolute Anzahl der Fehler wächst sehr stark mit der *Länge* der Ziffernfolgen an.

(2) *Drehfehler* sind eine deutsche Spezialität und hängen mit dem Unterschied zwischen der Schreib- und Sprechweise bei zweiziffrigen Zahlwörtern zusammen (wir sprechen vierunddreißig und schreiben dagegen zuerst die 3 und dann die 4).

(3) Uns sind nur Untersuchungen über die Fehlerverteilung bei manueller Eingabe bekannt, Untersuchungen über die Fehlerverteilung bei Strichcode-Lesegeräten aufgrund von Verschmutzungen bzw. Beschädigungen des Strichcodes oder aus anderen Ursachen liegen uns *nicht* vor.

(4) Fehler vom Fehlertyp (2) können leicht erkannt werden. Wir brauchen nur durch den Computer die Anzahl der Ziffern jeweils kontrollieren zu lassen.

1.3.1 Eingabe einer falschen Ziffer

Betrachten wir als *Beispiel* die EAN 40 213 7500 1740. Ihre Prüfsumme S ist 60 (vgl. VII.1.2).
Wenn hier beispielsweise ein Fehler an der *ersten Stelle* auftritt, so kann dort statt 4 nur irrtümlich 0, 1, 2, 3, 5, 6, 7, 8 oder 9 stehen. Dieser Fehler bewirkt also eine Verkleinerung der Prüfsumme um 4, 3, 2 oder 1 bzw. eine Vergrößerung der Prüfsumme um 1, 2, 3, 4 oder 5. In allen Fällen ist jedoch die neue Prüfsumme *kein* Vielfaches von 10 mehr. All diese Fehler werden also aufgedeckt.
Wenn dagegen ein Fehler an der *zweiten Stelle* auftritt, so kann dort statt 0 irrtümlich 1, 2, 3, 4, 5, 6, 7, 8 oder 9 stehen. Da der Faktor an der zweiten Stelle 3 ist, bewirkt also dieser Fehler in diesem Fall eine Vergrößerung der Prüfsumme um 3, 6, 9, 12, 15, 18, 21, 24 oder 27. In all diesen Fällen ist jedoch die neue Prüfsumme *kein* Vielfaches von 10 mehr. Auch all diese Fehler werden also aufgedeckt.

Das Beispiel zeigt, daß wir bei der Eingabe einer falschen Ziffer an *einer* Stelle allgemein unterscheiden müssen zwischen einer Eingabe an einer *ungeraden* Stelle mit dem Faktor 1 und einer Eingabe an einer *geraden* Stelle mit dem Faktor 3. Das führt zu folgenden zwei Fallunterscheidungen:

Fall 1: Die fehlerhafte Eingabe erfolgt an einer *ungeraden* Stelle (Faktor 1).

Durch diesen Fehler unterscheiden sich die Prüfsumme dieser fehlerhaften EAN – wir nennen sie kurz S' – gegenüber der Prüfsumme S der richtigen EAN nur an dieser *einen* Stelle, die restliche Teilsumme bleibt unverändert. Der Fehler bewirkt also eine *Vergrößerung oder Verkleinerung* der richtigen Prüfsumme S, die ein Vielfaches von 10 ist, um 1, 2, 3, 4, 5, 6, 7, 8 *oder* 9. Die neue Prüfsumme S' ist daher in *allen* Fällen *kein* Vielfaches von 10 mehr, der Fehler wird also *stets* aufgedeckt.

Fall 2: Die fehlerhafte Eingabe erfolgt an einer *geraden* Stelle (Faktor 3).

Der Fehler bewirkt – wie im Fall 1 – nur eine Veränderung der richtigen Prüfsumme S an *einer* Stelle. Der Fehler bewirkt daher eine *Vergrößerung oder Verkleinerung* der Prüfsumme S um $3 \cdot 1, 3 \cdot 2, 3 \cdot 3, 3 \cdot 4, 3 \cdot 5, 3 \cdot 6, 3 \cdot 7, 3 \cdot 8$ *oder* $3 \cdot 9$, also um 3, 6, 9, 12, 15, 18, 21, 24 *oder* 27. In allen Fällen ist die *neue* Prüfsumme S' *kein* Vielfaches von 10 mehr. Auch dieser Fehler wird also *stets* aufgedeckt.

Wir haben hiermit insgesamt gezeigt:

Satz 1
Die Eingabe *einer* falschen Ziffer bei der EAN wird durch das EAN-Prüfziffernverfahren *stets* aufgedeckt.

1.3.2 Eingabe zweier falscher Ziffern

Wir gehen aus von der richtigen EAN für das Seitenbacher-Müsli:

4 0 0 8 3 9 1 0 4 1 7 2 1

Durch die irrtümliche Eingabe *zweier* falscher Ziffern erhalten wir beispielsweise:

4 0 1 8 2 9 1 0 4 1 7 2 1

Dieser Fehler wird durch das Prüfziffernverfahren *nicht* aufgedeckt, da die Prüfsumme hierbei sogar unverändert bleibt. Wir haben nämlich die dritte Ziffer um 1 vergrößert und die fünfte Ziffer (Faktor in beiden Fällen 1) um 1 verkleinert. So lassen sich offensichtlich viele Beispiele mit zwei fehlerhaften Eingaben an *ungeraden* Stellen konstruieren.

Aber auch viele fehlerhafte Eingaben von zwei Ziffern an *geraden* Stellen werden oft nicht aufgedeckt, wie das folgende Beispiel zeigt:

4 0 0 6 3 9 1 2 4 1 7 2 1

Auch hier bleibt sogar speziell die Prüfsumme unverändert, da der erste Fehler S um 6 verkleinert und der zweite Fehler S um 6 vergrößert.

Die Beispiele verdeutlichen schon: Die Eingabe *zweier* falscher Ziffern wird durch das EAN-Prüfziffernverfahren oft *nicht* aufgedeckt. Man kann sogar zeigen, daß man zu jeder Eingabe *einer* falschen Ziffer in der EAN eine *zweite* falsche Ziffer eingeben kann, so daß der Fehler insgesamt *nicht* aufgedeckt wird.

1.3.3 Vertauschung zweier Nachbarziffern (Drehfehler)

Wegen des Unterschiedes zwischen der Sprechweise und der Ziffernschreibweise bei zweiziffrigen Zahlwörtern (Beispiel: 25, fünfundzwanzig) sind Drehfehler im Deutschen häufig. In welchem Umfang werden diese Fehler durch das EAN-Prüfziffernverfahren aufgedeckt? Wir betrachten hierzu zunächst zwei Drehfehler bei der EAN des Seitenbacher-Müsli. Die richtige EAN lautet:

4 0 0 8 3 9 1 0 4 1 7 2 1

Erfolgt ein Drehfehler bei der Ziffernfolge 83, so lautet die fehlerhafte EAN:

4 0 0 3 8 9 1 0 4 1 7 2 1

83 liefert $8{\cdot}3+3{\cdot}1 = 27$ als Anteil zur Prüfsumme, 38 dagegen nur $3{\cdot}3+8{\cdot}1 = 17$. Die fehlerhafte Prüfsumme S' ist also um 10 kleiner als die richtige Prüfsumme S. Dieser Drehfehler wird folglich *nicht* aufgedeckt.

Erfolgt ein Drehfehler bei der Ziffernfolge 39, so lautet in diesem Fall die fehlerhafte EAN:

4 0 0 8 9 3 1 0 4 1 7 2 1

39 liefert $3 \cdot 1 + 9 \cdot 3 = 30$ als Anteil zur Prüfsumme, 93 dagegen $9 \cdot 1 + 3 \cdot 3 = 18$. Die fehlerhafte Prüfsumme S' ist also um 12 kleiner als S, der Fehler wird aufgedeckt.

Eine Untersuchung weiterer Beispiele liefert bald die Vermutung, daß Drehfehler nur bei wenigen, ganz speziellen Konstellationen *nicht* aufgedeckt werden. Es gilt:

Satz 2
Drehfehler benachbarter, voneinander verschiedener Ziffern werden durch das EAN-Prüfziffernverfahren genau dann nicht aufgedeckt, wenn die beiden benachbarten Ziffern sich um 5 unterscheiden. In allen anderen Fällen werden diese Drehfehler aufgedeckt.

Dem eigentlichen Beweis schalten wir folgende **Vorüberlegung** vor:
Die dreizehnziffrige EAN hat allgemein die Form $a_1a_2a_3a_4a_5a_6a_7a_8a_9a_{10}a_{11}a_{12}a_{13}$. Die beiden benachbarten Ziffern, die gedreht werden, seien a_i und a_{i+1} (mit $i = 1, 2, \ldots, 12$). Hier und im folgenden Beweis gehen wir davon aus, daß a_i in

der richtigen EAN an einer *geraden* Stelle steht und der Faktor von a_i daher 3 und von a_{i+1} 1 ist (vgl. Aufgabe 9). *Nach* dem Drehfehler steht a_{i+1} bei der falschen EAN auf dem Platz von a_i und wird daher mit 3 multipliziert, während a_i auf dem Platz von a_{i+1} steht und mit 1 multipliziert wird, wie die folgende Skizze verdeutlicht:

		$\downarrow \cdot 3$	$\downarrow \cdot 1$	
richtige EAN	...	a_i	a_{i+1}	...
falsche EAN	...	a_{i+1}	a_i	...

Wie hängen die Prüfsumme S' der falschen EAN und die Prüfsumme S der richtigen EAN miteinander zusammen? S' ist um $2a_i$ *kleiner* als S (statt *drei*mal kommt a_i in S' nur *ein*mal vor) und zugleich um $2a_{i+1}$ *größer* als S (statt *ein*mal kommt a_{i+1} hier *drei*mal vor), insgesamt gilt also:

$$\begin{aligned} S' &= S - 2a_i + 2a_{i+1} \\ &= S + 2a_{i+1} - 2a_i \\ &= S + 2 \cdot (a_{i+1} - a_i) \end{aligned}$$

folglich:

$$S' - S = 2 \cdot (a_{i+1} - a_i)$$

Beweis

Teil 1

Wir beweisen: Wenn ein Drehfehler *nicht* aufgedeckt wird, dann unterscheiden sich die beiden benachbarten Ziffern um 5.

Laut Voraussetzung werde also ein Drehfehler *nicht* aufgedeckt. Dies bedeutet für die zugehörige Prüfsumme S': $10 \mid S'$.
Stets gilt $10 \mid S$. Also gilt:

	$10 \mid (S' - S)$	(Differenzregel II.3 (Satz 5/5a))
$\Longrightarrow$	$10 \mid 2 \cdot (a_{i+1} - a_i)$	(Vorüberlegung)
$\Longrightarrow$	$5 \mid 2 \cdot (a_{i+1} - a_i)$	($5 \mid 10$, Transitivität II.2 (Satz 2))
$\Longrightarrow$	$5 \mid 2 \ \vee \ 5 \mid (a_{i+1} - a_i)$	(5 Primzahl, IV.3 (Satz 4))
$\Longrightarrow$	$5 \mid (a_{i+1} - a_i)$	($5 \nmid 2$)
$\Longrightarrow$	$a_{i+1} - a_i = 5 \ \vee \ a_{i+1} - a_i = -5$	$(*)$
$\Longrightarrow$	$\lvert a_{i+1} - a_i \rvert = 5,$	d. h. der Unterschied zwischen den beiden benachbarten Ziffern ist 5.

An der Stelle $(*)$ benutzen wir, daß für die Ziffern a_i und a_{i+1} gilt:

$0 \le a_i, a_{i+1} \le 9$. Also gilt für ihre Differenz $-9 \le a_i - a_{i+1} \le 9$. Wegen $a_i \neq a_{i+1}$, also $a_{i+1} - a_i \neq 0$, gibt es in dem Zahlenabschnitt von -9 bis $+9$ nur die beiden Zahlen 5 und -5, die durch 5 teilbar sind.

Teil 2

Wir beweisen: Wenn sich die beiden benachbarten Ziffern um 5 unterscheiden, dann wird der Drehfehler *nicht* aufgedeckt.
Laut *Voraussetzung* unterscheiden sich die beiden benachbarten Ziffern a_i und a_{i+1} um 5, es gilt also:

$$a_{i+1} - a_i = 5 \lor a_{i+1} - a_i = -5$$

Laut *Vorüberlegung* gilt:

$$S' = S + 2 \cdot (a_{i+1} - a_i)$$

Damit gilt *insgesamt:*

$$S' = S + 10 \lor S' = S - 10$$

Folglich wird ein Drehfehler in diesem Fall *nie* aufgedeckt.

Wir haben hiermit *insgesamt* bewiesen (vgl. Aufgabe 10):

Drehfehler benachbarter, voneinander verschiedener Ziffern werden durch das EAN-Prüfziffernverfahren genau dann *nicht* aufgedeckt, wenn sich die beiden benachbarten Ziffern um 5 unterscheiden.

Bemerkung

Das EAN-Prüfziffernverfahren deckt also *sämtliche* Drehfehler zweier benachbarter Ziffern auf *bis* auf die Zahlendreher von 0 und 5, 1 und 6, 2 und 7, 3 und 8 sowie 4 und 9 (jeweils in beiden Richtungen).

1.3.4 Drehfehler beliebiger Ziffern

Vertauschen wir in einer EAN beispielsweise die erste mit der dritten Ziffer *oder* die zweite mit der vierten Ziffer, so werden diese Fehler durch das EAN-Prüfziffernverfahren *nie* aufgedeckt; denn der Beitrag dieser beiden Ziffern zur Prüfsumme wird wegen des jeweils gleichen Faktors durch diese Vertauschung nicht berührt. Allgemein gilt:

Werden beliebige Ziffern der EAN an jeweils geraden bzw. ungeraden Stellen vertauscht, so ändert sich hierdurch die Prüfsumme nicht. Die betreffenden Fehler werden daher nie aufgedeckt.

1.3.5 Vertauschung zweier unmittelbar benachbarter Zweierblöcke

Auch dieser (seltene) Fehler wird durch das EAN-Prüfziffernverfahren *nie* aufgedeckt; denn bei dieser Art der Vertauschung bleiben die Faktoren bei allen vier Ziffern unverändert, die Prüfsumme ändert sich also ebenfalls nicht.

1.3.6 Der Strichcode der EAN

Sehen wir uns den Strichcode der EAN an einem Artikel genauer an, so können wir erkennen: Je zwei schmale, unten etwas längere Striche dienen als Trennzeichen in der Mitte sowie als linke und rechte Begrenzung. Die Ziffernfolge der EAN steht unterhalb des Strichcodes, wobei die erste Ziffer sich links außerhalb des Strichcodes befindet. Sie wird nämlich indirekt aus dem linken Block erschlossen und ist dort nicht durch Streifen direkt codiert. (Dies ist erforderlich, damit die Scannerkassen in Europa auch die in den USA benutzten, nur zwölfziffrigen Codes verarbeiten können. Diese erhalten im EAN-System automatisch als (zusätzliche) erste Ziffer eine Null). Der *linke* Block enthält daneben codiert die zweite bis siebte Stelle, der *rechte* Block die achte bis dreizehnte Stelle der EAN. Jede Ziffer ist durch einen „Doppelstreifen“ – je zwei dunkle Streifen sind durch zwei helle Zwischenräume getrennt - maschinenlesbar codiert. Die Codierung ist so gewählt, daß der Computer erkennen kann, ob die Streifen mit dem Lesegerät von links nach rechts oder umgekehrt eingelesen werden. Unterschiedliche Leserichtungen können also nicht zu Fehlern führen.

1.3.7 Zusammenfassung

Der nachfolgenden Tabelle können wir die *Sicherheit* des EAN-Prüfziffernverfahrens gegenüber verschiedenen Fehlertypen entnehmen:

Fehlertyp:	*Aufdeckung:*
Verwechslung *einer* Ziffer	immer
Verwechslung *zweier* Ziffern	selten
Vertauschung zweier *Nachbar-* ziffern (Drehfehler)	sehr oft
Drehfehler *beliebiger* Ziffern	selten
Vertauschung zweier benachbarter Zweierblöcke	nie

2 Die Internationale Standardbuchnummer ISBN

2.1 Aufbau und Zielsetzung

Bei neueren Büchern findet man an gut sichtbarer Stelle – meist auf der Rückseite – stets Angaben der folgenden Art:

ISBN 3-8274-0199-2
ISBN 3-411-76491-0

Hierbei bedeutet das Kürzel ISBN Internationale Standardbuchnummer. Vergleichen wir verschiedene ISBN, so erkennen wir folgende *Gemeinsamkeiten*: Die ISBN umfaßt jeweils *zehn* Ziffern. Sie ist unterteilt durch Bindestriche (wie in den beiden Beispielen) oder durch leere Zwischenräume in *vier* verschiedene Komponenten, wobei die erste und letzte Komponente jeweils einziffrig sind, während die beiden mittleren Komponenten – im deutlichen Unterschied zur EAN – durchaus unterschiedlich lang sein können, wie die beiden Beispiele schon belegen. Hierbei haben diese vier Komponenten eine mit den vier Komponenten bei der EAN vergleichbare Bedeutung:

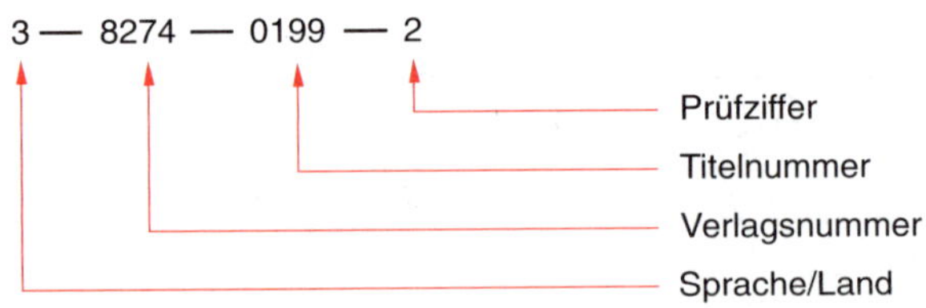

Die *erste* Ziffer gibt Hinweise auf den Sprachraum. So können wir der Ziffer 3 entnehmen, daß dieses Buch in Deutschland, Österreich oder der Schweiz erschienen ist, während beispielsweise die Ziffer 2 für den französischen und die Ziffer 0 für den englischen Sprachraum reserviert ist. Die *zweite* und *dritte* Komponente umfassen zusammen 8 Ziffern, wobei große Verlage eine kürzere Verlagsnummer haben, um so über viele Titelnummern zu verfügen, während kleinere Verlage eine längere Verlagsnummer erhalten. Die *vierte* Komponente ist einziffrig und – wie schon bei der EAN – eine Prüfziffer.

Auf neueren Büchern findet man oft die ISBN und auch gleichzeitig die EAN. Hierbei sind beide Ziffernfolgen weithin identisch. Die EAN bekommt gegenüber der ISBN nur die Ziffernfolge 978 *vor*geschaltet und hat – natürlich – im Regelfall eine andere Prüfziffer. So lautet die zur ISBN 3-8274-0199-2 gehörige EAN 9783827401991.

Die Zielsetzungen der ISBN und der EAN sind deckungsgleich. Die ISBN liefert eine knappe und dennoch eindeutige Artikelbeschreibung und ist – in Verbindung mit Computerkassensystemen – eine deutliche Rationalisierungshilfe. Ihre Einführung erfolgte Ende der sechziger Jahre, so z. B. in England ab 1967, in den USA ab 1968 und in Deutschland seit 1969.

2.2 Die ISBN-Prüfziffer

Wird wegen einer fehlerhaft eingegebenen ISBN ein falsches Buch bestellt, so bewirkt dies viel Ärger und unnütze Kosten. Um daher diese Fehlerquelle möglichst weitgehend zu eliminieren, besitzt jede ISBN eine Prüfziffer. Hierbei weicht der Berechnungsweg der ISBN-Prüfsumme *deutlich* von dem EAN-Weg ab. Während die Ziffern dort abwechselnd mit 1 und 3 multipliziert werden, werden bei der ISBN die Ziffern der Reihe nach mit den Faktoren 10, 9, 8, ..., 2, 1 multipliziert. Auch muß die Prüfsumme nicht wie bei der EAN durch 10, sondern durch 11 teilbar sein. Hierbei überrascht auf den ersten Blick sicher die „krumme" Zahl 11. Als *kleinste* Primzahl größer als 10 sorgt sie jedoch für eine besondere Effizienz dieses Prüfziffernverfahrens, wie wir später noch genauer sehen werden.

Beispiel

3	–	8	2	7	4	– 0	1	9	9	– 2	
$\downarrow \cdot 10$		$\downarrow \cdot 9$	$\downarrow \cdot 8$	$\downarrow \cdot 7$	$\downarrow \cdot 6$	$\downarrow \cdot 5$	$\downarrow \cdot 4$	$\downarrow \cdot 3$	$\downarrow \cdot 2$	$\downarrow \cdot 1$	
30 +		72+	16+	49+	24+	0+	4+	27+	18+	2+	= 242

Die Prüfsumme 242 ist wegen $11 \cdot 22 = 242$ durch 11 teilbar bzw. ein Vielfaches von 11. Diese ISBN wird daher vom Computersystem akzeptiert.

Will man zu einem *neuen* Buch die *Prüfziffer* berechnen, so multipliziert man die bekannten ersten 9 Ziffern der Reihe nach mit $10, 9, \ldots, 3, 2$, addiert diese Produkte und ergänzt die so erhaltene Summe zur nächsten durch 11 teilbaren Zahl bzw. zum nächsten Vielfachen von 11. Ist diese Summe selbst schon durch 11 teilbar, so ordnen wir 0 als Prüfziffer zu. Müssen wir 10 ergänzen, so benutzen wir aus Gründen der Eindeutigkeit und Einheitlichkeit der Ziffernlänge der ISBN das römische Zahlzeichen X. Ergibt sich nach der Eingabe der ISBN, daß die Prüfsumme durch 11 teilbar ist, so wird diese ISBN vom Computer akzeptiert. Ist die Prüfsumme dagegen nicht durch 11 teilbar, so ist die ISBN-Eingabe mit Sicherheit falsch.

2.3 Sicherheit des ISBN-Prüfziffernverfahrens

Wir untersuchen hier die Sicherheit des ISBN-Prüfziffernverfahrens – auch im Vergleich zur EAN. Hier wie dort läßt sich die Eingabe von zu *vielen* oder zu *wenigen* Ziffern durch das Computersystem stets und leicht durch einfaches Abzählen aufdecken.

2.3.1 Eingabe einer falschen Ziffer

Wegen der an allen zehn Stellen *unterschiedlichen* Faktoren bei der ISBN läßt sich die Frage der Sicherheit gegenüber diesem Fehler nicht so einfach durch eine direkte Berechnung mit nur zwei Fallunterscheidungen abklären, wie wir dies in VII.1.3.1 bei der EAN getan haben. Wir beginnen daher mit einer
Vorüberlegung:
Zwischen der Prüfsumme S einer richtigen ISBN und der Prüfsumme S' der hieraus durch Eingabe *einer* falschen Ziffer entstehenden falschen ISBN besteht folgender Zusammenhang: Die zehnziffrige ISBN hat die allgemeine Form $a_{10}a_9a_8a_7a_6a_5a_4a_3a_2a_1$. Die richtige Ziffer sei a_i, die falsche Ziffer a_i' (mit $i = 1, 2, \ldots, 10$). Wegen der von links beginnenden Numerierung (in absteigender Folge) stimmen Index und Faktor jeweils überein. Daher haben a_i und a_i' den Faktor i (mit $i = 1, 2, \ldots, 10$). Es gilt also:

		$\downarrow \cdot i$	
Richtige ISBN	$\ldots$	a_i	$\ldots$
Falsche ISBN	$\ldots$	a_i'	$\ldots$

Da die *übrigen Ziffern* in beiden Prüfsummen identisch ist, hängen die Prüfsummen S und S' folgendermaßen miteinander zusammen:

$$\begin{aligned} S' &= S - i \cdot a_i + i \cdot a_i' \\ &= S + i \cdot a_i' - i \cdot a_i \\ &= S + i \cdot (a_i' - a_i) \end{aligned}$$

also:

$$S' - S = i \cdot (a_i' - a_i).$$

Mit Hilfe dieser Vorüberlegung können wir jetzt leicht zeigen:

Satz 3
Das ISBN-Prüfverfahren deckt *alle* Fehler auf, bei denen *genau eine* Ziffer falsch ist.

Beweis
Wir gehen *indirekt* vor und nehmen an, daß die Eingabe genau einer falschen Ziffer in *mindestens einem* Fall nicht aufgedeckt wird. In diesem Fall muß gelten $11 \mid S'$. Stets gilt aber $11 \mid S$.

$\Longrightarrow\ 11 \mid (S' - S)$ (Differenzregel II.3 (Satz 5/5a))
$\Longrightarrow\ 11 \mid i \cdot (a_i' - a_i)$ (Vorüberlegung)
$\Longrightarrow\ 11 \mid i \ \vee\ 11 \mid (a_i' - a_i)$ (11 Primzahl; IV.3 (Satz 4))
$\Longrightarrow\ 11 \mid (a_i' - a_i)$ ($11 \nmid i$ für $i = 1, 2, \ldots, 10$)

Es gilt jedoch

$$11 \nmid (a_i' - a_i).$$

Denn wegen $0 \leq a_i, a_i' \leq 10$ gilt $-10 \leq a_i' - a_i \leq 10$. Die *einzige* Zahl, die 11 in diesem Zahlenabschnitt von -10 bis 10 teilt, ist die 0. Wegen $a_i' \neq a_i$ gilt jedoch $a_i' - a_i \neq 0$. Wir sind daher durch unsere Annahme zu einem *Widerspruch* gelangt. Also war unsere *Annahme* („In mindestens einem Fall wird der Fehler der Eingabe genau einer falschen Ziffer nicht aufgedeckt") *falsch*. Also gilt: *Jeder* derartige Fehler wird durch das ISBN-Prüfziffernverfahren aufgedeckt.

2.3.2 Eingabe zweier falscher Ziffern

Die Eingabe zweier (oder gar mehrerer) falscher Ziffern wird in speziellen Fällen durch das ISBN-Prüfziffernverfahren *nicht* aufgedeckt, so beispielsweise in dem folgenden Beispiel:

Richtige ISBN: 3-435-16880-3; falsche ISBN: 3-423-16880-3. Man kann leicht nachweisen, in welchen Fällen genau das ISBN-Prüfziffernverfahren versagt (vgl. Aufgaben 15 und 16).

2.3.3 Vertauschung zweier Nachbarziffern (Drehfehler)

Wir beginnen auch hier mit einer **Vorüberlegung**, um so den eigentlichen Beweis zu entlasten. S sei die Prüfsumme der richtigen ISBN, S' die Prüfsumme nach der Vertauschung zweier Nachbarziffern. Die Nachbarziffern nennen wir a_{i+1} und a_i. Die zugehörigen Faktoren in der richtigen ISBN sind also $i+1$ und i (mit $i = 1, 2, \ldots, 9$). Es gilt:

		$\downarrow \cdot(i+1)$	$\downarrow \cdot i$	
richtige ISBN	...	a_{i+1}	a_i	...
falsche ISBN	...	a_i	a_{i+1}	...

Da die *übrigen* Ziffern in beiden Prüfsummen übereinstimmen, gilt:

$$\begin{aligned} S' &= S - (i+1) \cdot a_{i+1} + i \cdot a_{i+1} - i \cdot a_i + (i+1) \cdot a_i \\ &= S - a_{i+1} + a_i \\ &= S + a_i - a_{i+1} \end{aligned}$$

folglich:

$$S' - S = a_i - a_{i+1}.$$

Wir können jetzt leicht beweisen:

Satz 4
Drehfehler *benachbarter*, voneinander verschiedener Ziffern werden durch das ISBN-Prüfziffernverfahren *stets* aufgedeckt.

Beweis
Wir gehen auch hier *indirekt* vor und nehmen an, daß *mindestens ein* Drehfehler benachbarter, voneinander verschiedener Ziffern durch das ISBN-Prüfziffernverfahren *nicht* aufgedeckt wird. In diesem Fall gilt $11 \mid S'$. Stets gilt $11 \mid S$.

$\Longrightarrow \quad 11 \mid (S' - S)$ (Differenzregel II.3 (Satz 5/5a))
$\Longrightarrow \quad 11 \mid (a_i - a_{i+1})$ (Vorüberlegung)

Es gilt jedoch:

$$11 \nmid (a_i - a_{i+1}).$$

Wegen $0 \leq a_i, a_{i+1} \leq 10$ gilt nämlich $-10 \leq a_i - a_{i+1} \leq 10$.

Die *einzige* Zahl, die 11 in diesem Zahlenabschnitt von -10 bis 10 teilt, ist 0. Wegen $a_i \neq a_{i+1}$ gilt jedoch $a_i - a_{i+1} \neq 0$. Unsere Annahme hat uns also zu einem *Widerspruch* geführt, also war unsere Annahme *falsch*. Daher gilt: Drehfehler benachbarter, voneinander verschiedener Ziffern werden durch das ISBN-Prüfziffernverfahren *stets* aufgedeckt.

2.3.4 Drehfehler beliebiger Ziffern

Bei der Aufdeckung der Drehfehler benachbarter Ziffern haben wir schon einen deutlichen *Unterschied* zwischen dem EAN- und dem ISBN-Prüfziffernverfahren festgestellt: Während dieser Fehlertyp bei der EAN nur *sehr oft* aufgedeckt wird, wird er bei der ISBN *stets* aufgedeckt. Darüberhinaus gilt sogar für das ISBN-Prüfziffernverfahren, daß selbst Drehfehler *beliebiger* – also nicht nur benachbarter! – Ziffern *stets* aufgedeckt werden:

Satz 5
Drehfehler *beliebiger*, voneinander verschiedener Ziffern werden durch das ISBN-Prüfziffernverfahren *stets* aufgedeckt.

Vorüberlegung
S sei die Prüfsumme der richtigen ISBN, S' die Prüfsumme nach der Durchführung der Drehfehler. a_i und a_j seien die beiden vertauschten Ziffern mit $i > j$. Die zugehörigen Faktoren sind i und j (mit $i, j \in \{10, 9, 8, \ldots, 1\}$). Die folgende Skizze verdeutlicht dies:

		$\downarrow \cdot i$		$\downarrow \cdot j$	
Richtige ISBN	$\ldots$	a_i	$\ldots$	a_j	$\ldots$
Falsche ISBN	$\ldots$	a_j	$\ldots$	a_i	$\ldots$

Die übrigen Ziffern stimmen in beiden Prüfsummen überein, daher gilt:

$$\begin{aligned} S' &= S - i \cdot a_i + j \cdot a_i - j \cdot a_j + i \cdot a_j \\ &= S - i \cdot a_i + i \cdot a_j + j \cdot a_i - j \cdot a_j \\ &= S - i \cdot (a_i - a_j) + j \cdot (a_i - a_j) \\ &= S + (j - i)(a_i - a_j) \end{aligned}$$

folglich:

$$S' - S = (j - i) \cdot (a_i - a_j)$$

Beweis
Wir gehen auch hier *indirekt* vor und nehmen an, daß *mindestens ein* Drehfehler beliebiger, voneinander verschiedener Ziffern *nicht* aufgedeckt wird. In diesem Fall gilt $11 \mid S'$. Zusammen mit $11 \mid S$ gilt also:

$$\begin{aligned} & 11 \mid (S' - S) && \text{(Differenzregel II.3 (Satz 5/5a))} \\ \Longrightarrow\ & 11 \mid (j - i) \cdot (a_i - a_j) && \text{(Vorüberlegung)} \\ \Longrightarrow\ & 11 \mid (j - i) \ \vee\ 11 \mid (a_i - a_j) && \text{(11 Primzahl; IV.3 (Satz 4))} \\ \Longrightarrow\ & 11 \mid (a_i - a_j) && (11 \nmid (j - i), \text{ da } -9 \leq j - i \leq 9 \text{ und } j - i \neq 0) \end{aligned}$$

Es gilt jedoch:

$$11 \nmid (a_i - a_j),$$

da $-10 \leq a_i - a_j \leq 10$ und $a_i - a_j \neq 0$.

Unsere Annahme hat also zu einem *Widerspruch* geführt, sie war also *falsch*. Daher gilt: Die in Satz 5 erwähnten Drehfehler werden *stets* aufgedeckt.

Bemerkungen

(1) Satz 4 ist ein *Spezialfall* von Satz 5 für $i = j + 1$.

(2) Im (mittelständischen) Buchhandel wird die ISBN häufig noch per Hand in den Buchungscomputer eingegeben – insbesondere bei der Bestellung von sehr ähnlich klingenden Titeln wie beispielsweise bei Schulbüchern.

Entsprechend groß ist hier – im Unterschied zur strichcodierten EAN! – die Gefahr von Drehfehlern bei benachbarten Ziffern. Daher ist die Sicherheit, die das ISBN-Prüfziffernverfahren gegenüber diesem Fehlertyp bewirkt, *hier* wichtig, während diese Sicherheit bei der EAN eine wesentlich *geringere* Bedeutung hat.

2.3.5 Vertauschung zweier unmittelbar benachbarter Zweierblöcke

Dieser Fehlertyp wird bei der EAN *nie* aufgedeckt, während er bei der ISBN durch das Prüfziffernverfahren *häufig* aufgedeckt wird (vgl. Aufgabe 17).

2.3.6 Zusammenfassung

Die Sicherheit des ISBN-Prüfziffernverfahrens gegenüber verschiedenen Fehlertypen können wir der folgenden Tabelle entnehmen:

Fehlertyp:	*Aufdeckung:*
Verwechslung *einer* Ziffer	immer
Verwechslung *zweier* Ziffern	meistens
Vertauschung zweier Nachbarziffern *(Drehfehler)*	immer
Drehfehler *beliebiger* Ziffern	immer
Vertauschung zweier benachbarter Zweierblöcke	oft

Das bei der ISBN verwandte Prüfziffernverfahren ist also dem bei der EAN verwandten Prüfziffernverfahren *haushoch* überlegen. Dies beruht auf zwei *Ursachen*:
Einmal gibt es bei der EAN nur *zwei* verschiedene Faktoren, dagegen sind bei der ISBN *sämtliche* Faktoren unterschiedlich. *Ferner* ist die bei der ISBN benutzte Primzahl 11 zu *sämtlichen* Zahlen $1, 2, \ldots, 10$ *teilerfremd*, während dies für die Zahl 10 bei der EAN für viele dieser Zahlen *nicht* zutrifft.

Selbstverständlich hätte man bei der Einführung der EAN auch ein dem ISBN-Verfahren vergleichbares, sichereres Prüfziffernverfahren heranziehen können. Vermutlich aus zwei Gründen hat man dies nicht getan:

(1) Wegen der Benutzung von Strichcodes ist das Risiko von Drehfehlern sehr gering.

(2) Die Benutzung der Zahl 11 erfordert wegen des Restes 10 die Einführung eines *nichtnumerischen* Zeichens (z. B. X)[3], während man bei der Benutzung von 10 bei den – zu Zeiten der Einführung der EAN üblichen – rein numerischen Zeichen bleiben konnte, also keine umfangreichen Investitionen tätigen mußte.

Prüfziffern befinden sich im täglichen Leben überall um uns herum – *ohne* daß wir dies im allgemeinen bemerken. So finden wir sie außer bei Büchern und Lebensmitteln auch bei den Kontonummern im Bereich der Banken, bei den Pharmazentralnummern der Apotheken, bei Versicherungsnummern, Bestellnummern, Kundennummern, ... Hierbei ist das Prüfziffernverfahren beispielsweise bei den Apotheken[4] ebenso wie bei einem Großteil der Banken (Stand 1998: 55 % aller Banken in Deutschland) mittlerweile weitestgehend analog aufgebaut wie das ISBN-Prüfziffernverfahren.

Das letzte Kapitel dieses Bandes zeigt uns eindrucksvoll auf, wie man schon mit elementaren Sätzen aus der Zahlentheorie/Arithmetik *sehr weitgehende* Aussagen über die Sicherheit von Prüfziffernverfahren machen kann. Es ist zugleich ein gutes Beispiel dafür, daß selbst mathematische Gebiete wie die Zahlentheorie/Arithmetik, die auf den ersten Blick recht anwendungsfern wirken, durchaus handfeste Beiträge zu wirtschaftlich sehr relevanten Fragestellungen leisten können[5] – auch wenn dies bei der Entwicklung dieses mathematischen Gebietes so sicher *nicht* vorhergesehen werden konnte.

3 Aufgaben

(1) Bestimmen Sie durch die Untersuchung der EAN auf verschiedenen Artikeln Ländernummern für fünf verschiedene Herstellerländer.

(2) Wie viele verschiedene Europäische Artikelnummern kann man mit den Ländernummern 40, 41, 42 und 43 bilden?

(3) Bestimmen Sie zu drei selbstgewählten zwölfstelligen Ziffernfolgen jeweils die zugehörige EAN-Prüfziffer.

---

[3] Es ist allerdings auch möglich, auf diese Ziffernfolgen zu verzichten und so diese Problematik zu umgehen.

[4] Vgl. F. Padberg: Elementare Zahlentheorie, Heidelberg 1996, S. 151.

[5] Auch die im Kapitel IV behandelte *Primfaktorzerlegung natürlicher Zahlen* wird heute als zentrale Grundlage bei der *Verschlüsselung* von Informationen im Bereich der Wirtschaft und Politik eingesetzt. Vgl. F. Padberg: Elementare Zahlentheorie, Heidelberg 1996, S. 162-169.

(4) Begründen Sie, daß auch die vereinfachte Berechnungsmethode der Prüfziffer bei der EAN stets zu demselben Ergebnis führt. Welche Rechengesetze der natürlichen Zahlen benutzen Sie bei Ihrer Begründung?

(5) Welche der folgenden EAN sind falsch?

a) 4062300078711 b) 4011600001958

c) 4153240080625 d) 4052400068810

(6) Bestimmen Sie zu diesen EAN jeweils die Prüfziffer.

a) 412325140122 b) 420052346587

c) 402005140238 d) 411020546783

(7) Ergänzen Sie die fehlende Ziffer in der ansonsten richtigen EAN.

a) 4080?28356247 b) 413?564289219

(8) Bei den beiden folgenden EAN ist jeweils nur eine einzige der 13 Ziffern falsch.

Wo könnte der Fehler stecken? Versuchen Sie jeweils mehrere Vorschläge für eine richtige EAN zu finden.

a) 5001234506789 b) 4004400234567

(9) Führen Sie die Vorüberlegungen zu Satz 2 in VII.1.3.3 für *den* Fall durch, daß die Ziffer a_i in der richtigen EAN an einer *ungeraden* Stelle steht.

(10) Begründen Sie, daß der Beweisgedanke von Satz 2 auch in *dem* Fall greift, daß die Ziffer a_i in der richtigen EAN an einer *ungeraden* Stelle steht.

(11) Welche der folgenden ISBN sind falsch?

a) 3-596-25420-5 b) 3-4862-3028-X

c) 2-1025-0346-2 d) 3-86025-675-0

e) 3-8274-2196-8 f) 3-7624-0931-1

(12) Bestimmen Sie die fehlende Prüfziffer.

a) 3-6243-5289-? b) 0-238-46537-?

c) 2-5876-4201-? d) 3-426-23001-?

(13) Bei jeder der folgenden ISBN ist eine einzige Ziffer falsch. Wo könnte der Fehler stecken? Machen Sie jeweils einen Vorschlag für eine richtige ISBN.

a) 3-499-14444-9 b) 3-453-00038-0

c) 3-426-04174-8 d) 3-1231-0130-7

(14) Bei der Berechnung der Prüfziffer der ISBN können wir auch von links nach rechts die ersten neun Ziffern der Reihe nach mit den Faktoren 1, 2, 3, 4, 5, 6, 7, 8 und 9 multiplizieren und die Produkte addieren. Der Rest dieser Summe beim Dividieren durch 11 liefert direkt die Prüfziffer. Begründen Sie die Richtigkeit dieser Aussage.

(15) Überprüfen Sie, ob das ISBN-Prüfziffernverfahren folgenden Fehler aufdeckt:

Richtige ISBN: 3-435-16880-3, falsche ISBN: 3-423-16880-3.

(16) Beweisen Sie:

Die Eingabe zweier falscher Ziffern bei der ISBN fällt genau dann nicht auf, wenn gilt $11 \mid i \cdot (a_i' - a_i) + j \cdot (a_j' - a_j)$. Hierbei seien a_i, a_j die richtigen Ziffern, a_i', a_j' die falschen Ziffern und i, j die zugehörigen Faktoren mit $i, j \in \{1, 2, \ldots, 10\}$.

(17) Konstruieren Sie ein Beispiel, bei dem durch das ISBN-Prüfziffernverfahren die Vertauschung zweier unmittelbar benachbarter Zweierblöcke

a) aufgedeckt, b) nicht aufgedeckt wird.

Erläutern Sie Ihre Vorgehensweise.

VIII Klausurvorschläge

1 Abschlußklausuren zur Vorlesung Zahlentheorie und Arithmetik

Bemerkung
Es sind jeweils alle Aufgaben zu bearbeiten. Die Bearbeitungszeit beträgt 90 Minuten. Die Klausur ist bestanden, wenn mindestens 50 % der Punkte erreicht werden.
Die Vorlesung wendet sich an Primarstufenstudenten mit Mathematik als Nebenfach (weiteres Fach).

1.1 Vorschlag 1

Version A

Aufgabe 1 (14 Punkte)

a) Nennen Sie alle Teiler von 144.

b) Zeichnen Sie das Hassediagramm von T (144).

c) Wieviel Teiler besitzen Zahlen der Form $p^3 \cdot q^4$ mit $p \neq q, p, q \in \mathbb{P}$? Begründen Sie Ihre Antwort eigenständig (und nicht durch Rückgriff auf einen entsprechenden Satz).

d) Beweisen Sie, daß die Teilbarkeitsrelation transitiv ist.

Aufgabe 2 (16 Punkte)

a) Formulieren Sie mit Worten eine Teilbarkeitsregel für 5 in der Basis 4.

b) Verdeutlichen Sie diese Regel durch zwei Beispiele (positiv/negativ).

c) Beweisen Sie diese Regel.

Aufgabe 3 (12 Punkte)

Beweisen Sie:
Beim ISBN–Verfahren wird jeder Drehfehler, der auf einer Vertauschung der von rechts 9. und 8. Ziffer beruht ($a_9 \longleftrightarrow a_8$), stets aufgedeckt.

Hinweis
Führen Sie den Beweis *nicht* allgemein für a_i, a_j, sondern speziell für a_8 und a_9 durch.

Version B

Aufgabe 1 (14 Punkte)

a) Zeichnen Sie ein Pfeildiagramm *und* ein Hassediagramm der Teilermenge T (63). Nennen Sie die Sätze, auf denen die einzelnen Vereinfachungen beim Hassediagramm jeweils beruhen.

b) Beweisen Sie, daß die Teilbarkeitsrelation reflexiv und identitiv ist.

Aufgabe 2 (12 Punkte)

Beweisen Sie:
Beim ISBN–Verfahren werden alle Fehler, bei denen ausschließlich die von rechts 7. Ziffer (a_7) falsch ist, stets aufgedeckt.

Hinweis
Führen Sie den Beweis *nicht* allgemein für a_i, sondern speziell für a_7 durch.

Aufgabe 3 (16 Punkte)

a) Formulieren Sie mit Worten eine Teilbarkeitsregel für 6 in der Basis 5.

b) Verdeutlichen Sie diese Regel durch zwei Beispiele (positiv /negativ).

c) Beweisen Sie diese Regel.

1.2 Vorschlag 2

Aufgabe 1 (12 Punkte)

a) Geben Sie die Teilermenge von 72 an.

b) Zeichnen Sie das Hassediagramm zur Teilermenge von 72.

c) Wie viele Teiler besitzt jede Zahl a der Form $a = p^3 \cdot q^2$, wobei p und q Primzahlen mit $p \neq q$ sind? Begründen Sie ihre Antwort eigenständig (und nicht durch Rückgriff auf einen entsprechenden Satz).

Aufgabe 2 (12 Punkte)

a) Bestimmen Sie den $ggT(123123, 990990)$ mit Hilfe des Euklidischen Algorithmus.

b) Bestimmen Sie den $ggT(123123, 990990)$ durch Ausklammern.

c) Bestimmen Sie zwei andere sechsstellige Zahlen, die denselben ggT haben wie in a) und b).

Aufgabe 3 (12 Punkte)

a) Berechnen Sie die Prüfziffer p der folgenden EAN:

$$9\ 7\ 8\ 3\ 4\ 1\ 1\ 1\ 5\ 7\ 6\ 2\ p$$

b) Beim EAN-Prüfsystem werden die Ziffern immer abwechselnd mit 1 und mit 3 multipliziert. Welchen Nachteil hätte es, wenn man stattdessen abwechselnd mit 1 und mit 2 multiplizieren würde?

c) Welchen Nachteil hätte es, wenn man stattdessen einfach die Ziffern addieren würde, also nur den Faktor 1 verwenden würde?

Aufgabe 4 (8 Punkte)

a) Berechnen Sie schriftlich: $121212_{③} : 12_{③}$ Rechnen Sie dabei ausschließlich im Stellenwertsystem mit Basis 3 (also nicht durch Umwandlung etwa in das Dezimalsystem).

b) Berechnen Sie schriftlich: $18_{⑪} \cdot 1X_{⑪}$.

Dabei steht X für die Ziffer „zehn“. Rechnen Sie dazu ausschließlich im Stellenwertsystem mit Basis 11 (also nicht durch Umwandlung etwa in das Dezimalsystem), und verwenden Sie *entweder* das in Deutschland übliche Normalverfahren *oder* das Gitterverfahren.

Aufgabe 5 (12 Punkte)

a) Formulieren Sie (mit Worten!) eine Teilbarkeitsregel für 6 in der Basis 7.

b) Verdeutlichen Sie diese Regel durch zwei Beispiele (positiv/negativ).

c) Beweisen Sie diese Regel.

Aufgabe 6 (4 Punkte)

Die Schülerin Anna berichtet Ihnen ganz begeistert von ihrer Entdeckung: „Wenn Du zwei ungerade Zahlen addierst, kommt immer eine gerade Zahl heraus!“
Warum ist das tatsächlich immer so? Geben Sie eine möglichst *kindgerechte* Begründung dafür an.

1.3 Vorschlag 3

Version A

Aufgabe 1 (16 Punkte)

a) Zeichnen Sie ein Pfeildiagramm *und* ein Hassediagramm der Teilermenge T (20). Nennen Sie die Sätze, auf denen die einzelnen Vereinfachungen im Hassediagramm jeweils beruhen.

b) Beweisen Sie :

Aus $l \mid m$ und $m \mid n$ folgt $l \mid n$.

Aufgabe 2 (14 Punkte)

a) Formulieren Sie (mit Worten!) eine Teilbarkeitsregel für 8 in der Basis 4.

b) Verdeutlichen Sie diese Regel durch zwei Beispiele (positiv/negativ).

c) Beweisen Sie diese Regel.

Aufgabe 3 (18 Punkte)

a) Bestimmen Sie für $n = 3,\ 4,\ 5$ den kleinsten Teiler $t \neq 1$ von $n! - 1$.

b) Begründen Sie – analog zu dem von uns durchgeführten allgemeinen Beweis –, daß der kleinste Teiler $t \neq 1$ von $20! - 1$ größer als 20 ist.

c) Beweisen Sie :

Der kleinste Teiler $t \neq 1$ von $a > 1$ ist stets eine Primzahl.

Version B

Aufgabe 1 (14 Punkte)

a) Formulieren Sie (mit Worten!) eine Teilbarkeitsregel für 4 in der Basis 6.

b) Verdeutlichen Sie diese Regel durch zwei Beispiele (positiv/negativ).

c) Beweisen Sie diese Regel.

Aufgabe 2 (16 Punkte)

a) Zeichnen Sie ein Pfeildiagramm *und* ein Hassediagramm der Teilermenge T (18). Nennen Sie die Sätze, auf denen die einzelnen Vereinfachungen im Hassediagramm jeweils beruhen.

b) Beweisen Sie :

Aus $k \mid l$ und $m \mid n$ folgt $k \cdot m \mid l \cdot n$.

Aufgabe 3 (18 Punkte)

a) Bestimmen Sie mit dem Sieb des Eratosthenes alle Primzahlen bis 19.

b) Welches ist die kleinste Zahl nach 19, die bislang noch nicht gestrichen wurde ?
Begründen Sie dies allgemein.

c) Beweisen Sie durch Rückgriff auf das Sieb :
Ist $p > 3$ eine Primzahl, so ist $p+2$ oder $p+4$ eine zusammengesetzte Zahl (also keine Primzahl).

2 Examensklausuren

Bemerkung
Die Klausuren wenden sich an Primarstufenstudenten mit Mathematik als *Nebenfach* („weiteres Fach"). In Bielefeld besteht jede Klausur für Primarstufenstudenten mit Mathematik als Nebenfach aus *zwei Teilen*, nämlich einem Teilgebiet aus der *Didaktik der Mathematik* (z. B. Didaktik der Arithmetik) *und* einem Teilgebiet aus der *Mathematik* (z. B. Zahlentheorie und Arithmetik).

Die folgenden Klausurvorschläge entsprechen daher jeweils einer *halben Examensklausur* (Bearbeitungsdauer: etwa 2 Stunden). Jeder Klausurvorschlag für die Examensklausur eines Prüfungstermins muß zwei "verschiedene" Vorschläge umfassen. Durch die Auswahl von drei genau benannten Aufgaben erhalten wir jeweils zwei verschiedene Vorschläge. Genauere Hinweise folgen bei den einzelnen Klausurvorschlägen.

2.1 Vorschlag 1

Z A 1 (Teilbarkeitsrelation)

a) Zeichnen Sie das Hassediagramm von $T(30)$.

b) Geben Sie eine andere Teilermenge an, die dasselbe Hassediagramm besitzt.
Begründen Sie dies.

c) Beweisen Sie eigenständig (*ohne* Rückgriff auf die Differenzregel):
Aus $a \mid b+c$ und $a \mid b$ folgt $a \mid c$.

d) Beweisen Sie:

Aus $k \mid \ell$ und $m \mid n$ folgt $k \cdot m \mid \ell \cdot n$.

Z A 2 (Teilbarkeitsregeln)

a) Formulieren Sie (mit Worten!) eine Teilbarkeitsregel für 5 in der Basis 4.

b) Verdeutlichen Sie diese Regel durch ein Beispiel.

c) Beweisen Sie diese Teilbarkeitsregel.

Z A 3 (Primzahlen)

a) Bestimmen Sie mittels des Siebes des Eratosthenes sämtliche Primzahlen bis 30.

b) *Begründen* Sie ausführlich, welche Primzahlen (mit Vielfachen) bei a) gestrichen werden müssen. Welche Primzahlen (mit Vielfachen) müssen Sie beim Aussieben bis 200 streichen? Begründung!

c) Begründen Sie :

Alle Primzahlen (> 3) sind von der Form $6n + 1$ oder $6n - 1$ mit $n \in \mathbb{N}$. Gilt auch die Umkehrung?

d) Beweisen Sie:

Der kleinste Teiler $k \neq 1$ einer Zahl $n > 1$ ist stets eine Primzahl.

Z A 4 (I S B N)

a) Erläutern Sie Aufbau und Zweck der I S B N.

b) Berechnen Sie die Prüfziffer p folgender I S B N : 3–513–16573–p.

c) Begründen Sie, daß die Eingabe einer falschen Ziffer an der vierten Stelle (Faktor 7) *stets* aufgedeckt wird.

d) Ist das EAN– oder das ISBN–Prüfverfahren sicherer? Begründung?

Erster Vorschlag: **ZA 1, ZA 2, ZA 3**
Zweiter Vorschlag: **ZA 2, ZA 3, ZA 4**

2.2 Vorschlag 2

Z A 1 (Teilbarkeitsregeln)

a) Formulieren Sie (mit Worten!) eine Teilbarkeitsregel für neun ($= 13_{⑥}$) in der Basis sechs.

b) Verdeutlichen Sie diese Regel durch zwei Beispiele (positiv/negativ).

c) Beweisen Sie diese Regel.

Z A 2 (Hauptsatz)

a) Bestimmen Sie in $M = \{1, 3, 6, 9, 12, ...\}$ die fünf kleinsten „Primzahlen in M“.

b) Formulieren Sie den Hauptsatz, und zeigen Sie, daß er in M *nicht* gilt.

c) Beweisen Sie :

Der kleinste Teiler $t \neq 1$ einer natürlichen Zahl $n > 1$ ist stets eine Primzahl.

Z A 3 (E A N)

a) Erläutern Sie Aufbau und Zweck der E A N.

b) Berechnen Sie die Prüfziffer p folgender E A N 362753472856p.

c) Demonstrieren Sie an der E A N aus Teil b), daß bei der Vertauschung zweier benachbarter Ziffern mit dem Unterschied 5 dieser Drehfehler nicht aufgedeckt wird.

d) Beweisen Sie:
Wenn ein Drehfehler bei der E A N nicht aufgedeckt wird, dann ist der Unterschied zwischen den beiden benachbarten Ziffern 5.

Z A 4 : Primzahlen

a) Beweisen Sie:
Für $p > 3$, $p \in \mathbb{P}$, sind die Zahlen p, $p + 2$ und $p + 4$ niemals alle drei gleichzeitig Primzahlen.

b) Berechnen Sie $n! - 1$ für $n = 3$, 4 und 5. Bestimmen Sie in diesen Fällen jeweils den kleinsten Teiler $t \neq 1$ von $n! - 1$.

c) Beweisen Sie:
Zwischen n und $n!$ liegt für $n \geq 3$ stets eine Primzahl.

Erster Vorschlag: **ZA1, ZA2, ZA3**
Zweiter Vorschlag: **ZA1, ZA3, ZA4**

2.3 Vorschlag 3

Z A 1 (Teilbarkeitsregeln)

a) Formulieren Sie (mit Worten!) eine Teilbarkeitsregel für 5 in der Basis 6.

b) Verdeutlichen Sie diese Regel durch zwei Beispiele (positiv/negativ).

c) Beweisen Sie diese Teilbarkeitsregel.

Z A 2 (Teilbarkeitsrelation)

a) Zeichnen Sie das Hassediagramm der Teilermenge $T(72)$.

b) Beweisen Sie :

Aus $m \mid n$ und $n \mid p$ folgt $m \mid p$ $(m, n, p \in \mathbb{N})$.

c) Beweisen Sie :

Aus $m \mid n$ und $n \mid m$ folgt $m = n$ $(m, n \in \mathbb{N})$.

Z A 3 (I S B N)

a) Erläutern Sie Aufbau und Zweck der ISBN.

b) Berechnen Sie die Prüfziffer p folgender ISBN : 3 - 411 - 15762 - p.

c) Begründen Sie, daß die Eingabe einer falschen Ziffer an der dritten Stelle (Faktor 8) *stets* aufgedeckt wird.

d) Ist das EAN– oder das ISBN – Prüfverfahren sicherer ? Begründung ?

Z A 4 (Primzahlen)

a) Erläutern Sie $n!$ und berechnen Sie $n! - 1$ für $n = 1, 2, 3, 4$.

b) Beweisen Sie :
Für alle Primzahlen $p \leq n$ gilt $p \mid n!$ und $p \nmid (n! - 1)$.

c) Beweisen Sie :
Der kleinste Teiler $t \neq 1$ einer Zahl $a > 1$ ist stets eine Primzahl.

d) Beweisen Sie (durch Rückgriff auf b) und c)) :
Zwischen n und $n!$ gibt es für $n \geq 3$ stets mindestens eine Primzahl.

Erster Vorschlag: **ZA 1, ZA 2, ZA 3**
Zweiter Vorschlag: **ZA 1, ZA 3, ZA 4**

Anhang

Verzeichnis der im Text genannten Literatur

Kirsch, A.:
Mathematik wirklich verstehen, Köln 1987

Padberg, F.:
Einführung in die Mathematik I, Arithmetik, Heidelberg 1997

Padberg, F.:
Didaktik der Arithmetik, Heidelberg 1996 (zweite, vollständig überarbeitete und erweiterte Auflage)

Padberg, F.:
Elementare Zahlentheorie, Heidelberg 1996 (zweite überarbeitete und erweiterte Auflage)

Padberg, F./Danckwerts, R./Stein, M.:
Zahlbereiche – Eine elementare Einführung, Heidelberg 1995

Liste der wichtigsten Symbole und Bezeichnungen

$\mathbb{N}$	Menge der natürlichen Zahlen
$\mathbb{N}_o$	Menge der natürlichen Zahlen zuzüglich Null
$\mathbb{Z}$	Menge der ganzen Zahlen
$=$	gleich
$:=$	definitorisch gleich
$\neq$	ungleich
$<$	kleiner
$\leq$	kleiner oder gleich
$>$	größer
$\geq$	größer oder gleich
a^n	n-te Potenz von a
$\sqrt{a}$	Wurzel aus a
$\|a\|$	Absolutbetrag von a
$n!$	$n! = 1 \cdot 2 \ldots n$, gelesen n Fakultät
$\sum_{i=0}^{n} z_i \cdot 10^i$	$z_0 \cdot 10^0 + z_1 \cdot 10^1 + \ldots + z_n \cdot 10^n$ (gelesen: Summe aller $z_i \cdot 10^i$ von $i = 0$ bis $i = n$)
$232_{④}$	zwei-drei-zwei in der Basis vier
$a_{⑦}$	natürliche Zahl a dargestellt in der Basis 7
$\{a, b, c\}$	Menge mit den Elementen a, b, c
$\{\}$ bzw. $\varnothing$	leere Menge
$\{\times \| \ldots\}$	Menge aller x, für die gilt
$\in$	ist Element von
$\notin$	ist nicht Element von
$\subseteq$	ist Teilmenge von
$\subset$	ist echte Teilmenge von
$\cup$	vereinigt mit
$\cap$	geschnitten mit
$\vee$	oder
$\wedge$	und
$\Longrightarrow$	aus... folgt ...
$\Longleftrightarrow$	ist äquivalent zu
$a \mid b$	a ist Teiler von b (von links nach rechts gelesen)
$a \mid b$	b ist ein Vielfaches von a (von rechts nach links gelesen)
$a \nmid b$	a ist kein Teiler von b (von links nach rechts gelesen)
$a \nmid b$	b ist kein Vielfaches von a (von rechts nach links gelesen)

$T(a)$	Teilermenge von a
$V(a)$	Vielfachenmenge von a
$M(a)$	Menge der ganzzahligen Vielfachen von a
$L(a,b)$	Menge aller Linearkombinationen von a und b
$Q(a)$	Quersumme von a
$Q'(a)$	alternierende Quersumme von a
$Q'_3(a)$	alternierende Quersumme dritter Ordnung von a
$ggT(a,b)$	größter gemeinsamer Teiler von a und b
$kgV(a,b)$	kleinstes gemeinsames Vielfaches von a und b
$a \equiv b(n)$	a ist restgleich (kongruent) zu b bei Division durch n
$a \not\equiv b(n)$	a ist nicht restgleich (kongruent) zu b bei Division durch n
EAN	Europäische Artikelnummer
ISBN	Internationale Standardbuchnummer
S	richtige Prüfsumme (EAN, ISBN)
S'	fehlerhafte Prüfsumme (EAN, ISBN)

Lösungshinweise zu den Aufgaben

Kapitel I

(11) Alle ungeraden Zahlen größer als 1 können wir in der Form $2 \cdot n + 1$ mit $n \in \mathbb{N}$ schreiben. Bilden Sie die Differenz ungerader Zahlen.

(13) Untersuchen Sie den Sonderfall, daß die zusammengesetzte Zahl das Quadrat der Primzahl (des ersten Faktors) ist.

(14) Beachten Sie hier und bei der folgenden Aufgabe die Fußnote 4 in I.1.

Kapitel II

(2) Die Ergebnisse von Rechenoperationen müssen eindeutig sein. Bei der Teilbarkeitsrelation wird dies dagegen in Definition 1 nicht verlangt.

(6) Geben Sie für die Aussage b) ein Gegenbeispiel an.

(8) Benutzen Sie die anschauliche Vorstellung des Aufteilens, wie wir sie vor der Definition 1 im Zusammenhang mit der vorgestellten Sachsituation thematisiert haben. Verdeutlichen Sie etwa am Beispiel von $2 \mid 4$ und $4 \mid 12$, daß so wegen der restlosen Aufteilung jeder Menge mit 4 Elementen in Teilmengen mit jeweils 2 Elementen (wegen $2 \mid 4$) und wegen der restlosen Aufteilung jeder Menge mit 12 Elementen in Teilmengen mit jeweils 4 Elementen (wegen $4 \mid 12$) *zwangsläufig* auch jede Menge mit 12 Elementen restlos in Teilmengen mit je 2 Elementen aufgeteilt werden kann, daß also zwangsläufig gilt $2 \mid 12$. Verdeutlichen Sie, daß diese Folgerung so nicht nur für die drei speziellen Zahlen 2, 4 und 12 gilt, sondern für *alle* Zahlen $a, b, c \in \mathbb{N}$ mit $a \mid b$ und $b \mid c$, daß also auch im allgemeinen Fall stets zwangsläufig gilt $a \mid c$.

(9) Tauschen Sie im Beweis von Satz 2 jeweils $\mathbb{N}$ gegen $\mathbb{Z}$ aus.

(10) $a \mid b$ bedeutet, daß ich eine Menge mit b Elementen restlos aufteilen kann in Teilmengen mit jeweils a Elementen. Entsprechendes bedeutet auch $a \mid c$. Welche Konsequenz können Sie hieraus für $b + c$ ziehen?

(11) Gehen Sie entsprechend vor wie beim Beweis von Satz 4.

(13) Gehen Sie entsprechend vor wie beim Beweis von Satz 5a. Beachten Sie, daß aus $m \cdot a = b$ und $n \cdot a = c$ wegen $b > c$ folgt $m > n$.

(15) Beachten Sie den Lösungshinweis zu Aufgabe 13, und gehen Sie entsprechend vor wie beim Beweis von Satz 4.

(16) Greifen Sie auf die Definition 1 zurück, und multiplizieren Sie diese beiden Gleichungen seitenweise.

(18) Gehen Sie entsprechend vor wie beim Beweis von Satz 6.

(19) Fassen Sie $n \cdot c$ als *eine* natürliche Zahl auf, und wenden Sie zunächst das Assoziativgesetz an. Benutzen Sie ggf. *runde* Klammern, wenn Sie – wie im Beispiel $(n \cdot c)$ – dieses Produkt als *eine* feste Zahl interpretieren und an den übrigen Stellen *eckige* Klammern. Der Start der schrittweisen Begründung lautet dann etwa $[m \cdot a] \cdot (n \cdot c) = m \cdot [a \cdot (n \cdot c)] = \ldots.$

(20) Für den Sachverhalt der Umkehrbarkeit von Sätzen vergleichen Sie ggf. F. Padberg, Einführung in die Mathematik I, Arithmetik, Heidelberg 1997, S. 72.

(23) Aus $a \mid b$ folgt: Es gibt eine ganze Zahl z mit $z \cdot a = b$. Multiplizieren beider Seiten mit r ergibt $r \cdot (z \cdot a) = r \cdot b$. Hieraus folgt (Zwischenschritte!) $a \mid (r \cdot b)$. Führen Sie den Rest des Beweises analog weiter.

(24) Zeigen Sie, daß für *jedes* $c \in T(a)$ gilt: $c \in T(b)$. Benutzen Sie die Transitivität der Teilbarkeitsrelation.

(25) Beachten Sie, daß $a \in T(a)$ gilt.

Kapitel III

(1) Durch Rückgriff auf die beiden Definitionen können Sie die beiden Teilrichtungen unmittelbar beweisen.

(3) $4n$ und $4n + 2$ lassen sich direkt aussondern. Statt $4n - 1$ mit $n \in \mathbb{N}$ können wir auch gleichwertig $4n + 3$ mit $n \in \mathbb{N}_o$ schreiben.

(10) Argumentieren Sie mit der Transitivität.

(12) Benutzen Sie Satz 3.

(14) Unterscheiden Sie die drei Fälle:

(1) n ist durch 3 teilbar und $n > 3$, also $n = 3 \cdot m$ mit $m > 1$,

(2) n läßt bei Division durch 3 den Rest 1 und $n > 3$, also $n = 3 \cdot m + 1$ mit $m \in \mathbb{N}$,

(3) n läßt bei Division durch 3 den Rest 2 und $n > 3$, also $n = 3 \cdot m + 2$ mit $m \in \mathbb{N}$.

(17) Alle Primzahlen $p \leq n$ sind Teiler von $n!$. Wären sie auch Teiler von $n! - 1$, dann müßte wegen der Differenzregel stets auch gelten $p \mid 1$. Widerspruch!

(23) $f(n) = n$ durchläuft sämtliche natürlichen Zahlen, $f(n) = 2n + 1$ sämtliche ungeraden Zahlen.

(26) Wenden Sie die Goldbachsche Vermutung zweimal an.

(27) b) Beachten Sie, daß alle Primzahlen $b > 2$ ungerade Zahlen sind und daß 2 die einzige gerade Primzahl ist.

(30) Beachten Sie zunächst den Zusammenhang zwischen der Differenz zweier benachbarter Primzahlen und der Anzahl der dazwischen liegenden zusammengesetzten Zahlen. Beachten Sie ferner, daß Primzahlen (größer als 2) stets ungerade sind.

Kapitel IV

(6) Achten Sie auf die Primfaktoren bei den Produkten.

(10) Greifen Sie auf die Definition der Teilbarkeitsbeziehung zurück.

(12) Was passiert, wenn n_1 oder n_2 oder n_3 1 ist?

(31) Tragen Sie in einem zweidimensionalen Hassediagramm auf der einen Achse alle Potenzen von 5 und auf der anderen Achse alle Potenzen von 7 auf.

Kapitel V

(1) Beachten Sie, daß gilt $T(0) = \mathbb{N}_0$ und $T(a) \subset T(0)$ für $a \neq 0$.

(3) Die eine Beweisrichtung ist leicht mit Hilfe der Transitivität der Teilbarkeitsrelation zu führen, die andere Beweisrichtung ergibt sich praktisch unmittelbar aus dem entsprechenden Diagrammtyp.

(8) Beachten Sie bei b) Aufgabe 3.

(16) Gehen Sie völlig entsprechend vor wie im Fall $q_1 \geq q$, und setzen Sie $q \geq q_1$ voraus. Subtrahieren Sie die beiden Darstellungen von a seitenweise in der zweiten möglichen Reihenfolge.

(21) 1) Beachten Sie bei der ersten Beweisrichtung $b \in V(b)$ und $V(b) \subseteq V(a)$.

2) Bei der umgekehrten Beweisrichtung sei $v \in V(b)$, v beliebig. Laut Voraussetzung gilt $a \mid b$. Wenden Sie die Transitivität an.

(25) Beachten Sie bei c) die Aufgabe 21.

(30) Beachten Sie bei der Begründung, daß wir auch eine (eindeutige) Darstellung von $n \cdot a$ als Produkt von Primzahlen bzw. von Primzahlpotenzen erhalten, indem wir die Primfaktorzerlegungen von n und a formal hintereinander notieren und miteinander multiplizieren (Begründung?). Entsprechendes gilt auch für $n \cdot b$.

(32) Beachten Sie, daß $ggT(a, b) = 1$ gilt, daß es also keine gemeinsamen Primzahlen in den Primfaktorzerlegungen von a und b gibt.

(33) Beachten Sie die Gültigkeit des Assoziativgesetzes bezüglich der Durchschnittsmengenbildung von Mengen sowie Satz 9.

(34) Gehen Sie völlig analog vor wie in dem entsprechenden Beispiel im Abschnitt V.7 (Fall 1), und ersetzen Sie dort die konkreten Zahlen 4 und 12 durch a und b.

Kapitel VI

(1) Alle Basispotenzen ergeben unverändert eins. Die Eindeutigkeit der Darstellung ist daher nicht gegeben.

(2) Beachten Sie die Potenzrechenregeln, und bilden Sie beispielsweise den Quotienten $\frac{10^2}{10^2}$.

(7) Beachten Sie, daß a und b bei Division durch m denselben Rest r lassen, und subtrahieren Sie diese beiden Gleichungen voneinander.

(8) Ausgehend von $a = q_1 \cdot m + r_1$ und $b = q_2 \cdot m + r_2$ mit $0 \leq r_1, r_2 < m$ bilden Sie die Differenz $a - b$.

Wegen $m \mid (a - b)$ und $m \mid (q_1 - q_2) \cdot m$ (Begründung jeweils?) folgt $r_1 = r_2$ (Begründung?).

(9) Fassen Sie beispielsweise die Aussagen von (7) und (8) zu einer „genau dann, wenn“ – Aussage zusammen, und wenden Sie die Definition der Teilbarkeitsrelation an.

(12) Gehen Sie analog vor wie beim Beweis von Satz 1.

(14) Die Endziffer entspricht dem Rest bei Division durch 10.

(15) Jede ungerade Quadratzahl ist das Quadrat einer ungeraden Zahl (Begründung?). Alle ungeraden Zahlen sind darstellbar in der Form $8n + 1$ oder $8n + 3$ oder $8n + 5$ oder $8n + 7$ (Begründung?).

Beachten Sie die Reste, die Zahlen dieser Form bei Division durch 8 jeweils lassen, und wenden Sie auf die so gewonnenen Kongruenzen jeweils Satz 2 an.

(16) Beachten Sie, daß gilt $2 \cdot a = a + a$, $3 \cdot a = (a + a) + a$ usw.

(17) Beachten Sie die Bemerkung im Anschluß an Satz 4.

(18) Beachten Sie die Bemerkung (2) im Anschluß an Satz 5.

(20) Gehen Sie völlig analog vor wie beim Beweis von Satz 7. Ersetzen Sie im Beweis jeweils 8 durch 6 und 4 durch 3.

(22) Beachten Sie die Hinweise in der Bemerkung (2) im Anschluß an Satz 7.

(23) Beachten Sie, daß gilt $6^2 \equiv 0 \ (9)$.

(24) Beachten Sie, daß $8^3 \equiv 0 \ (128)$ gilt.

(25) Beachten Sie, daß gilt $6^3 \equiv 0 \ (8)$.

(26) Die fehlerhafte Formulierung besitzt drei Fehler.

(27) Wegen Aufgabe 11 wissen wir, daß ggf. gelten müßte $9 \mid 10^n$ bzw. $3 \mid 10^n$. Wegen $10^n = 2^n \cdot 5^n$ ist dies jedoch wegen der Eindeutigkeit der Primfaktorzerlegung natürlicher Zahlen nicht möglich.

(29) Wir müssen zeigen, daß aus $a \equiv b \ (m)$ und $b \equiv c \ (m)$ stets folgt $a \equiv c \ (m)$. Nach Definition 1 lassen a und b bei Division durch m denselben Rest r. Da wegen $b \equiv c \ (m)$ auch b und c bei Division durch m denselben Rest r lassen, müssen auch zwangsläufig a und c bei Division durch m denselben Rest r lassen, also gilt $a \equiv c \ (m)$.

(30) Ausgehend von $10^2 \equiv 1 \ (11)$ beweisen Sie als zentralen Baustein: Für alle geraden Zehnerpotenzen 10^{2i} (mit i = 0, 1, 2, ...) gilt $10^{2i} \equiv 1 \ (11)$, für alle ungeraden Zehnerpotenzen 10^{2i+1} (mit $i = 0, 1, 2, \ldots$) gilt $10^{2i+1} \equiv 10 \ (11)$.

(35) Begründen Sie zunächst die Kongruenz $b \equiv 1(b-1)$. Gehen Sie danach völlig analog vor wie im Beweis von Satz 9.

(36) Beachten Sie die Bemerkung (3) im Anschluß an Satz 9.

(37) Greifen Sie für die *eine* Beweisrichtung auf die Transitivität der Teilbarkeitsrelation zurück, für die *andere* Beweisrichtung auf die Eindeutigkeit der Primfaktorzerlegung natürlicher Zahlen.

(39) Gehen Sie analog vor wie beim Beweis von Aufgabe 37. Beachten Sie, daß aus t_1 und t_2 teilerfremd folgt, daß es in der Primfaktorzerlegung von t_1 und t_2 keine gemeinsamen Primzahlen gibt.

(40) Gehen Sie völlig analog vor wie beim Beweis von $Q(a \cdot b) \equiv Q(a) \cdot Q(b)$ (9) in der Bemerkung (2) nach Satz 10.

(42) Beachten Sie Aufgabe 9 in diesem Kapitel.

(43) Wandeln Sie die Divisionsaufgaben in Multiplikationsaufgaben um.

(44) a) Für alle $a \in \mathbb{N}$ gilt $Q(a) \equiv a$ (9), also gilt auch für die Zahl $Q(a)$: $Q(Q(a)) \equiv Q(a)$ (9).

(45) Gehen Sie analog vor wie beim Beweis von Satz 11.

(47) Begründen Sie zunächst die Kongruenz $b \equiv -1(b+1)$. Gehen Sie danach völlig analog vor wie im Beweis von Satz 12.

(48) Beachten Sie die Bemerkung (2) im Anschluß an Satz 12.

(50) Gilt beispielsweise $b \equiv 0$ (t) bzw. $b \equiv 1$ (t) bei gegebener Basis b und Teiler t, dann gilt wegen $t \equiv 0$ (t) auch $b + t \equiv 0$ (t) bzw. $b + t \equiv 1$ (t).

Kapitel VII

(14) Beachten Sie, daß die Gesamtsumme aus der in Aufgabe 14 beschriebenen Summe und der beim üblichen Weg erhaltenen Summe stets ein Vielfaches von 11 ergibt. (Begründung?)

(16) Nennen Sie den „Rest“ in den Prüfsummen jeweils s, dann gilt $S = s + i \cdot a_i + j \cdot a_j, S' = s + i \cdot a'_i + j \cdot a'_j$.

(17) Der bei den beiden ISBN einheitliche Teil sei s. Die vier betroffenen Ziffern seien $a_{j+3}, a_{j+2}, a_{j+1}$ und a_j ($j = 1, 2, \ldots, 7$), die zugehörigen Faktoren sind dann $j+3, j+2, j+1$ und j. Die Prüfsumme der richtigen ISBN lautet $s + (j+3) \cdot a_{j+3} + (j+2) \cdot a_{j+2} + (j+1) \cdot a_{j+1} + j \cdot a_j$, die Prüfsumme der falschen ISBN $s + (j+3) \cdot a_{j+1} + (j+2) \cdot a_j + (j+1) \cdot a_{j+3} + j \cdot a_{j+2}$.

Index